Paul Louzolo-Kimbembé

Maîtrise du Coût de Construction dans les Pays en Développement

Paul Louzolo-Kimbembé

Maîtrise du Coût de Construction dans les Pays en Développement

Estimation du Coût et Optimisation dans un Contexte Hors Délai

Presses Académiques Francophones

Impressum / Mentions légales

Bibliografische Information der Deutschen Nationalbibliothek: Die Deutsche Nationalbibliothek verzeichnet diese Publikation in der Deutschen Nationalbibliografie; detaillierte bibliografische Daten sind im Internet über http://dnb.d-nb.de abrufbar.
Alle in diesem Buch genannten Marken und Produktnamen unterliegen warenzeichen-, marken- oder patentrechtlichem Schutz bzw. sind Warenzeichen oder eingetragene Warenzeichen der jeweiligen Inhaber. Die Wiedergabe von Marken, Produktnamen, Gebrauchsnamen, Handelsnamen, Warenbezeichnungen u.s.w. in diesem Werk berechtigt auch ohne besondere Kennzeichnung nicht zu der Annahme, dass solche Namen im Sinne der Warenzeichen- und Markenschutzgesetzgebung als frei zu betrachten wären und daher von jedermann benutzt werden dürften.

Information bibliographique publiée par la Deutsche Nationalbibliothek: La Deutsche Nationalbibliothek inscrit cette publication à la Deutsche Nationalbibliografie; des données bibliographiques détaillées sont disponibles sur internet à l'adresse http://dnb.d-nb.de.
Toutes marques et noms de produits mentionnés dans ce livre demeurent sous la protection des marques, des marques déposées et des brevets, et sont des marques ou des marques déposées de leurs détenteurs respectifs. L'utilisation des marques, noms de produits, noms communs, noms commerciaux, descriptions de produits, etc, même sans qu'ils soient mentionnés de façon particulière dans ce livre ne signifie en aucune façon que ces noms peuvent être utilisés sans restriction à l'égard de la législation pour la protection des marques et des marques déposées et pourraient donc être utilisés par quiconque.

Coverbild / Photo de couverture: www.ingimage.com

Verlag / Editeur:
Presses Académiques Francophones
ist ein Imprint der / est une marque déposée de
OmniScriptum GmbH & Co. KG
Heinrich-Böcking-Str. 6-8, 66121 Saarbrücken, Deutschland / Allemagne
Email: info@presses-academiques.com

Herstellung: siehe letzte Seite /
Impression: voir la dernière page
ISBN: 978-3-8381-4023-0

Paul **Louzolo-Kimbembé**

Maîtrise du Coût de Construction dans les Pays en Développement

Estimation du Coût et Optimisation dans un Contexte Hors Délai

DEDICACES

A ma mère chérie Victorine TOUBANI. Toi qui m'as façonné. Toi qui as cultivé en moi des vertus telles que la persévérance, l'endurance, le discernement et la perspicacité. Je suis très fier de te dédier cet ouvrage.

A mon adorable et courageuse épouse Albertine LOUZOLO-KIMBEMBE. Sans toi, je n'aurais pas eu la latitude de mener à bien un travail aussi exigeant. Eloigné que j'ai été durant trois années, ton assurance et ton sens de responsabilité m'ont permis de garder l'esprit tranquille et de me consacrer totalement et entièrement à mon travail. Cet ouvrage t'est principalement dédié.

A mes chers enfants:
Destin Erick LOUZOLO-KIMBEMBE,
Rolly Junior LOUZOLO-KIMBEMBE,
Igor Pelvain LOUZOLO-KIMBEMBE,
Chancelle Victoire LOUZOLO NAMBOU.
Vous avez fait preuve de beaucoup de compréhension. Votre conduite en mon absence a été exemplaire. Vous m'avez épargné de tout souci à votre endroit. Je vous dois ma réussite.

REMERCIEMENTS

Cet ouvrage est la conversion d'une thèse que j'ai effectuée au Laboratoire Aménagement Urbain, au sein du Département de Génie Civil de l'Ecole Nationale Supérieure Polytechnique de Yaoundé (Cameroun), de 2002 à 2005. Je remercie la Direction de l'Ecole Nationale Supérieure Polytechnique et le Département de Génie Civil de m'y avoir accueilli et de m'avoir offert un cadre idoine pour conduire ce travail.

Mes remerciements les plus appuyés vont à l'endroit du Professeur Chrispin PETTANG, mon Directeur de thèse, Directeur du Laboratoire Aménagement Urbain, pour la qualité de son encadrement. Ses précieux conseils, ainsi que la confiance et la liberté qu'il m'a accordées durant mes trois années de thèse ont beaucoup contribué à l'aboutissement de ce travail dans un délai minimum. Je ne peux m'empêcher ici de lui témoigner toute ma gratitude pour m'avoir reçu dans son laboratoire et surtout, pour m'avoir permis de me relancer sur le plan scientifique.

Je tiens ensuite à remercier tout spécialement Monsieur le Professeur Maurice TCHUENTE, qui m'a fait l'honneur d'accepter d'être Président du jury de ma thèse, pour sa disponibilité et pour l'intérêt qu'il a accordé à ce travail.

Messieurs Karl TOMBRE, Professeur à l'Ecole des Mines de Nancy (France), Gérard DURU, Directeur de Recherche à l'Université Claude Bernard de Lyon I (France) et Amos FOUDJET, Professeur à l'Université de Dschang (Cameroun), m'ont fait l'honneur d'accepter d'être Rapporteurs de ma thèse. Je les en remercie ici très vivement.

Je remercie également Messieurs les Professeurs Thomas TAMO TATIETSE et Alain J. G. AKONO de l'Ecole Nationale Supérieure Polytechnique de Yaoundé qui m'ont fait l'honneur d'accepter d'être Examinateurs de ma thèse.

Ce travail n'aurait pas pu être conduit efficacement sans les nombreux échanges qu'il m'a été donné d'avoir avec certains enseignants chercheurs de l'Université de Yaoundé I. Une mention spéciale va au Professeur Laure Pauline FOTSO pour ses remarquables suggestions et pour l'intérêt qu'elle a porté à mon travail. Je ne saurais oublier le Docteur Georges Edouard KOUAMOU pour sa disponibilité et ses encouragements, ainsi que Monsieur Harauld DNJIKI pour son aide à la mise en œuvre automatique.

Je tiens à remercier tous ceux qui m'ont soutenu durant ces trois années, tout particulièrement mes collègues du Laboratoire Aménagement Urbain, Adolphe AYISSI ETEME, Jacques Emmanuel NGUINDJEL, Marcelline TCHABO-NKWENKEU et Valentin FOKA KEDANG.

Cette thèse est l'aboutissement d'un stage de formation dont j'ai bénéficié de la part de l'Université Marien NGOUABI de Brazzaville (Congo). Je voudrais présenter ici tous mes remerciements aux autorités de cette institution.

Avant-propos

La maîtrise du coût de la construction revêt un caractère à la fois multidisciplinaire et multidimensionnel. Les problèmes de maîtrise du coût de la construction peuvent être étudiés aussi bien en économie, en physique des matériaux qu'en mathématique. Cependant la discipline fédératrice demeure le management de la construction. Les problèmes à résoudre sont très divers et variés. Nous pouvons citer entre autres les problèmes d'approvisionnement en matériaux de construction, la fabrication des matériaux, l'estimation des coûts, l'optimisation des coûts, l'ordonnancement, etc. Pour notre part, nous nous intéressons aux trois derniers problèmes cités. La maîtrise des coûts, à proprement parler, concerne l'estimation tandis que la maîtrise des délais se rapporte à l'ordonnancement. Toutefois la maîtrise des coûts et la maîtrise des délais sont toutes deux indissociables, l'une ne pouvant se faire sans l'autre. Un retard dans l'exécution d'une tâche, et *a fortiori* un dépassement important du délai d'achèvement d'un ouvrage provoquera inéluctablement un accroissement du coût total. Malheureusement, on est très souvent confronté à des situations pour lesquelles la tendance actuelle laisse présager un dépassement du délai initial. Lorsqu'on se retrouve dans un contexte hors délai, des stratégies adéquates doivent être adoptées pour éviter "l'effet avalanche" qui entraînerait rapidement des surcoûts très élevés. Parmi ces stratégies, l'optimisation des coûts occupe une bonne place. La modélisation mathématique permet de procéder à la simulation de différentes situations possibles, ce qui pourrait aider le planificateur de projet de construction à choisir la solution la plus convenable. La réduction des surcoûts devra être l'objectif à atteindre pour tout acteur évoluant dans le domaine de la construction. Cependant, pour y parvenir, il faudrait d'abord être capable de maîtriser les coûts. Cette maîtrise ne pourra être obtenue qu'avec une bonne méthode d'estimation des coûts, et surtout, avec une technique d'optimisation appropriée au contexte hors délai.

Table des matières

Liste des figures

15

Liste des tableaux

Listes des sigles et abréviations

1. ACP: Analyse en composantes principales
2. AEs: Algorithmes évolutionnistes
3. AFC: Analyse factorielle des correspondances
4. AFCM: Analyse factorielle des correspondances multiples
5. AGs: Algorithmes génétiques
6. ANOVA: Analyse of variance
7. AOA: Activities on arcs
8. AON: Activities on nodes
9. BGTN: Bordereau général d'évaluation des travaux neufs
10. CBS: Cost breakdown structure
11. CFM: Cash flow management
12. CM: Cube method
13. CMV: Charpentier-menuisier-vitrier
14. CPM: Critical path method
15. CSI: Construction specification institute
16. CTR: Cost-time-resources
17. DCT: Dépassements des coûts et de temps
18. DDSO: Diagramme de décomposition des sous-ouvrages
19. DESO: Diagramme d'enchaînement des sous-ouvrages
20. EPC: Etablissement de programme de construction
21. GO: Gros œuvre
22. MCCF: Maçon-carreleur-coffreur-ferrailleur
23. MCD: Moyens-coûts-délai
24. MG: Moyen de gestion
25. MO: Main-d'œuvre

26. MO3CHD: Modèle d'optimisation du coût de la construction dans un contexte hors délai
27. MSMECC: Modèle statistico-matriciel d'estimation du coût de la construction
28. PDD: Phase de définition détaillée
29. PDP: Phase de définition préliminaire
30. PED: Pays en développement
31. PERT: Program evaluation and review technique
32. PI: Pays industrialisés
33. PL: Programmation linéaire
34. RA: Resource allocation
35. RACPM: Resource activity critical path method
36. RCA: Resource constrained allocation
37. RCPM: Resource constrained critical path method
38. RCS: Resource constrained scheduling
39. RDC: Rez-de-chaussée
40. RL: Resource levelling
41. RLM: Régression linéaire multiple
42. RO: Recherche opérationnelle
43. SAS: Statistical analysis system
44. SEM: Storey-enclosure method
45. SFAM: Superficial or floor area method
46. SO: Sous-ouvrage
47. SPSS: Statistical package for the social science
48. TCO: Time cost optimisation
49. TCT: Time-cost trade-off
50. UM: Unit method

51. URL: Unlimited resource levelling

52. VIF: Variance inflation factor

53. VRD: Voirie et réseaux divers

54. WBS: Work breakdown structure

Résumé

Dans les Pays en Développement (P.E.D.), les projets de construction connaissent souvent des dysfonctionnements qui se traduisent par des dépassements de coûts et de durée très importants. Les causes de ces dysfonctionnements sont d'origine multifactorielle. Cependant, les deux facteurs prépondérants sont : des techniques d'estimation de coûts inappropriées et une mauvaise pratique du management des projets de construction. Ce travail s'est donné pour objectifs: (1) l'élaboration d'une méthode d'estimation du coût de la construction suffisamment fiable et facile à utiliser; (2) la formulation d'une approche d'optimisation du coût de la construction dans un contexte hors délai. Nous avons opté pour l'estimation paramétrique car elle permet d'obtenir rapidement le coût d'un ouvrage à partir d'une base de données d'expériences capitalisées. L'unification de la méthode matricielle et de la méthode statistique nous a conduit à proposer le *MSMECC* (*Modèle Statistico-Matriciel d'Estimation du Coût de Construction*). Le problème d'optimisation a été traité par le biais de la programmation linéaire paramétrique. Nous avons établi un modèle mathématique permettant de minimiser le coût total de la construction dans un contexte hors délai. Ce modèle a été baptisé *MO3CHD* (*Modèle d'Optimisation du Coût de Construction dans un Contexte Hors Délai*). Son implémentation sur ordinateur nous a permis de simuler la réduction des surcoûts liés aux dépassements de délais. Deux études de cas ont servi d'illustration au modèle. Les résultats obtenus montrent effectivement qu'il est possible de réduire les surcoûts de façon optimale en respectant l'ordonnancement imposé par le modèle. Nous avons aussi abordé le cas spécifique de la production des logements au

22

niveau du secteur informel auquel s'adresse la grande majorité de la population dans les Pays en Développement. Compte tenu de la rareté des ressources financières pour la plupart des auto-producteurs, nous avons proposé une nouvelle approche de planification afin d'améliorer la gestion du processus de construction. Cette approche s'appuie sur une technique que nous avons appelée *DESO* (*Diagramme d'Enchaînement des Sous-Ouvrages*). Une illustration en est faite, et les résultats montrent que le seuil d'habitabilité est atteint à partir de 60% du coût total du projet de construction.

Mots clés: projet de construction, sous-ouvrage, dépassement de coût, contexte hors délai, estimation, optimisation, Pays en développement.

Abstract

In the Developing Countries, construction projects often know failures, which result in very significant cost overruns and delay. The causes of these failures are of multifactorial origin. However, the two dominating factors are: inappropriate techniques of cost estimating and a mediocre practice of construction project management. This study was given for objectives: (1) development of a cost estimating method of construction sufficiently reliable and easy to use; (2) the formulation of a construction cost optimisation approach in a time-overrun context. We chose the parametric estimate because it makes it possible to quickly obtain the cost of a structure from a database of capitalized experiences. The unification of the matrix method and the statistical method led us to propose the *S2M2CE* (*Statistical Matrix Model of Construction Cost Estimating*). The problem of optimisation was dealt with by means of the parametric linear programming. We established a mathematical model allowing to minimize the total cost of construction in a time-overrun context. This model was baptized *2COMTOC* (*Construction Cost Optimisation Model in Time Overrun Context)*. Its implementation on computer enabled us to simulate the reduction of the overcosts related to time-overruns. Two hypothetical case studies were used as illustration with the model. The results obtained show indeed that it is possible to reduce the overcosts in optimal way by respecting the scheduling imposed by the model. We also approached the specific case of production of housing by the informal sector to which the great majority of the population in the Developing Countries is addressed. Taking into account the scarcity of the financial resources of most of self-producers, we proposed a new approach of planning in order to improve the management of construction process. This approach is based on a technique, which we called *2SCD* (*Sub-Structure Chaining Diagram*). An illustration is made, and the results show that the habitability threshold is reached from 60% of the total cost of construction project.

Key words: construction project, sub structure, cost overrun, time overrun context, estimate, optimization, Developing Countries.

Introduction générale

Une construction est un projet, dans sa phase de conception et de réalisation. Elle devrait obéir aux règles générales de management de projet, le management étant défini comme un processus de planification, de gestion du personnel, d'organisation, de conduite et de contrôle du développement d'un système à un coût minimum, dans les limites d'un cadre de temps précis. Malheureusement, dans les Pays en développement (P.E.D.), les projets de construction connaissent très souvent des dysfonctionnements qui se traduisent par des dépassements de coûts et de durée très importants. Les causes de ces dysfonctionnements proviennent principalement des deux facteurs suivants: des techniques d'estimation des coûts inappropriées et une mauvaise gestion des ressources (argent, main-d'œuvre, temps). Notre objectif dans ce travail est double:

1. Elaborer une méthode d'estimation des coûts de la construction suffisamment fiable et facile à utiliser;

2. Mettre au point un modèle permettant de réduire et de contrôler les dépassements des coûts de construction dans un contexte hors délai.

A la différence d'un devis, qui concerne la valorisation d'une étude définie, l'estimation consiste à donner la valeur totale d'un ouvrage plus ou moins complexe, dont l'étude reste à faire. Son objectif est la prévision budgétaire, à partir de laquelle on établit les provisions pour aléas. Se maintenir à l'intérieur des limites du budget demeure le but principal à atteindre pour parvenir à la maîtrise du coût de la construction. La qualité du management dépend donc en grande partie de la précision de l'estimation. En vue de l'élaboration d'un modèle d'estimation des coûts, nous avons d'abord voulu présenter les principales méthodes d'estimation existantes en dégageant leurs avantages et leurs inconvénients respectifs. Il ressort de cette analyse le fait que toutes ces méthodes omettent la marge de tolérance, donnée essentielle dans le cadre de l'estimation prévisionnelle.

Dans ce mémoire, nous proposons une méthode d'estimation des coûts de la construction ayant pour base la modélisation statistique, avec le souci de parvenir à une estimation aussi précise que possible, assortie d'une marge de tolérance suffisamment crédible.

Dès l'instant où l'on sort du délai de réalisation d'un projet, son budget augmente obligatoirement, ce qui entraîne un surcoût. Il s'agit ici de trouver une stratégie d'organisation qui doit prendre en compte les intérêts contradictoires du client et de l'entrepreneur, afin de réduire les dépassements de coûts et de temps. Cette stratégie, qui s'appuiera sur la technique d'optimisation, consistera à rechercher une compensation optimum entre le temps d'achèvement du projet de construction et son coût total.

Le schéma de la figure 0-1 ci-après nous montre le cheminement qui pourrait conduire à la réduction des surcoûts dans le domaine de la construction.

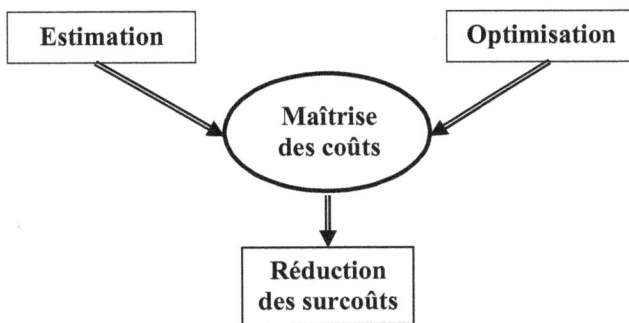

Figure 0-1: *Processus de réduction des surcoûts*

N.B. Il est utile de faire la distinction entre d'une part la maîtrise des coûts qui est liée à l'estimation et à la coûtenance et d'autre part, la maîtrise des délais qui s'appuie sur l'ordonnancement. Toutefois, l'une ne peut se faire sans l'autre, leur indissociabilité étant manifeste.

Ce mémoire est divisé en quatre chapitres.

Le premier chapitre est consacré à la problématique. Le cadre général de ce travail y est exposé. Les pratiques de construction dans les P.E.D. y sont décrites.

Le deuxième chapitre recouvre les outils mathématiques et les méthodes utilisées dans le domaine du bâtiment. Ce chapitre est subdivisé en cinq sections. Les deux premières sections ont trait respectivement à la modélisation statistique et aux méthodes d'optimisation. La troisième section se rapporte aux notions sur la construction de bâtiment. La quatrième section concerne les concepts de base en management de projet. La cinquième section s'intéresse à l'établissement d'un programme de construction.

Le troisième chapitre présente l'état de l'art. Il comporte deux sections. La première section concerne la revue des principales méthodes d'estimation prévisionnelle des coûts de construction. La deuxième section se rapporte à la revue de la littérature sur les techniques d'optimisation dans le domaine de la construction.

Dans le quatrième chapitre nous proposons à la fois notre modèle d'estimation du coût de la construction et notre modèle d'optimisation dans un contexte hors délai. Ce chapitre renferme trois sections. La première section est consacrée à l'élaboration d'un modèle d'estimation prévisionnelle du coût de la construction. Ce modèle s'appuie sur l'outil statistique. La deuxième section est dédiée à l'optimisation du coût de la construction. Nous présentons tour à tour: la modélisation du problème d'optimisation du coût de la construction dans une situation de dépassement du délai initial d'achèvement du projet, la mise en œuvre de la procédure de minimisation du coût de la construction et une illustration de la méthode de réduction des surcoûts engendrés par les dépassements de temps. La troisième section présente une nouvelle approche de planification de programme de construction dans un contexte de ressources rares. Cette approche est particulièrement adaptée au secteur informel de la construction.

Une conclusion générale viendra clôturer l'ensemble du travail.

Chapitre 1
Problématique générale

1.1. Introduction

Le domaine de l'habitat, qui peut être défini comme étant le mode d'organisation et de peuplement par l'homme du milieu où il vit, est aussi vaste que varié. Il concerne entre autres le foncier, les réseaux urbains, la construction des bâtiments, les commerces, le transport, etc. Pour notre part, nous consacrons notre étude au problème du coût de la construction. Dans le domaine de la construction des bâtiments, les problèmes de maîtrise des coûts apparaissent le plus souvent lors de l'estimation prévisionnelle et au cours de l'exécution des travaux. Une estimation mal faite conduit à une sous-estimation ou à une surestimation. Des travaux mal coordonnés engendrent des perturbations dans l'organisation d'un chantier, ce qui se traduit dans la grande majorité des cas par des dérives financières. Dans les P.E.D., il est assez rare de voir un projet de construction se terminer dans les délais prévus, ou encore respecter le budget prévisionnel initial. Le dépassement chronique et récurrent du délai de réalisation des travaux est quelques fois d'un ordre de grandeur assez élevé. Au mieux le projet de construction peut connaître son achèvement avec un retard très significatif par rapport au délai initial, si le projet n'est pas simplement abandonné à un certain niveau d'exécution, rejoignant ainsi la liste des autres "éléphants blancs". Dans les deux cas, la perte financière due aux dépassements des coûts est toujours importante. Elle prend d'autant plus de relief que les moyens financiers dans les pays concernés sont souvent limités. Les causes inhérentes à cette absence de maîtrise des coûts de la construction sont multiples. Nous présentons ci-dessous un aperçu des problèmes qui entravent la bonne conduite des projets de constructions dans le respect des coûts et des délais initialement fixés.

1.2. Les problèmes de maîtrise du coût de la construction dans les P.E.D.

Des travaux de recherche sur les causes des dépassements de coût et de temps dans les projets de construction ont été menés dans certains P.E.D. Mansfield *et al.* attribuent les problèmes à une pratique médiocre du management de projet, à des facteurs économiques, et aux conditions naturelles d'environnement [Mansfield *et al.*, 1994]. L'examen par Chalabi *et al.* des retards des projets dans les P.E.D., pendant les phases de planification et d'exécution, a montré que les retards et les dépassements des coûts des projets de construction se produisent entièrement aux toutes premières étapes du projet [Chalabi *et al.*, 1984]. Hutcheson a également passé en revue les problèmes de construction dans le but d'évaluer le problème de la réduction du retard sur une série de projets dans les P.E.D [Hutcheson, 1990]. Il a constaté que la cause la plus fréquente de retard dans la réalisation des projets de construction au Vietnam était due à la livraison des matériaux. Al-Momani a étudié les causes de retard sur 130 projets publics en Jordanie, et les résultats indiquent que les causes principales de retard dans les projets de construction publics sont liées aux concepteurs, aux changements d'utilisateurs, au temps (conditions atmosphériques), aux conditions d'emplacement, aux livraisons tardives et aux conditions économiques [Al-Momani, 2000]. Ogunlana *et al.* ont identifié les causes de retard des projets de construction à Bangkok (Thaïlande) et ont comparé ces dernières à d'autres études sur les retards et les dépassements de coûts, pour déterminer s'il y a des problèmes spéciaux qui sont à l'origine des retards [Ogunlana *et al.*, 1996]. Ils ont résumé les causes de retard dans l'industrie du bâtiment comme appartenant à trois domaines de problèmes: manque ou insuffisance d'infrastructures industrielles (principalement les sources d'approvisionnement), conflits entre clients et experts conseillers, et incompétence/insuffisances de l'entrepreneur. Assaf *et al.* décrivent les causes principales de retard dans les grands projets de construction et leur importance relative [Assaf *et al.*, 1995]. De leur étude, ils ont constaté que 56 causes de retard existent dans les projets de construction en Arabie Saoudite. Les facteurs les plus importants de retard, selon les entrepreneurs, étaient la préparation et l'approbation des plans, la lenteur dans l'exécution, le paiement par les propriétaires et les changements de conception. Les architectes et les ingénieurs trouvaient que le retards était provoqué par les problèmes de liquidité pendant la construction, le rapport entre les entrepreneurs et les propriétaires à cause d'un processus décisionnel trop lent par ces derniers. Enfin, les propriétaires ont attribué le retard aux erreurs de conception, aux pénuries de la main-d'œuvre et aux qualifications professionnelles insatisfaisantes. En Inde, sur 184 grands projets, qui étaient supervisés de façon centralisée, 119 (environ 65% du total) ont souffert des dépassements de temps, dans certains cas jusqu'à 200%. En outre, 68% ont présenté des dépassements de coûts, dans certains cas jusqu'à 750% [Chandra, 1990]. Les causes ont été classées en trois catégories principales: formulation insuffisante du projet, manque de planification appropriée dans l'exécution, et mauvaise gestion dans l'exécution.

Dans une étude récente, Frimpong *et al.* indiquent que le financement des projets, les problèmes économiques, les conditions naturelles et les équipements sont les quatre causes principales de retard et de dépassements

35

des coûts dans les projets de construction de forages d'eaux souterraines au Ghana [Frimpong *et al.*, 2003-a]. Une enquête conduite par les auteurs, auprès de trois groupes constitués par les experts conseillers, les propriétaires et les entrepreneurs, a révélé que chacun des groupes a rangé le financement de projet comme étant le facteur de retard et de dépassement de coûts le plus élevé, et la main-d'œuvre comme le facteur le plus bas. D'après Thomas *et al.*, les pratiques de construction dans les P.E.D. sont influencées par les cinq facteurs principaux suivants: le coût de la main-d'œuvre, la valeur de la monnaie, la technologie et les méthodes, l'infrastructure et la disponibilité des éléments préfabriqués, et le rôle de la conceptualisation intellectuelle (ingénierie) [Thomas *et al.*, 1999]. Cependant, deux facteurs demeurent prépondérants, notamment le coût de la main-d'œuvre et la valeur de la monnaie [Thomas, 2002]. Ces deux facteurs placent la vitesse d'exécution du projet de construction comme un objectif secondaire. En effet, le coût de la main-d'œuvre, relativement bas dans les P.E.D., rend le travail intensif dans la construction, ce qui entraîne une faible productivité. D'autre part, dans ces pays, les taux d'inflation sont sujets à de fortes fluctuations, ce qui provoque quelques fois des arrêts, en attendant de rassembler les financements nécessaires pour la poursuite des travaux. Par conséquent, la vitesse de construction se trouve une fois de plus reléguée au second plan. D'autres études sont venues confirmer l'importance secondaire accordée à la vitesse de construction dans les P.E.D. En effet, Odusami s'est intéressé aux critères permettant de mesurer la performance de projet de construction au Nigeria [Odusami, 2003]. Contre toute attente, il ressort que le coût et le délai de construction ne sont pas considérés comme étant importants comparés aux autres facteurs tels que la réception du bâtiment souhaité, la satisfaction du client, etc.

36

Dans la plupart des P.E.D., la principale cause de dépassement du coût de projet est attribuée au retard dans le déblocage des fonds attendus, et ceci entraîne deux conséquences désagréables: le retard dans l'accomplissement des différents programmes de travail, et l'augmentation du coût des matériaux de construction et de la main-d'œuvre due à l'inflation résultant de la durée prolongée du projet [Akpan *et al.*, 2001]. Ce constat est appuyé par Frimpong *et al.* qui énumèrent aussi de leur côté les causes principales de retard et de dépassement de coût des projets de construction dans les P.E.D., à savoir: les difficultés de paiement mensuel par les agences, le mauvais management par l'entrepreneur, le problème d'approvisionnement en matériaux, les mauvaises performances techniques, et l'escalade des prix des matériaux [Frimpong *et al.*, 2003-b]. Ainsi, l'effet néfaste du retard sur le coût final et sur la durée de la construction n'est plus à démontrer [Aibinu *et al.*, 2002]. De plus, Al-Jibouri mentionne que les facteurs qui affectent le coût et la performance du projet sont représentés par les changements de planning initial du projet et les taux d'inflation [Al-Jibouri, 2003].

Finalement, de tout ce qui précède, nous pouvons retenir que la maîtrise du coût de la construction dans les P.E.D. est liée à la résolution de plusieurs problèmes. Parmi ces problèmes, nous en relevons trois catégories: les problèmes de ressources (budget, main-d'œuvre, temps), les problèmes de management, et les problèmes techniques.

Comparativement, dans les Pays Industrialisés (P.I.), la conception technique et les objectifs de construction mettent l'accent sur la minimisation du composant relatif à la main-d'œuvre et sur la réduction de la durée de la construction. L'utilisation de l'équipement de construction et des éléments préfabriqués de grandes dimensions concourent à la satisfaction de ces objectifs.

S'agissant des technologies et des méthodes, on peut dire que dans les P.E.D., la plupart des matériaux, à l'instar du béton prêt à l'emploi, sont produits sur site. Or, le taux de production sur site est limité par la vitesse avec laquelle l'ouvrier peut produire les unités de maçonnerie en béton. L'infrastructure permettant de produire les composants du bâtiment en grandes quantités et divers types est souvent limitée. Beaucoup de composants sont donc produits sur site, alors que ces derniers sont habituellement préfabriqués dans les P.I. Les opérations qui consistent à produire les composants sur site prennent du temps et de l'espace, ce qui contribue à limiter davantage la vitesse de construction. Dans beaucoup de P.E.D., le rôle de l'ingénierie dans le processus de construction est insuffisant, voire inexistant. Une fois que l'étude est achevée, l'ingénieur de chantier surveille les changements de conception nécessaires pour rendre l'étude fonctionnelle. Une conséquence d'une faible implication est que l'ingénierie peut présenter une connaissance limitée sur les problèmes de coût de la construction. Les estimations de coûts prévisionnels et préliminaires peuvent alors être très peu fiables.

L'environnement économique des P.E.D. est difficile. Les ressources financières disponibles pour l'industrie du bâtiment sont souvent limitées. Aussi, l'utilisation des fonds qui sont alloués dans la construction doit être rigoureusement planifiée. Les stratégies concernant la productivité de la main-d'œuvre ne peuvent pas être facilement améliorées par l'application de la mécanisation ou de l'équipement [Thomas, 2002]. Le bas coût de la main-d'œuvre occasionne un travail à main-d'œuvre intensive. L'absence d'opérateurs d'équipement qualifiés aggrave encore ce problème. La vitesse

38

de construction est considérée comme un objectif secondaire parce que le souci du coût de l'argent ne se pose pas souvent. L'amélioration de la performance de la main-d'œuvre devrait se concentrer sur la réduction des perturbations à son niveau plutôt que de se concentrer sur le changement des méthodes de construction. Une meilleure utilisation des ouvriers constitue la clé de l'amélioration de la productivité, d'après Thomas (2002).

En accord avec Odusami (2003), nous pensons que le fait de ne pas se conformer aux critères

de performance de projets de construction (critères qui se réfèrent entre autres à la bonne utilisation des ressources telles que les coûts et les délais) ne concoure pas à l'abaissement des surcoûts constatés dans le domaine de la construction de bâtiments. La notion de vitesse de construction devrait être totalement intégrée, avec un rôle majeur, car elle pourrait procurer comme bénéfice une meilleure organisation dans la conduite des projets de construction dans les P.E.D.

1.3. Comment se réorganiser dans un contexte de dépassement des coûts et de la durée?

Notre objectif principal est de parvenir à la satisfaction économique, c'est-à-dire à la minimisation du coût de la construction. Cet objectif ne peut être atteint que par le biais de l'optimisation de toutes les ressources disponibles, dans le but d'éviter tout gaspillage.

Les études qui sont habituellement menées dans le cadre de la prédiction du coût et de la durée traitent du problème de la compression des tâches (*project crashing*) dans les cas spécifiques suivants:

- Lorsqu'une activité connaît un retard, il s'agit de rattraper ce retard pour que l'ensemble du projet respecte le délai normal d'achèvement du projet.
- Lorsqu'il faut livrer un projet avant la date prévue de fin des travaux.

Par contre, le problème que nous traitons correspond à celui qui est couramment rencontré dans les P.E.D., à savoir que l'ensemble du programme s'installe dans une perspective où le retard devient inévitable. Nous nous situons par conséquent dans un contexte où les pénalités et d'autres facteurs négatifs (tels que les dégradations) deviennent significatifs, au point de conduire à un désastre financier. Comment alors se réorganiser afin d'éviter une dérive importante? Nous pouvons nous reporter au modèle ci-dessous (Fig. 1-1) pour mieux cerner le problème de dépassement des coûts et de la durée.

On pourrait penser que les dépassements des coûts et du temps (DCT) sont amplifiés par la quantité de causes (c) qui les provoquent. Plus ces causes seront nombreuses et plus les dépassements des coûts seront importants.

Inversement, moins il y aura des causes et moins importants seront les dépassements. L'objectif, évidemment, est de réduire DCT. Il s'agit de s'attaquer à chacune des causes dont la résorption contribuera à la réduction de DCT.

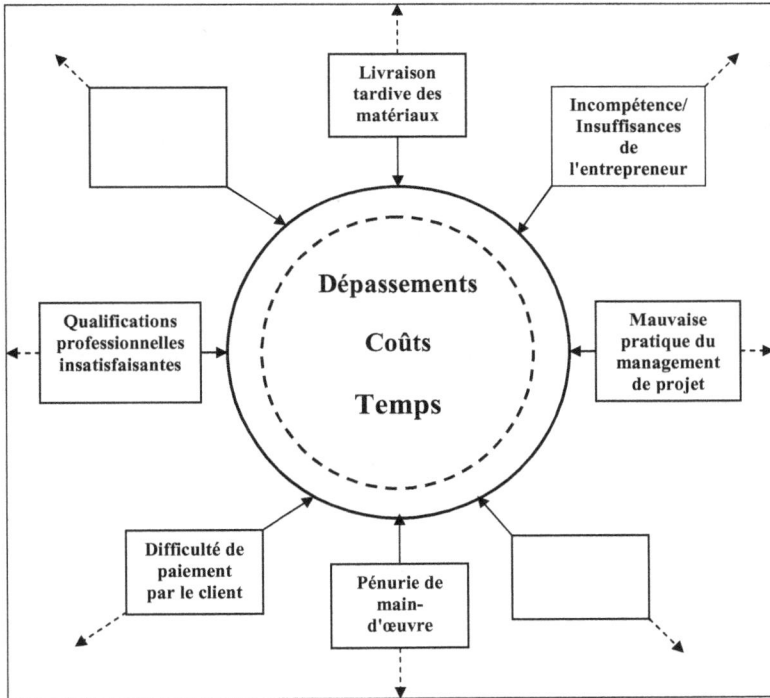

Figure 1-1: *Modélisation du problème des dépassements des coûts et du temps*

Légende:

[ ] Cause de dépassement

──▶ Apparition d'une cause   ----▶ Disparition d'une cause

41

Seulement, on ne peut pas prétendre réfléchir à des solutions à apporter à un problème donné sans la moindre évaluation de celui-ci. C'est ainsi qu'une enquête préliminaire a été menée localement (Yaoundé et Douala) auprès d'un échantillon de 20 experts conseillers du bâtiment, notamment les architectes et les ingénieurs [Elanga, 2004]. Il s'agissait de remplir une fiche sur laquelle il a fallu désigner les différents facteurs qui causent les dépassements des coûts de la construction, en précisant leur importance suivant les opérations. Nous présentons la synthèse des résultats dans le tableau 1-1 ci-dessous.

Tableau 1-1: *Poids (%) des facteurs causant les dépassements des coûts pour différentes opérations dans la phase d'exécution des travaux* [Elanga, 2004]

Eléments / Opérations	1	2	3	4	5	6	7	8	9	10
A- Fondation	2,5	14,9	9,7	30,7	4,4	4,3	2,33	12,1	14,8	4,3
B- Elévation	4,0	15,6	11,0	26,4	4,0	3,4	3,40	12,6	14,0	5,6
C- Plancher	2,8	15,0	10,5	25,4	3,5	2,9	1,38	11,3	10,9	16,3
D- Assainissement/ Plomberie	5,0	15,0	14,0	30,0	1,0	2,0	1,00	2,0	20,0	10,0
E- Electricité/ Téléphone	10,0	5,0	5,0	20,0	5,0	1,0	1,00	50,0	2,0	1,0
F- Fosses septiques	1,0	15,0	6,7	17,3	8,3	4,7	4,33	8,7	20,0	14,0
G- Escalier/ Ascenseur	2,3	18,8	11,3	25,3	5,3	3,8	2,25	16,3	9,0	6,0
Poids moyen (%)	4	14	10	25	5	3	2	16	13	8

Légende:

1. Architecture des ouvrages   6. Main-d'œuvre

2. Technologie du bâtiment

3. Matériaux de construction

4. Estimation des coûts de la construction

5. Ordonnancement et organisation du chantier

7. Conflits entre les différents intervenants dans la construction

8. Approvisionnement en matériaux de construction

9. Intempéries

10. Accidents du travail

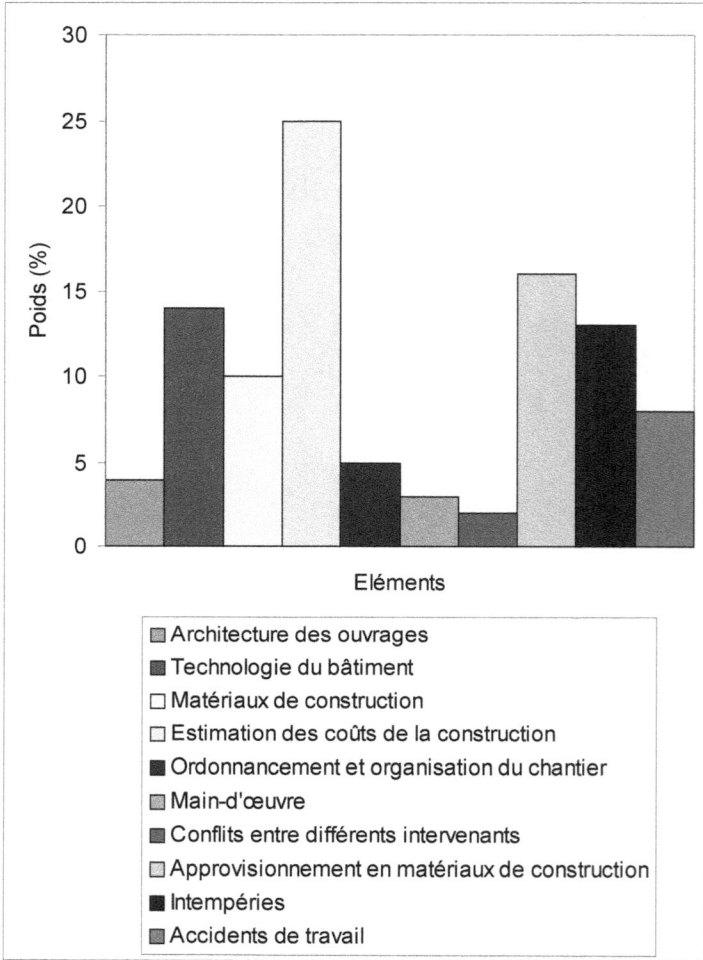

Figure 1-2: *Histogramme des facteurs causant les dépassements des coûts pour l'ensemble de l'ouvrage*

Il ressort de cette enquête que l'estimation des coûts constitue l'élément prépondérant des causes de dépassement du budget prévisionnel, suivi dans l'ordre par l'approvisionnement en matériaux, la technologie du bâtiment, les intempéries, les matériaux de construction et les accidents du travail (Fig. 1-2). Les éléments de moindre importance semblent être respectivement: l'ordonnancement et l'organisation des chantiers, l'architecture des ouvrages et les conflits entre les différents intervenants dans la construction. Tous les éléments susmentionnés peuvent être regroupés dans deux catégories: les éléments liés aux problèmes techniques (première catégorie) et ceux liés au management (deuxième catégorie), soit:

➢ Première catégorie: problèmes techniques
- Architecture des ouvrages;
- Technologie du bâtiment;
- Matériaux de construction;
- Estimation des coûts.

➢ Deuxième catégorie: problèmes de management
- Ordonnancement;
- Main-d'œuvre;
- Conflits entre les différents intervenants dans la construction;
- Approvisionnement en matériaux de construction;
- Intempéries;
- Accidents du travail.

N.B. Une des catégories des problèmes cités au paragraphe 1.2, notamment les ressources à travers la main-d'œuvre, a été intégrée dans les problèmes du management.

Les problèmes techniques, en particulier l'architecture des ouvrages et la technologie du bâtiment, pourraient être assez facilement résolus. Il suffirait de confier le travail aux personnes qualifiées afin d'éviter la présence des défauts dans la conception et la réalisation des projets de construction. Les matériaux de construction tels que le béton, les granulats, l'acier, etc., devraient normalement subir des tests avant leur emploi. Cependant les laboratoires de chantier, où l'on pourrait procéder aux essais, se rencontrent rarement, d'où la possibilité de voir des matériaux de qualité douteuse être utilisés dans l'édification d'un bâtiment. Ces manquements comportent des conséquences néfastes pour la solidité de l'ouvrage. Lorsque celui-ci présente un aspect dangereux, la reprise des travaux devient inévitable, ce qui se traduit invariablement par des surcoûts importants. Les méthodes d'estimation des coûts de la construction utilisées ne sont pas assez fines. On aboutit souvent à un budget prévisionnel initial relativement grossier, s'illustrant par une quasi-absence de précision et ne disposant pas de marge de tolérance adéquate. Cela pourrait expliquer le fait que les budgets prévisionnels connaissent régulièrement des dépassements substantiels.

Les problèmes de management semblent présenter une plus grande complexité pour leur résolution. Par exemple en ce qui concerne l'agencement des tâches, les méthodes utilisées par un grand nombre d'entrepreneurs et d'entreprises révèlent que ceux-ci se contentent de pratique empirique au lieu des méthodes scientifiques d'ordonnancement et de recherche du chemin critique telles que le PERT et le CPM. Cette mauvaise pratique conduit souvent à des tâtonnements et à des prises de décision arbitraires de la part du chef de chantier, occasionnant de ce fait des retards qui, à leur tour, engendrent des dépassements des coûts de la construction. Ce phénomène de non-respect de délais d'exécution, très fréquent dans les chantiers, accroît donc non seulement le coût de la main-d'œuvre, mais aussi celui du matériel en location utilisé. La recherche d'une main-d'œuvre bon marché pousse souvent les entrepreneurs à recruter des ouvriers peu qualifiés. Malheureusement, il arrive dans ce cas que les ouvrages soient mal exécutés, avec pour conséquence majeure la reprise des travaux. La durée des tâches se trouvent ainsi prolongée, ce qui se traduit à la fin par des dépassements de délai. Les conflits entre certains intervenants dans la construction, c'est-à-dire le maître d'ouvrage, le maître d'œuvre, l'entrepreneur, le contrôleur technique, le technicien spécialisé et les services publics, sont aussi à l'origine des retards enregistrés dans le démarrage des projets, la préparation et l'organisation des chantiers, et l'exécution des travaux. L'approvisionnement en matériaux de construction se fait souvent de manière continue et par petites quantités pendant l'exécution des travaux, car l'espace prévu pour le stockage des matériaux est réduit. Une conséquence de cette mauvaise procédure c'est que les ruptures de stocks surviennent assez régulièrement pour peu qu'une perturbation imprévue surgisse. D'autre part les matériaux importés connaissent des fluctuations de prix, auxquelles s'ajoutent des délais de livraison longs et aléatoires. Tout ceci occasionne souvent l'arrêt des travaux, prolongeant encore plus le délai initial d'achèvement du projet. Les intempéries provoquent parfois des dégâts lors de l'exécution de certains ouvrages si des précautions préalables ne sont pas observées. C'est notamment le cas pour la dalle de répartition qui nécessite une protection contre la pluie, car sa mise en œuvre doit se faire d'un seul trait, sans interruption, sinon on peut se voir contraint de reprendre l'exécution de l'ouvrage. Les accidents de travail se traduisent par des blessures qui sont parfois graves. Ces accidents sont très souvent la conséquence de l'inobservation des règles élémentaires de sécurité. Lorsqu'ils se produisent, on enregistre des perturbations dans le déroulement des travaux, entraînant aussi des retards.

La majorité des causes, ainsi que nous l'avons ressorti plus haut, peuvent être assez facilement éliminée car les moyens et les solutions sont suffisamment connus. Cette élimination entraînera la réduction de DCT. Néanmoins, il pourrait encore subsister des causes pratiquement incompressibles car les outils pour les éradiquer ne sont peut être pas adaptés ou simplement ne sont pas disponibles. Nous pensons notamment à l'estimation des coûts de la construction et au management dans son volet rattaché à l'ordonnancement. L'estimation est une étape importante qui se situe en amont, dans la phase de conception du projet. Une bonne technique d'estimation pourrait parfaitement nous permettre de caler le budget prévisionnel. Cependant, les problèmes les plus ardus surviennent dans la phase d'exécution et, à partir de ce moment, le management joue un rôle éminemment crucial.

Remarquons que dans l'enquête que nous avons menée, les experts conseillers ne font pas explicitement allusion au souci de temps, preuve que cet aspect primordial semble relégué au second plan. En fait, à travers les éléments de dépassement de coûts évoqués, en particulier l'ordonnancement, les conflits entre les différents intervenants, l'approvisionnement en matériaux, les intempéries et les accidents du travail, les conséquences les plus néfastes qu'ils engendrent se manifestent sur le temps, en occasionnant des retards importants. Deux études intéressantes [Moselhi et al., 1997; El-Rayes et al., 2001] montrent en effet que les conditions météorologiques peuvent avoir un impact défavorable sur la durée et le coût des activités de construction. Donc, lutter contre les dépassements de temps revient implicitement à résoudre les problèmes liés aux conflits, à l'approvisionnement en matériaux, à l'ordonnancement, à la météorologie, etc.

Pour notre part, nous nous intéresserons essentiellement à un aspect particulier du management de la construction, à savoir l'optimisation du coût de la construction, en vue de chercher à minimiser les dépassements des coûts dans le cas où le projet dans son ensemble prend du retard. Il s'agit de prévenir une situation pour laquelle on pourrait penser que si l'on continuait sur les tendances actuelles, on arriverait à une situation financière très défavorable pour l'entreprise. Autrement dit, il est demandé de faire preuve d'anticipation afin de contenir le mieux possible une dérive qui s'annonce suffisamment grave. En effet, il arrive souvent de rencontrer des ouvrages dont la durée de réalisation se prolonge indéfiniment, avec des périodes d'arrêt et de relance qui alternent. Les périodes d'inactivité ou de relâchement, très longues dans la plupart des cas, favorisent la dégradation des ouvrages. Plus tard, il faudra reprendre les parties endommagées, ce qui occasionne des surcoûts très importants. Malgré leur immense complexité, il paraît utile de tenter d'apporter une solution aux lancinants problèmes qui concernent le contexte hors délai, notamment au niveau des surcoûts induits. Notre but est surtout de montrer comment l'on pourrait rattraper une situation qui commence à échapper à tout contrôle, de sorte que nous arrivions à dépenser moins et mieux. Une réorganisation du programme de projet de construction s'avère alors nécessaire.

1.4. Les obstacles dans le secteur informel du bâtiment

Le problème de la construction ne saurait être totalement abordé dans les P.E.D. si l'on n'examinait pas le contexte socio-économique. En effet, face à l'urbanisation rapide et accélérée due principalement à l'explosion

49

démographique et à l'exode rural, le manque de logements convenables et décents [Habitat II, 1996; Hundsalz, 1996; D-Fr., 2002], c'est-à-dire correspondant à des normes minimales de sécurité et de salubrité [Creusot, 2002], est devenu l'une des questions les plus pressantes qui se posent à l'humanité [DINU3, 1996]. Selon le rapport du Centre des Nations Unies pour les Etablissements Humains (CNUEH), encore appelé "Habitat", 80% des habitants des villes dans le monde vivront dans les P.E.D. en 2025 [DINU1, 1996]. Aujourd'hui, on constate en Afrique que les citadins pauvres constituent la composante la plus importante de la population pauvre. Si dans les P.I. moins de 16% des ménages urbains vivent dans la pauvreté, en revanche dans les zones urbaines des P.E.D., 36% des ménages vivent avec un revenu au-dessous du seuil de pauvreté local [DINU6, 2001]. La production de logements dits "sociaux" par les pouvoirs publics s'est dramatiquement ralentie au regard des besoins de plus en plus pressants des populations, notamment en milieu urbain. On assiste même, dans plusieurs pays, au désengagement pur et simple des pouvoirs publics de la politique du logement social à cause d'une crise économique profonde qui les frappe. Le déficit en logements s'aggrave. L'offre nouvelle devient très insuffisante pour juguler une demande qui s'élève trop rapidement [Lachambre, 2002]. En conséquence, devant le besoin légitime de se loger, les populations se tournent vers le secteur informel du bâtiment, notamment pour l'habitat individuel. Rappelons que le secteur informel peut être défini comme l'ensemble des mécanismes de production et de commercialisation utilisés en dehors du circuit réglementaire [Pettang *et al.*, 1995-a]. Il est parfois considéré négativement comme non officiel, non structuré, non capitaliste, voire illégal et clandestin. Il recouvre une multitude d'activités destinées à satisfaire une demande qui est elle-même très diversifiée. On y

50

trouve aussi bien des activités artisanales (menuiserie, construction, habillement, etc.) que des activités de services (commerce de micro détail, transport, réparation, etc.). D'après Jacquemot *et al.*, ces activités sont caractérisées par leur petite échelle, leur faible intensité capitaliste, leur technologie frustre, l'absence de salariat permanent ou encore le non accès aux institutions modernes de crédit [Jacquemot *et al.*, 1993]. Dans le domaine de la construction, le secteur informel peut être considéré comme l'ensemble des mécanismes non réglementaires utilisés dans la réalisation des études, dans l'approvisionnement en matériaux, dans le recrutement et la rémunération de la main-d'œuvre du personnel [Blondin *et* al., 1988]. Sachant que le secteur informel contribue à près de 90% dans la production de l'habitat dans certains P.E.D. [Delis *et al.*, 1988; Blondin *et al.*, 1988; Pettang, 1999], il paraît dès lors utile de porter un regard particulier sur quelques aspects du mode de fonctionnement de ce secteur. Nous retiendrons que le secteur informel de la construction est dominé par les tâcherons, dénomination courante pour désigner ces entrepreneurs indépendants et/ou conjoncturels. Dans ce milieu, il est rare que la prévision soit une démarche économique naturelle, la gestion pas davantage. En plus les clients, qui sont en fait des auto-promoteurs (ou des auto-producteurs), ne disposent pas habituellement de revenus suffisants pour financer l'ensemble de leurs travaux, étant donné que les mécanismes classiques de financement de l'habitat n'offrent pas des conditions favorables pour obtenir des prêts de logement. Nous présentons dans le tableau 1-2 ci-dessous les principales difficultés rencontrées dans le management d'un projet de construction dans le secteur informel. Nous remarquons que les pertes de temps et les dépenses supplémentaires sont les conséquences les plus importantes engendrées par les méthodes

51

d'organisation assez approximatives du secteur informel. Le gaspillage des matériaux de construction constitue aussi un problème souvent rencontré dans ce secteur. Il se dégage de ce constat une absence de souci pour une gestion correcte des ressources financières, tandis que le temps ne semble pas présenter une préoccupation primordiale. Face à tous ces obstacles, il convient de se demander comment gérer au mieux, d'une part les maigres ressources financières disponibles du client et, d'autre part, le déficit organisationnel des tâcherons. Nous pensons qu'une approche séquentielle et rigoureuse de la construction pourrait aider les acteurs du secteur informel du bâtiment à améliorer leur pratique du management.

Tableau 1-2: *Principaux obstacles dans le management d'un projet de construction dans le secteur informel*

Nature des obstacles	Causes	Conséquences
1. Travaux supplémentaires	Modification des ouvrages par convenance	- Temps supplémentaire de réalisation; - Gaspillage de matériaux; - Dépenses supplémentaires.
2. Ruptures des matériaux	Interruption dans l'approvisionnement du chantier	- Pertes de temps; - Dépenses supplémentaires.
3. Retards de paiement	Epuisement des ressources financières	- Arrêts des travaux; - Abandon du chantier par les tâcherons; - Pertes de temps.
4. Reprise des ouvrages	Travail mal exécuté ou présentant des défauts graves	- Dépenses supplémentaires; - Pertes de temps.
5. Déficience technologique	Carence sur le niveau de qualification des tâcherons	- Répercussion sur la qualité de la construction; - Gaspillage de matériaux; - Dépenses supplémentaires.
6. Mauvaise gestion des ressources	Manque de rigueur	- Tension sur le budget consacré aux travaux; - Augmentation des dépenses.

1.5. Conclusion

Nous retenons que le problème soulevé par la maîtrise du coût de la construction se traduit en grande partie par des dépassements des coûts et de durées. Les dépassements de coûts peuvent aussi bien provenir d'une estimation erronée que d'un mauvais management du projet de construction. Nous aborderons le problème de l'estimation et de la compensation coût-durée par le biais de la modélisation mathématique. Les outils sur lesquels nous nous appuierons font l'objet du chapitre suivant.

Pour finir, il nous paraît capital de souligner que la maîtrise des coûts de construction ne peut être atteinte sans un minimum d'organisation. Or, malheureusement, comme le constatent Delis *et al.*, l'organisation est une compétence essentielle qui fait défaut dans les P.E.D [Delis *et al.*, 1988]. Nous espérons que cette assertion trouvera une réfutation conséquente.

Chapitre 2

Outils mathématiques et méthodes utilisées dans la construction de bâtiments

2.1. Introduction

Ce chapitre contient un exposé général de l'ensemble des outils mathématiques[1] et des notions ou concepts[2] sur lesquels nous nous baserons pour développer toute notre étude. Dans une première partie, nous présentons la modélisation statistique. En effet, nous nous fondons sur le fait que l'analyse des données historiques est susceptible de conduire à une estimation des coûts de la construction plus proche de la réalité, donc afficher une précision plus élevée. Après avoir rappelé les objectifs de la modélisation statistique et présenté les différentes méthodes statistiques, nous portons notre choix sur la régression linéaire multiple qui paraît être la technique la mieux adaptée dans le cadre de l'élaboration de notre modèle d'estimation des coûts de la construction, car le type de données que nous avons à manipuler concerne uniquement les variables quantitatives. La formulation du modèle de régression multiple est rappelée, ainsi que les prescriptions sur la qualité du modèle et les tests d'hypothèse. Dans une deuxième partie, nous évoquons les méthodes d'optimisation. Nous nous convaincrons du choix de la programmation linéaire dans la recherche de la solution optimale étant donné que la fonction objectif, qui est représentée par le coût total de la construction, est supposée obéir à une loi linéaire du temps, du moins au niveau du coût de chaque activité de construction en ce qui concerne notamment la main d'œuvre. Lorsque la fonction objectif

---

[1] Notons que les deux premières parties de ce chapitre peuvent être omises de ce mémoire dédié essentiellement aux sciences de l'ingénieur. Néanmoins il nous semble intéressant de présenter ces outils mathématiques pour mieux situer ce travail aux yeux d'un lecteur qui serait peu familier avec les méthodes utilisées.

[2] Signalons que les trois dernières parties de ce chapitre sont consacrées aux notions et aux concepts généraux régulièrement rencontrés dans le domaine du bâtiment. Leur présentation paraîtra sans doute superflue au lecteur averti, mais nous estimons cependant que ce rappel est utile pour mieux cerner le cadre de ce travail.

devient beaucoup plus complexe, les méthodes classiques d'optimisation ne suffisent plus. C'est ainsi que ces dernières années ont vu se répandre les méta-heuristiques pour la résolution des problèmes combinatoires difficiles. Parmi celles-ci il convient de citer les Algorithmes Génétiques qui semblent s'imposer à l'heure actuelle. Nous leur consacrons une place car cela pourrait autoriser une lecture plus facile de l'état de l'art sur les techniques d'optimisation dans le domaine de la construction (voir Chap. 3). Dans une troisième partie, nous exposons les notions générales dans la construction de bâtiments. Après un bref aperçu sur les documents nécessaires dans la construction et sur la grille analytique des éléments d'une construction, nous nous penchons sur la décomposition d'un ouvrage en différents corps d'état ou sous-ouvrages, puis en parties plus élémentaires. Le planning des travaux, l'exécution des travaux et le contrôle du coût prévisionnel sont ensuite décrits dans le cadre du processus de construction de bâtiment. Dans une quatrième partie, nous abordons les concepts de base en management de projet de construction. A côté de la gestion technique, nous soulignons que l'une des composantes les plus importantes du management est la maîtrise de projet. Elle s'étend sur toutes les activités permettant de s'assurer que le projet se déroule conformément à l'ensemble des objectifs fixés. La maîtrise des coûts et des délais, qui constitue un autre concept, ne peut correctement s'effectuer qu'après avoir apprécié le contenu, l'organisation et les différentes étapes du déroulement du projet. Nous insisterons sur le fait que coûts et délais sont indissociablement liés, car un projet qui prend du retard voit habituellement son budget augmenter. Le management de projet de construction est simple dans son principe. En effet, il suffit de construire un projet à temps, dans les limites de la marge budgétaire, en respectant les normes de qualité requises et en s'installant dans un environnement sans risque. Seulement, la réalité est toute autre; très peu de projets de construction satisfont ces critères. La connaissance du cycle de vie d'un projet est très utile afin de bien circonscrire chaque phase du projet. Nous étendrons quelque peu là-dessus. Nous n'oublions pas dans ce rappel de concepts, l'outil fondamental en management de projet de construction: la courbe de coût budgété cumulé ou courbe de suivi, qui est la courbe de référence représentant la relation entre les coûts et le temps. La taille d'un projet est aussi une donnée à prendre en compte. Nous serons conduits à examiner les spécificités de la gestion des petits projets qui, paradoxalement, présentent de gros problèmes à cause de leur complexité et de leur coût croissant. La technique de gestion qui leur convient repose sur des concepts spécifiques tels que l'intégration des coûts, du temps et des ressources, l'utilisation des réseaux de planification et l'utilisation de projets modèles. Enfin dans une cinquième partie, nous nous pencherons sur l'établissement d'un programme de projet de construction. Notons que l'établissement d'un programme constitue le fondement même d'un projet de construction. La résolution des problèmes d'optimisation des coûts et des délais ne peut être sérieusement envisagée que si l'on dispose d'un programme correctement établi. Aussi aborderons nous successivement les méthodes de planification par réseau, la construction d'un réseau, la détermination de la durée des tâches et la répartition des moyens.

2.2. La modélisation statistique

2.2.1. Introduction générale sur la modélisation

La modélisation constitue un outil scientifique qui est venu s'ajouter à l'observation, la théorie et l'expérience, prises dans l'ordre chronologique et historique. Elle a été facilitée avec l'avènement de l'informatique.

2.2.1.1. Le modèle

La complexité d'un processus ne peut souvent être expliquée qu'à l'aide d'un modèle. De ce fait, un modèle est une description simplifiée de la réalité. On isole une classe de phénomènes et on essaie d'en rendre compte en s'appuyant sur un certain nombre d'hypothèses et de règles. A ce titre, une théorie est une forme de modèle.

Aucun modèle, aucune théorie ne peut rendre compte de la réalité dans sa totalité. Etant une simplification, tout modèle a ses limites et son domaine de validité [Legay, 1997]. Un bon modèle doit être prédictif, c'est-à-dire qu'il doit permettre de prévoir dans une certaine mesure le résultat d'une expérience. Cette prédictibilité peut avoir un caractère qualitatif ou quantitatif selon que le modèle se contente de prévoir un certain comportement ou qu'il permet de prédire la valeur de telle ou telle grandeur mesurable. Un modèle informatique, aussi appelé modèle numérique, est la mise en œuvre (implémentation) d'un modèle sur un ordinateur. Il permet de simuler un phénomène. En effet, loin d'être un substitut à l'expérience, la simulation informatique se révèle précieuse pour choisir quelle expérience il convient de réaliser pour obtenir un résultat voulu. La simulation permet un gain de temps et une économie substantielle en réduisant le nombre d'expériences à mener.

59

2.2.1.2. Utilisation d'un modèle

Dans un modèle, le point crucial est le choix des valeurs des paramètres (physiques, conditions initiales, etc.). La validité des résultats en dépendra fortement. Après l'utilisation du modèle on effectue une comparaison théorie/expérience. Un désaccord entre les deux permettra de mettre en cause la validité des paramètres introduits ou la validité du modèle, mais peut-être aussi la façon dont a été menée l'expérience. Mais le désaccord ne pourra être établi que si l'on est certain d'avoir utilisé le modèle dans son domaine de validité, si l'on a pris en compte tous les phénomènes nécessaires. Si le désaccord est avéré, il y a lieu d'adapter les paramètres du modèle afin d'améliorer les résultats des futures modélisations.

Il existe plusieurs méthodes qui peuvent être utilisées pour la modélisation. Les méthodes statistiques, qui s'appuient sur l'analyse des données historiques, paraissent les mieux indiquées pour élaborer un modèle d'estimation des coûts.

2.2.2. Quelques définitions statistiques

Nous donnons ci-dessous les définitions des termes régulièrement utilisés en statistiques [Carlier, 2001].

Définition 1:

Une *unité statistique* (u.s.) est un *individu* ou *objet* sur lequel on effectue des mesures ou observations. Les unités statistiques sont numérotées de 1 à n: on note I = {1,...,n} l'ensemble des indices. On affecte les objets de *poids* p_i ($p_i > 0$) mesurant leur importance relative. Si les poids p_i sont de somme 1, on dit que les poids sont *normalisés*.

Remarque 1:

L'ensemble des individus pourra être un échantillon (ou une partie) d'une population plus grande. Sous des hypothèses basées sur la théorie du calcul des probabilités, il sera possible de déduire d'observations sur l'échantillon des conclusions applicables à l'ensemble de la population. C'est l'objet de la *statistique inférentielle*. L'ensemble des observations pourra aussi concerner toute la population. On parle alors d'échantillon exhaustif. L'objectif est de décrire les données. C'est le but de la *statistique descriptive*.

Définition 2:

On appelle *variable* ou *variable statistique* un ensemble de n observations de même type effectuées sur les n individus.

Remarque 2:

On peut considérer une variable comme une application de l'ensemble des individus dans un ensemble de valeurs possibles (voir Fig.2-1). On classe ensuite ces variables selon le type de l'ensemble de valeurs possibles.

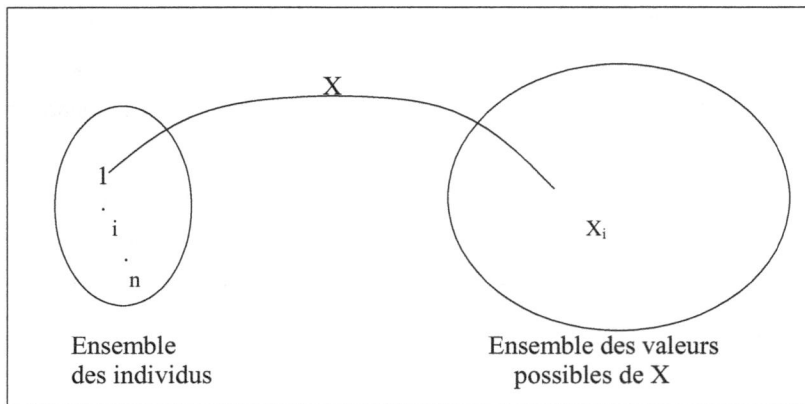

Figure 2-1: *Une variable est une application*

Définition 3:

On dit qu'une variable est *quantitative* quand elle prend ses valeurs dans l'ensemble des réels. Si elle prend ses valeurs dans un ensemble dont le nombre d'éléments est fini, on dit qu'elle est *qualitative* (on dit aussi *catégorielle* ou *nominale*). Dans le cadre du modèle linéaire, on parle de *facteurs*. L'ensemble des valeurs d'une variable qualitative est appelé l'ensemble des *modalités* de la variable; pour un facteur, on parle de l'ensemble des *niveaux* du facteur. Si l'ensemble des modalités possède une structure d'ordre, on parle de variable *ordinale* ou *qualitative ordonnée*. Une variable est *constante* si elle prend la même valeur pour tous les individus.

2.2.3. Les objectifs de la modélisation statistique

On peut associer la pratique de la modélisation statistique à trois objectifs.

- *Descriptif*:

Le premier objectif vise à rechercher de manière exploratoire les liaisons entre la variable Y, à expliquer, et d'autres variables, potentiellement explicatives, X_j qui peuvent être nombreuses afin, par exemple d'en sélectionner un sous-ensemble.

- *Explicatif*:

Dans le deuxième objectif, on sous-entend une connaissance *a priori* du domaine concerné et dont les résultats théoriques peuvent vouloir être confirmés, infirmés ou précisés par l'estimation des paramètres. Dans ce cas, les résultats inférentiels précédents permettent de construire le bon test conduisant à la prise de décision recherchée.

- *Prédictif*:

Le troisième objectif met l'accent sur la qualité des estimateurs et des prédicteurs qui doivent, par exemple, minimiser une erreur quadratique moyenne. Ceci conduit à rechercher des modèles *parcimonieux*, c'est-à-dire avec un nombre volontairement restreint de variables explicatives. Un bon modèle n'est plus celui qui explique le mieux les données au sens d'une déviance minimale (ou d'un coefficient de détermination maximal) au prix d'un nombre important de variables pouvant introduire des colinéarités. Le bon modèle est celui qui conduit aux prédictions les plus fiables [Besse, 2001].

2.2.4. Les méthodes statistiques

2.2.4.1. Les différentes approches de la statistique

La science statistique s'appuie classiquement sur deux types d'approches: les *approches exploratoires*, et les *approches inférentielles* et *confirmatoires*. Nous donnons succinctement ci-dessous les caractéristiques de ces deux familles de méthodes, qui correspondent à des approches complémentaires.

a) La statistique descriptive et exploratoire

Elle permet par des résumés et des graphiques de décrire des ensembles de données statistiques, d'établir des relations entre les variables sans faire jouer de rôle privilégié à une variable particulière. L'analyse exploratoire s'appuie essentiellement sur des notions élémentaires telles que des indicateurs de moyenne et de dispersion, sur des représentations graphiques et sur les techniques descriptives multidimensionnelles (analyse en composantes principales, analyse des correspondance, classification).

b) La statistique inférentielle et confirmatoire

Elle permet de valider ou d'infirmer, à partir de tests statistiques ou de modèles probabilistes, des hypothèses formulées *a priori* (ou après une phase exploratoire), et d'extrapoler, c'est-à-dire d'étendre certaines propriétés d'un échantillon à une population plus large. La statistique confirmatoire fait surtout appel aux méthodes dites explicatives et prévisionnelles destinées donc à expliquer puis à prévoir, suivant des règles de décision, une variable privilégiée à l'aide d'une ou de plusieurs variables explicatives (régressions multiples et logistiques, analyse de la variance, analyse discriminante, segmentation, etc.).

2.2.4.2. La statistique multidimensionnelle

Le but de la statistique multidimensionnelle est d'analyser et traiter de grands ensembles de données *multidimensionnelles*, c'est-à-dire des recueils de données statistiques se présentant, totalement ou partiellement, sous forme de tableaux rectangulaires. Le tableau de données dispose par conséquent la masse d'informations sous forme rectangulaire. Les lignes (i = 1, ..., n) peuvent représenter les n *individus* ou *observations*, appelés plus généralement *unités statistiques*; les colonnes (j = 1,...,p) sont alors les p *variables*, qui peuvent être des *mesures* (numériques) ou des *attributs* ou *caractères* observés sur les individus (cas de variables nominales). Le tableau met donc en correspondance deux ensembles.

a) Méthodes factorielles

Les méthodes factorielles se proposent de fournir des représentations synthétiques de vastes ensembles de valeurs numériques, en général sous forme de visualisations graphiques. On cherche pour cela à réduire les dimensions du tableau de données en représentant les associations entre individus et entre variables dans des espaces de faibles dimensions. On rencontre trois techniques fondamentales:

a1) Analyse en Composantes Principales (ACP): p variables quantitatives

Le domaine d'application de l'ACP comprend les tableaux de mesures éventuellement hétérogènes et le traitement de variables numériques continues. Notons que dans un tableau de valeurs numériques continues on présente la valeur de la variable j pour l'individu i, à l'intersection de la ligne i et de la colonne j du tableau.

a2) Analyse Factorielle des Correspondances (AFC): 2 variables qualitatives

L'AFC est une méthode adaptée aux *tableaux de contingence* et permet d'étudier les éventuelles relations existant entre deux variables nominales. Le tableau de contingence (dit aussi de dépendance, ou tableau croisé) est obtenu en ventilant une population selon deux variables nominales, autrement dit en croisant deux partitions d'une même population. Une particularité de l'AFC est la symétrie parfaite des rôles dévolus aux deux ensembles en correspondance [Benzécri, 1984].

a3) Analyse Factorielle des Correspondances Multiples (AFCM): p variables qualitatives (p>2)

Cette méthode est une généralisation de l'AFC, permettant de décrire les relations entre p (p>2) variables qualitatives simultanément observées sur n individus [Baccini *et al.*, 1999]. En pratique, c'est pour l'analyse de questionnaires (sondages, enquêtes socio-économiques) que son utilisation est la plus répandue.

b) Méthodes de classification

Les techniques de classification automatique sont destinées à produire des regroupements de lignes ou de colonnes d'un tableau. Il s'agit le plus souvent d'objets ou d'individus décrits par un certain nombre de variables ou de caractères. Pour l'essentiel, les techniques de classification font appel

à une démarche algorithmique et non aux calculs formalisés usuels [Lebart *et al.*, 1995]. On distingue trois techniques principales:
- Classifications Hiérarchiques;
- Classifications non Hiérarchiques;
- Segmentation.

c) *Méthodes explicatives usuelles*

Ces méthodes recouvrent les utilisations les plus courantes. Elles comprennent l'analyse canonique, la régression linéaire et ses variantes, l'analyse discriminante, les modèles log-linéaires.

c1) *Analyse canonique*

L'analyse canonique cherche à synthétiser les interrelations existant entre *deux groupes* de variables, en mettant en évidence les combinaisons linéaires des variables du premier groupe les plus *corrélées* à des combinaisons linéaires des variables du second groupe.

c2) *Régression multiple*

La régression multiple se situe directement dans le cadre théorique du *modèle linéaire*, lorsque la variable à expliquer Y est une variable continue (ou numérique). Les variables explicatives sont généralement continues. Lorsque les variables explicatives sont toutes nominales, on parle plutôt d'*analyse de la variance*, alors qu'on réserve le nom d'*analyse de covariance* au cas mixte (variables explicatives nominales et continues).

c3) *Analyse factorielle discriminante*

Schématiquement, l'analyse factorielle discriminante est l'analogue de la régression multiple lorsque Y est nominale et constitue la variable de partition.

c4) *Modèles log-linéaires*

Ce sont des techniques d'analyse des tableaux de contingence multidimensionnels qui se rapprochent de la régression multiple dans leur problématique.

2.2.4.3. Choix de la méthode

Ainsi que nous l'avons vu, la statistique a plusieurs objectifs: description ou exploration, décision (tests) ou modélisation, selon que l'on cherche à représenter des structures de données, confirmer ou expliquer un modèle théorique ou encore prévoir.

En ce qui concerne la modélisation, nous nous limiterons aux méthodes dites *paramétriques* dans lesquelles interviennent des *combinaisons linéaires* des variables dites explicatives. Celles-ci visent donc à l'estimation d'un nombre généralement restreint de paramètres intervenant dans cette combinaison. Les *variables explicatives* peuvent être quantitatives ou qualitatives. Ce critère détermine le type de méthode ou de modèle à mettre en œuvre: régression linéaire, analyse de variance et covariance, régression logistique, modèle log-linéaire. Nous présentons brièvement ci-dessous les types de données pour chaque modèle.

a) *Régression linéaire multiple*

Dans le modèle de régression multiple, une variable *quantitative* Y dite à expliquer, est mise en relation avec p *variables quantitatives* X_1, ..., X_p dites explicatives.

b) *Analyse de variance et covariance*

Les techniques dites d'analyse de variance sont des outils entrant dans le cas général du modèle linéaire où une *variable quantitative* est expliquée par une ou plusieurs *variables qualitatives* ou facteurs. L'analyse de variance est souvent utilisée pour analyser des données issues d'une *planification d'expérience* au cours de laquelle l'expérimentateur a la possibilité de contrôler *a priori* les niveaux des facteurs dans l'objectif d'obtenir le maximum de précision au moindre coût [Besse, 2001]. Il s'agit donc de savoir si un facteur ou une combinaison de facteurs (*interaction*) a *un effet* sur la variable quantitative en vue, par exemple, de déterminer des conditions optimales de production ou de fabrication, une dose optimale de médicaments, etc. L'analyse de covariance considère une situation plus générale dans laquelle les *variables explicatives* sont à la fois quantitatives, appelées covariables, et qualitatives ou facteurs. S'agissant des spécificités de la planification d'expérience, les applications en sont surtout développées en milieu industriel: contrôle de qualité, optimisation des processus de production ou en agronomie pour la sélection de variétés, la comparaison d'engrais, d'insecticides, etc. [Besse, 2001].

c) *Régression logistique*

Il s'agit ici de décrire la modélisation d'une *variable qualitative* Z à deux modalités: 1 ou 0, succès ou échec, présence ou absence de maladie, panne d'un équipement, faillite d'une entreprise, bon ou mauvais client, etc. La régression logistique se propose en effet de prévoir une variable dichotomique à l'aide d'une ou de plusieurs variables (de nature quelconque) en prenant en compte l'effet propre de chaque variable et l'effet éventuel des interactions [Lebart *et al.*, 1995]. Les modèles de régression précédents adaptés à l'explication d'une variable quantitative ne s'appliquent plus directement car le régresseur linéaire usuel ne prend que des valeurs simplement binaires. La régression logistique peut être considérée comme l'analogue de la régression multiple sur variables nominales.

d) *Modèle log-linéaire*

Dans ce modèle, les données se présentent généralement sous forme d'une table de contingence obtenue par le croisement de plusieurs *variables qualitatives* et dont chaque cellule contient un effectif ou une fréquence à modéliser. L'objectif ici, c'est d'expliquer ou de modéliser les effectifs en fonction des modalités prises par les variables qualitatives. Les modèles log-linéaires permettent d'étudier et de modéliser les liaisons entre plusieurs variables nominales en tenant compte de leurs éventuelles interactions.

2.2.4.4. Conclusion

Dans le cadre de la modélisation du coût de la construction, le type de données que nous aurons à manipuler concerne exclusivement les variables quantitatives, tant pour la variable à modéliser que pour les variables explicatives. Etant donné que nous voulons établir un modèle paramétrique, nous pouvons finalement retenir la régression linéaire multiple comme la technique la plus appropriée pour notre étude.

2.2.5. La régression multiple

La régression linéaire est une ancienne méthode statistique. Cependant, elle continue à montrer sa pertinence en matière de prévision ou de recherche de variables clés (ou stratégiques). Le modèle de régression linéaire multiple est l'outil statistique le plus habituellement mis en œuvre pour l'étude de données multidimensionnelles.

2.2.5.1. Formulation du modèle

L'analyse de régression linéaire multiple (RLM) établit un lien entre trois variables ou plus. Il s'agit de considérer une variable exogène (ou à expliquer, à modéliser), y et un certain nombre p de régresseurs ou variables endogènes (ou explicatives) $x_1, x_2, \ldots, x_j, \ldots, x_p$.

La régression est une technique de prévision linéaire qui consiste tout d'abord à procéder à une estimation d'un modèle, puis à utiliser le modèle estimé pour le calcul de la valeur attendue.

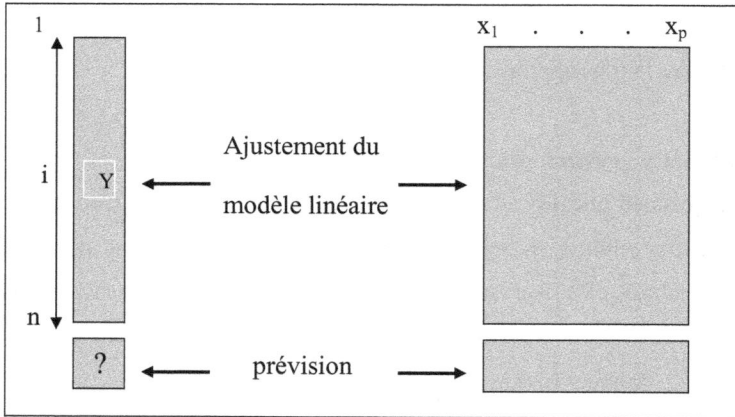

Figure 2-2: *Prévision linéaire* [Lebart *et al.*, 1995]

Une façon d'écrire la relation entre y et les x_j est d'utiliser un modèle du type suivant [Dodge *et al.*, 1999; Besse, 2001]:

$$y = \beta_0 + \sum_{j=1}^{p} \beta_j x_j + \varepsilon \qquad (2\text{-}1)$$

observation   partie contrôlée   erreur aléatoire
par le modèle

où:

    y = variable dépendante ou exogène;

    x_j = variables indépendantes ou endogènes;

    β_j = coefficients de régression;

    β_0 = terme constant;

ε = vecteur aléatoire résiduel.

On cherche en fait à approcher y par une combinaison linéaire des variables explicatives $x_1, x_2, \ldots, x_j, \ldots, x_p$.

Si l'on dispose d'un échantillon statistique de taille n, on pourra écrire (2-1) sous la forme matricielle suivante:

$$
\begin{pmatrix} y_1 \\ y_2 \\ \cdot \\ \cdot \\ \cdot \\ y_n \end{pmatrix} = \begin{pmatrix} 1 & x_{11} & x_{12} & \ldots & x_{1p} \\ 1 & x_{21} & x_{22} & \ldots & x_{2p} \\ \cdot & \cdot & \cdot & & \cdot \\ \cdot & \cdot & \cdot & & \cdot \\ 1 & x_{n1} & x_{n2} & \ldots & x_{np} \end{pmatrix} \begin{pmatrix} \beta_0 \\ \beta_1 \\ \cdot \\ \cdot \\ \cdot \\ \beta_p \end{pmatrix} + \begin{pmatrix} \varepsilon_1 \\ \varepsilon_2 \\ \cdot \\ \cdot \\ \cdot \\ \varepsilon_n \end{pmatrix} \qquad (2\text{-}2)
$$

Soit, en notation condensée:

$$ y = X\beta + \varepsilon \qquad (2\text{-}3) $$

où:

$y = (n \times 1)$ vecteur des observations relatives à la variable exogène;

$X = [n \times (p + 1)]$ matrice relative aux p variables endogènes avec en plus une colonne de 1 qui correspond au paramètre constant β_0;

$\beta = [(p + 1) \times 1]$ vecteur des paramètres inconnus à estimer;

$\varepsilon = (n \times 1)$ vecteur des erreurs.

X et β sont fixes. L'observation y est un vecteur aléatoire car ε est un vecteur aléatoire. X et y sont les données brutes.

Le tableau 2-1 ci-après résume les caractéristiques des différents éléments du modèle.

Tableau 2-1: *Caractéristiques des différents éléments du modèle*

$y = X\beta + \varepsilon$	Observé	Non observable
Aléatoire	y $(n \times 1)$	ε $(n \times 1)$
Non aléatoire	X $[n \times (p+1)]$	β $[(p+1) \times 1]$

Pour estimer les coefficients de régression β, on associe quelques hypothèses. Ainsi le modèle RLM sur données brutes s'exprime par l'équation [Makany, 2000]:

$$y = X\beta + \varepsilon \qquad (2\text{-}4)$$

avec:

a) $rg(X) = p + 1$

b) ε est un vecteur aléatoire $(n \times 1)$

c) $E(\varepsilon) = 0$ est un vecteur $(n \times 1)$

d) $Var(\varepsilon) = E(\varepsilon\varepsilon') = \sigma^2 I_n$ est une matrice diagonale $(n \times n)$

e) $n > p + 1$

Ceci implique les relations suivantes:

$$E(y) = X\beta \qquad (2\text{-}5)$$
$$(n \times 1)$$

$$Var(y) = Var(\varepsilon) = \sigma^2 I_n \qquad (2\text{-}6)$$
$$(n \times n)$$

74

2.2.5.2. Position du problème

Dans la pratique, le vecteur y et la matrice X sont des tableaux numériques connus. Il reste à estimer les valeurs des coefficients β_1, β_2, ..., β_p et β_0, de façon à rendre plausible l'équation suivante [Lebart *et al.*, 1971; Tomassone *et al.*,1992]:

$$y_i = \beta_0 + \sum_{j=1}^{p} \beta_j x_{ij} + \varepsilon_i \qquad (2\text{-}7)$$

avec i = 1, 2, ..., n.

ε_i est le résidu représentant l'écart entre la valeur observée y_i et la partie "expliquée" de l'observation ($\beta_0 + \sum \beta_j x_{ij}$). On suppose que le résidu ε_i est l'effet résultant d'un grand nombre de causes non identifiées, et à ce titre, on le considérera comme une perturbation aléatoire.

L'équation (2-7) est une représentation de la relation (2-1) pour l'observation i. Il existe donc n relations y_i pour tout l'échantillon statistique.

2.2.5.3. Considérations des données de la régression linéaire

a) Données

Les variables dépendantes et indépendantes devraient être quantitatives. Dans le cas contraire il faudrait un recodage en variables binaires (fictives) ou d'autres types de variables de contrastes.

b) Hypothèses

Pour chaque valeur de la variable indépendante, la distribution de la variable dépendante doit être normale. La variance de la distribution de la variable dépendante devrait être constante pour toutes les valeurs de la variable indépendante. La relation entre la variable dépendante et chaque variable indépendante devrait être linéaire, et toutes les observations devraient être indépendantes [Klarsfeld *et al.*, 2001].

2.2.5.4. Qualité du modèle ȳ

On note par:

$$\bar{y} = X B \qquad\qquad (2\text{-}8)$$

la matrice des *valeurs prédites* par le modèle [Dodge, 1999; Makany, 2000; Besse 2001], où B (vecteur des coefficients de régression) représente l'estimation de β.

L'appréciation de la qualité du modèle constitue l'étape ultime quand on utilise la régression. Cette étape permet de connaître la part de variation de la variable expliquée y que l'on peut attribuer à la régression. Il s'agit de contrôler la qualité de l'ajustement et par conséquent la validité du modèle. Les coefficients d'une régression appellent deux questions principales.

- Sont-ils différents de zéro?
- Certains d'entre eux sont-ils négligeables et quelle serait la conséquence de l'élimination de variables explicatives auxquelles ils sont affectés?

La réponse à la première question renseigne sur l'existence effective d'un lien entre la variable expliquée et les variables explicatives.

L'objet de la seconde question concerne l'étude du poids relatif de chaque variable du modèle, intéressante soit pour améliorer, soit pour simplifier celui-ci.

On dispose pour cela d'outils: les tests d'hypothèses et les estimations par intervalles de confiance. Mais cela exige qu'au modèle (2-3) soit adjoint une supposition supplémentaire:

$$\varepsilon \longrightarrow N_n(0, \sigma^2 I_n) \qquad\qquad (2\text{-}9)$$

c'est-à-dire les écarts ε_i sont distribués selon une loi normale de moyenne zéro et de variance σ^2.

2.2.5.5. Qualité de l'ajustement

a) Coefficient de détermination R^2

La qualité de l'ajustement est appréciée à partir du coefficient de détermination R^2 défini [Makany, 2000] par le rapport suivant:

$$R^2 = \frac{Var(\tilde{y})}{Var(y)} \qquad\qquad (2\text{-}10)$$

ou encore:

$$R^2 = \frac{SSR}{SST} \qquad\qquad (2\text{-}11)$$

où:

Var($\tilde{y}$) = variance expliquée par le modèle de régression;

Var(y) = variance totale;

SSR = somme des carrés due à la régression (regression sum of squares);

SST = somme des carrés totale (total sum of squares).

La quantité R est appelée coefficient de corrélation multiple entre y et les variables explicatives. Ce coefficient permet aussi d'avoir une idée globale de la qualité de l'ajustement.

L'expression (2-10) permet de *constater* qu'en minimisant $\sum_i e^2_i$ (les quantités

$e_i = y_i - \tilde{y}_i$ représentent les résidus du modèle), on maximise R^2. En d'autres termes, l'ajustement des moindres carrés détermine la combinaison linéaire des variables explicatives ayant une corrélation maximale avec la variable à expliquer y.

On interprète le coefficient de détermination comme étant le pourcentage de variation de la variable y (variance) qui est expliqué par le modèle de régression, c'est-à-dire qui est expliqué par sa dépendance aux variables x_1, x_2, ... , x_p [Dodge *et al*,. 1999; Besse, 2001].

Comme $0 \le R^2 \le 1$, il est donc souhaitable que R^2 soit proche de 1.

Remarque:

Quand le nombre de variables endogènes croît dans le modèle, R^2 augmente ou reste égal à lui-même. Ce sera au test "F partiel" (voir § 2.2.5.6-c) de nous dire si R^2 augmente suffisamment vite ou non. Dans ces conditions, la valeur prise par R^2 ne peut être un critère absolu pour apprécier la qualité de l'ajustement.

b) *Coefficient de détermination ajusté R^2_a*

Le coefficient de détermination ajusté est donné par l'expression:

$$R^2_a = 1 - \frac{n-1}{n-(p+1)} \frac{SSE}{SST} \qquad (2\text{-}12)$$

ou encore:

$$R^2_a = R^2 - \frac{p}{n-(p+1)} (1 - R^2) \qquad (2\text{-}13)$$

où:

SSE = somme des carrés résiduelle (sum of squared errors);

p = nombre de variables endogènes;

$n - (p + 1)$ = nombre de degrés de liberté des résidus;

Remarque:

On vérifie que:

$$\text{si} \quad p \geq 1 , R^2_a \leq 1 \qquad (2\text{-}14)$$

R^2_a peut prendre une valeur négative lorsque le nombre de variables endogènes p est suffisamment grand et que $n - (p + 1)$ est faible. Il est donc souhaitable que n soit nettement élevé par rapport à p. Etant donné deux modèles ỹ, il faut retenir celui qui a le R^2_a le plus grand.

2.2.5.6. Tests d'hypothèses

En général, les *tests d'hypothèses* ou *tests de signification* ont pour but de vérifier, à partir des données observées dans un ou plusieurs échantillons, la validité de certaines hypothèses relatives à une ou plusieurs populations [Dagnelie, 1982]. Un test d'hypothèse consiste à choisir entre deux hypothèses incompatibles en se fondant sur des résultats d'échantillonnage. L'une des deux hypothèses à tester est généralement privilégiée par rapport à l'autre: on tient à limiter *a priori* la probabilité de la rejeter à tort. Cette hypothèse désigne traditionnellement les situations d'absence de changement par rapport à un *statu quo*, ou encore l'absence de différence entre paramètres [Goldfarb *et al.*, 2003]. Cette hypothèse, notée H_0, est appelée hypothèse nulle. L'autre hypothèse, notée H_1, est appelée hypothèse alternative.

a) Mise en œuvre d'un test

- Choix de H_0, et du risque de première espèce α (voir § 2.2.5.6-d ci-dessous);
- Règle de décision:
  - o soit en se basant sur la région critique;
  - o soit au vu du niveau de signification du test.
- Conclusion du test: rejet ou non de H_0.

On peut effectuer des tests d'hypothèses sur les paramètres d'un modèle de régression multiple. On distingue deux types de tests: le test "F global" et le test "F partiel".

b) Le test "F global"

b1) Formulation des hypothèses

Le test "F global" permet de répondre à la question: la régression est-elle significative dans son ensemble?

Deux hypothèses sont émises: l'hypothèse nulle H_0 et l'hypothèse alternative H_1.

- H_0: $(\beta_1 = \beta_2 = \ldots = \beta_p = 0)$ \hfill (2-15)

Aucune contribution des x_j n'est significative.

- H_1: (au moins un des β_j est différent de 0, avec $j = 1, 2, \ldots, p$)

\hfill (2-16)

Il existe au moins une variable qui a une contribution significative.

b2) Expression de la statistique F_g

On calcule la statistique de Fischer F_g (Fischer global) à partir du tableau ANOVA (analyse of variance):

$$F_g = \frac{MSR}{MSE} \tag{2-17}$$

ou

$$F_g = \frac{n - p - 1}{p} \frac{SSR}{SSE} \tag{2-18}$$

avec:

MSR = moyenne des carrés liée à la régression (regression mean of squares);

MSE = moyenne des carrés résiduelle (mean of squared errors).

F_g est un rapport de deux variances suivant respectivement des lois du χ^2 à p et $n - p - 1$ degrés de liberté [Lebart et al., 1971]. On montre alors que F_g est distribué selon la loi de Fisher avec p et $n - p - 1$ degrés de liberté [Dodge et al., 1999; Makany, 2000].

81

On compare F_g au Fischer que l'on trouve dans une table au seuil de signification α: $F(\alpha, p, n - p - 1)$.

b3) Règle de sélection

Si $F_g > F(\alpha, p, n - p - 1)$, alors on rejette H_0 au seuil de

signification α . $\hspace{6cm}$ (2-19)

Si $F_g < F(\alpha, p, n - p - 1)$, alors on accepte H_0. $\hspace{3cm}$ (2-20)

La valeur critique $F(\alpha, p, n - p - 1)$ est le $(1 - \alpha)$-quantile d'une loi de Fischer avec p et $(n - p - 1)$ degrés de liberté, que l'on trouve dans une table de Fischer.

Remarque 1:

Classiquement, pour savoir si une quantité, dont la distribution est connue, ne dépasse pas les limites que lui assignent certaines hypothèses, on consulte la table donnant les valeurs que cette quantité ne dépassera que dans 5% ou 1% des cas. Le choix des seuils est imposé par la nécessité de limiter le volume des tables. Actuellement, on peut considérer que les tables statistiques sont désuètes. En effet, à partir du moment où la quantité à tester est elle-même calculée sur ordinateur, on pourrait bien procéder automatiquement au calcul de la probabilité de dépassement de la valeur calculée. On pourrait ainsi comparer et trier des statistiques différentes grâce aux probabilités de dépassement, comme celles liées aux tests fischériens [Lebart *et al.*, 1995].

Remarque 2:

Il peut arriver que F_g soit globalement élevé alors qu'aucune variable individuelle x_j ($j = 1, 2, ..., p$) n'ait un coefficient significatif, d'où l'intérêt du test "F partiel" ci-après.

c) Le test "F partiel"

Le test "F partiel" permet d'apprécier la contribution marginale d'une variable x_j dans le modèle $\tilde{y}$ en supposant que toutes les autres variables sont constantes.

c1) Formulation des hypothèses

Deux hypothèses sont proposées:

- H_0: $(\beta_j = 0)$, $j = 1, 2, ...,$ (2-21)

La contribution marginale de la variable endogène x_j n'est pas significative.

- H_0: $(\beta_j \neq 0)$, $j = 1, 2, ..., p$ (2-22)

La contribution marginale de x_j est significative.

c2) Expression de la statistique F_j

Afin de tester l'hypothèse nulle H_0 contre l'hypothèse alternative H_1 pour $j = 1, 2, ..., p$, on calcule la statistique suivante [Levin *et al.*, 1994; Dodge *et al.*, 1999]:

$$t_j = \frac{B_j - \beta_j}{\sigma(B_j)} \tag{2-23}$$

où t_j est appelé l'écart réduit, avec:

B_j = jème composante du vecteur B;

$\sigma(B_j)$ = écart type des estimateurs B_j.

Sous l'hypothèse nulle, on a:

$$t_j(H_0) = \frac{B_j}{\sigma(B_j)} \tag{2-24}$$

On montre que la statistique $t_j(H_0)$ suit une loi de Student avec $n - p - 1$ degrés de liberté [Lebart *et al.*, 1971; Dodge *et al.*, 1999; Makany, 2000]. Notons que le test de Student permet d'apprécier l'importance de chaque variable explicative.

Le Fischer partiel est donné par:

$$F_j = t^2_j(H_0) \tag{2-25}$$

F_j est distribué selon une loi de Fischer avec 1 et $n - p - 1$ degrés de liberté. Donc le test F partiel est équivalent au test de Student.

c3) *Règle de sélection*

On peut travailler soit avec $t_j(H_0)$, soit avec F_j .

On rejette H_0 au seuil de signification α:

ou

$$\text{si } \left| t_j(H_0) \right| > t(\alpha/2, n - p - 1) \qquad (2\text{-}26)$$

$$F_j > F(\alpha, p, n - p - 1) \qquad (2\text{-}27)$$

Dans le cas où l'on rejette cette hypothèse, on dit que la contribution marginale de la variable endogène x_j est significative au seuil α, autrement dit la variable x_j est significative au sein du modèle.

N.B. La valeur critique $t(\alpha/2, n - p - 1)$ est le $(1 - \alpha/2)$-quantile d'une loi de Student avec $(n - p - 1)$ degrés de liberté que l'on trouve dans une table de Student [Dodge *et al.*, 1999].

d) Les risques d'erreur

On rencontre deux risques d'erreur:

α = probabilité de choisir H_1 alors que H_0 est vrai, ou *risque de 1ère espèce*.

β = probabilité de choisir H_0 alors que H_1 est vrai, ou *risque de 2nde espèce*

Tableau 2-2: *Risques d'erreurs possibles* [Goldfarb *et al.*, 2003]

Réalité / Décision	H_0 vraie	H_0 fausse
H_0 non rejetée	Décision correcte Probabilité = $1 - \alpha$	Erreur de 2nde espèce Probabilité = β
H_0 rejetée	Erreur de 1ère espèce Probabilité = α	Décision correcte Probabilité = $1 - \beta$

e) Conclusion

La conclusion d'un test d'hypothèse se fait en terme de rejet ou de non rejet de l'hypothèse nulle, et cette conclusion est fonction:

- De l'échantillon observé;
- Du risque de $1^{\text{ère}}$ espèce α choisi.

Ne pas oublier que les tests s'effectuent nécessairement sur des *échantillons aléatoires*.

2.2.5.7. Intervalles de confiance

Un intervalle de confiance au niveau $(1 - \alpha)$ pour un paramètre β_j est défini par:

$$[\ B_j - t(\alpha/2, n - p - 1).\sigma(B_j)\ ;\ B_j + t(\alpha/2, n - p - 1).\sigma(B_j)\ ] \qquad (2\text{-}28)$$

c'est-à-dire:

$$B_j \pm t(\alpha/2, n - p - 1).\sigma(B_j) \qquad (2\text{-}29)$$

Cet intervalle est construit de telle sorte qu'il contienne le paramètre inconnu β_j avec une probabilité de $(1 - \alpha)$ [Dodge *et al.*, 1999].

2.3. Les méthodes d'optimisation

2.3.1. Généralités sur l'optimisation

La méthode de base pour optimiser un objet (matériel ou non) est *la méthode d'essai et erreur*. Elle consiste à tester un certain nombre de solutions potentielles jusqu'à l'obtention d'une solution adéquate.

1. **Problème**	Problème
2. **Essais**	Méthode d'essai et erreur
3. **Elimination**	

Solution

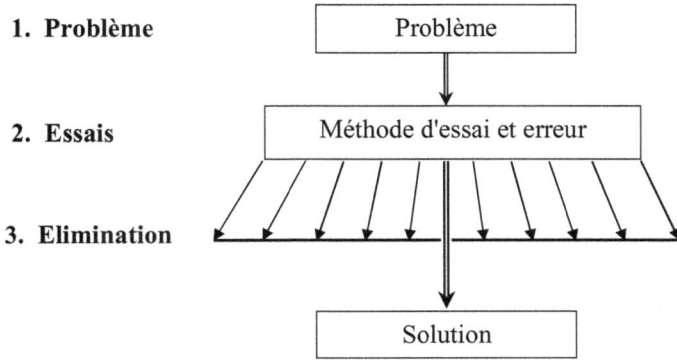

Figure 2-3: *Apprentissage par essai et erreur* [Popper, 1994]

Le processus d'optimisation peut être présenté en trois étapes: analyse, synthèse et évaluation [Magnin, 2002].

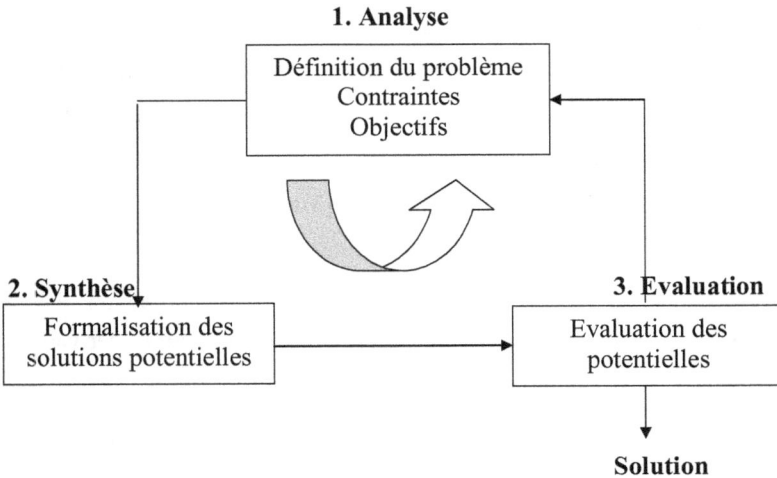

1. Analyse

Définition du problème
Contraintes
Objectifs

2. Synthèse
Formalisation des
solutions potentielles

3. Evaluation
Evaluation des
potentielles

Solution

Figure 2-4: *Processus d'optimisation selon Asimow* [Balachandran, 1993]

- Analyse du problème et choix préalables:
  - Variables du problème: paramètres intéressants à faire varier?
  - Espace de recherche: limites de variation de ces paramètres?
  - Fonction objectif: objectifs à atteindre? Comment les exprimer mathématiquement?
  - Méthode d'optimisation: quelle méthode choisir?
- Après la phase d'analyse, suit la *synthèse* des solutions potentielles qui sont *évaluées*, puis éventuellement *éliminées* jusqu'à obtention d'une solution acceptable.
- La fonction à optimiser doit exprimer le plus fidèlement possible le désir de l'utilisateur sous forme mathématique.
- Choix de la méthode d'optimisation adaptée au problème:
  - Méthode déterministe?
  - Méthode non déterministe?

Une fois définie la fonction à optimiser, il s'agit de choisir une méthode adaptée au problème posé. Lorsque l'évaluation de la fonction est très rapide ou lorsque la fonction est connue *a priori*, ce sont les méthodes déterministes qui sont les plus efficaces [Magnin, 2002]. En général, l'utilisation de ces méthodes nécessite comme étape préliminaire la localisation des extrema. Les cas les plus complexes (temps de calcul important, nombreux minimums locaux, fonctions non dérivables, fonctions fractales, fonctions bruitées, etc.) seront souvent traitées plus efficacement par les méthodes non déterministes. Celles-ci font appel à des tirages de nombres aléatoires. On peut citer entre autres: les méthodes Monte Carlo, les méthodes hybrides, le recuit simulé, les algorithmes évolutionnaires [Beasley *et al.*, 1993].

L'optimisation fait largement recours à la Recherche Opérationnelle (RO), qui est définie comme l'*ensemble des méthodes et techniques rationnelles d'analyse et de synthèse des phénomènes d'organisation utilisables pour élaborer de meilleures décisions* [Faure *et al.*, 1998]. Les domaines d'application de la RO sont classés en:

- Problèmes combinatoires (exemple: optimisation des niveaux d'activités, des affectations; ordonnancements; etc.);
- Problèmes stochastiques, c'est-à-dire où intervient le hasard (exemple: gestion de la production, fiabilité et sûreté de fonctionnement des équipements, etc.);
- Problèmes concurrentiels (exemple: définition de politiques d'approvisionnement, de vente, etc.).

La RO apparaît comme une discipline carrefour, associant étroitement les méthodes et les résultats de l'économie d'entreprise, la mathématique et l'informatique (voir Fig.2-5 ci-dessous).

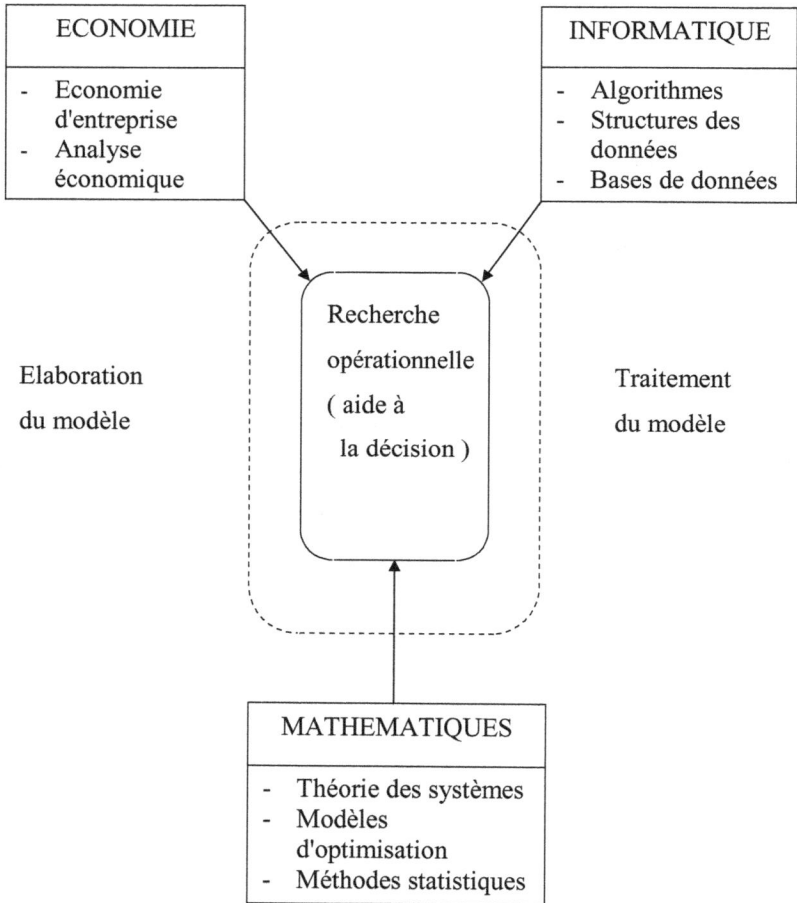

Figure 2-5: *Schéma d'intervention (ou modèle) de la Recherche Opérationnelle* [Faure *et al.*, 1998]

2.3.2. La programmation linéaire

2.3.2.1. Introduction

L'optimisation est un concept tout à fait naturel dans la vie courante: devant un problème donné, en présence de plusieurs solutions possibles, tout individu choisit en général une solution qui est qualifiée de "meilleure".

Du point de vue mathématique [Céa, 1971], un problème d'optimisation repose sur un ensemble U et une fonction J, définie sur U et à valeurs dans R: il s'agit de trouver u tel que:

$$\left\{ \begin{array}{l} u \in U \\ J(u) \leq J(v) \, , \, \forall \, v \in U \end{array} \right. \qquad (2\text{-}30)$$

U représente l'ensemble des solutions possibles pour atteindre une cible ou pour faire fonctionner un système; au point de vue pratique, l'appartenance à U se traduira souvent par le respect de certaines contraintes.

J représente un critère qui oriente le choix d'une solution possible: dans (2-30), il s'agit de choisir une solution u qui minimise la valeur de J sur l'ensemble U; en changeant J en –J le problème serait un problème de maximisation. En pratique J représente un coût, un rendement, un bénéfice, une durée, etc.

La méthode d'optimisation qui se prête à notre étude est la programmation mathématique. En effet, celle-ci se propose pour objet l'étude théorique des problèmes d'optimisation ainsi que la conception et la mise en œuvre des algorithmes de résolution   [Minoux, 1983]. Dans le domaine de la construction, la programmation mathématique laisse entrevoir la possibilité d'arriver à l'optimisation globale [Fenves, 1975]. Parmi les techniques de la programmation mathématique, on peut citer la programmation linéaire [Dantzig, 1949], la Programmation non linéaire [Kuhn *et al.*, 1951] et la programmation dynamique [Bellman, 1957], avec ou sans contraintes. La programmation linéaire (PL) est l'une des techniques de la RO la plus répandue et la plus utilisée. Ainsi la PL pourra être choisie dans la recherche de la solution optimale théorique dès lors que, tant la fonction objectif que les contraintes sont des fonctions linéaires des variables décisionnelles, ce qui est effectivement le cas en matière de calcul des coûts de la construction.

2.3.2.2. Formulation générale d'un problème de programmation linéaire

Le terme de programmation linéaire avait été proposé par Dantzig pour l'étude des problèmes théoriques et des algorithmes liés à l'optimisation des fonctions linéaires sous contraintes linéaires. Il s'agit de résoudre un programme linéaire, c'est-à-dire un problème qui consiste à trouver un extremum (maximum ou minimum) d'une fonction linéaire de plusieurs variables (la fonction objectif ou fonction économique), ces variables devant en outre vérifier un système d'équations et/ou d'inéquations linéaires (les contraintes). On suppose que le programme linéaire est présenté sous une forme telle que:

- la fonction économique est en *maximisation*;
- les contraintes comprennent des *conditions de positivité sur toutes les variables*.

Soit, pour un programme linéaire à n variables décisionnelles x_j, sous forme générale, on a [Guéret *et al.*, 2003]:

$$
\begin{cases}
\text{Max Z ou Min} Z = \displaystyle\sum_{j=1}^{n} c_j\, x_j \\[2em]
\text{Sujet à:} \\[1em]
\displaystyle\sum_{j=1}^{n} a_{ij}\, x_j \;
\begin{matrix} \geq \\ \leq \\ = \end{matrix}
\; b_i \;; \qquad i = 1, 2, ..., m \qquad\qquad (2\text{-}31)\\[2em]
x_j \;\geq\; 0
\end{cases}
$$

n et m sont respectivement le nombre de variables et le nombre de contraintes fonctionnelles (contraintes ne portant pas sur la non négativité des variables);

a_{ij} est le coefficient de la $j^{ème}$ variable dans la contrainte i;

b_i est le paramètre du membre de droite dans la contrainte i;

c_j est le coefficient de la $j^{ème}$ variable dans la fonction économique.

Les paramètres a_{ij}, c_j et b_i sont des constantes connues.

2.3.2.3. Recherche de la solution optimale: la méthode du simplexe

Pour modéliser un problème de PL, il faut:

- Identifier les variables décisionnelles;
- Déterminer les contraintes et la fonction objectif du problème.

Les contraintes fonctionnelles, en dehors des contraintes de non négativité, peuvent être de nature physique, économique, juridique, etc.

La méthode simpliciale a été inventée et développée par George B. Dantzig. C'est une technique algébrique utilisée pour trouver la solution optimale d'un problème de programmation linéaire. Il existe deux formes de la méthode du simplexe mathématiquement équivalentes: la forme algébrique et la forme tabulaire. Quelle que soit la forme envisagée, la méthode du simplexe comporte trois étapes distinctes: l'étape initiale, l'étape itérative et l'étape d'arrêt [Fotso, 2001].

a) Algorithme de la méthode du simplexe sous forme tabulaire

L'algorithme de la méthode du simplexe peut-être schématisé comme indiqué sur la Fig.2-6 ci-dessous. Compte tenu du nombre élevé de variables décisionnelles, on se sert de logiciels appropriés tels que LINDO, Visual Xpress, MINOS, GAMS, AMPL, GAUSS, LINGO, OPL Studio, etc., pour résoudre les problèmes de programmation linéaire [Guéret *et al.*, 2003].

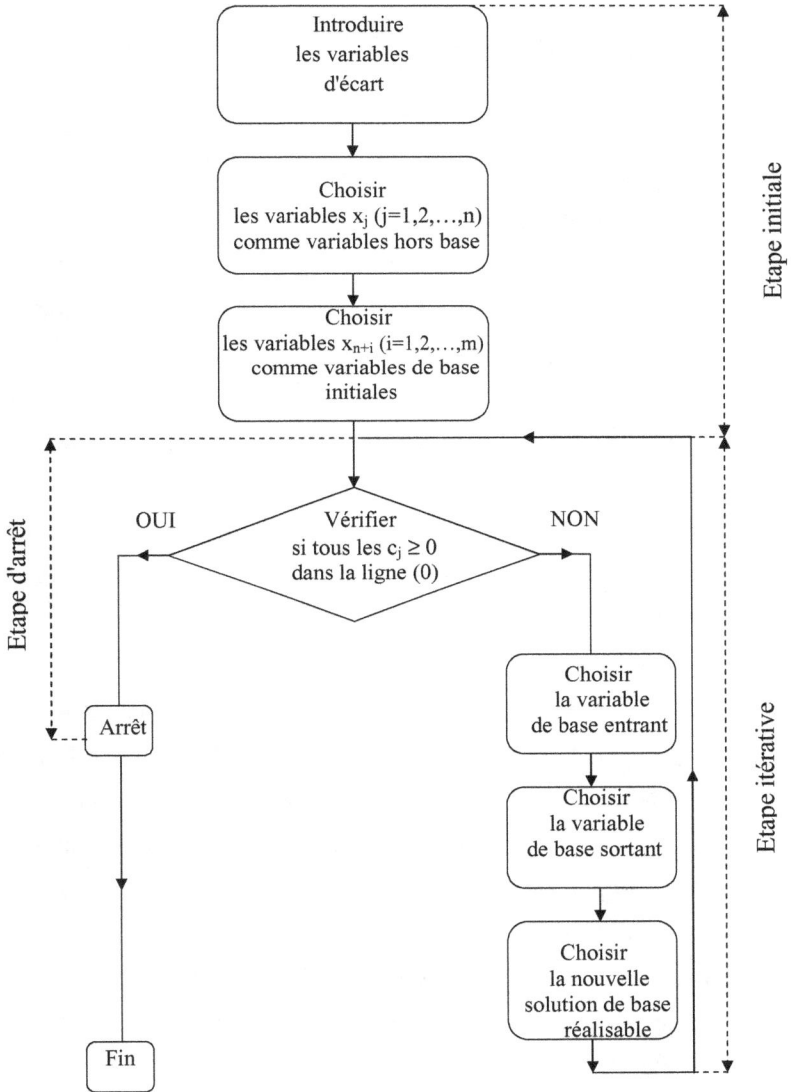

Figure 2-6: *Algorithme de résolution de la méthode du simplexe*

b) *Complexité algorithmique et efficacité pratique de la méthode du simplexe*

On évalue la complexité d'un algorithme par l'étude du nombre maximal d'opérations élémentaires qu'il nécessite. On montre [Klee *et al.*, 1972] que l'algorithme du simplexe est de complexité exponentielle en fonction de la taille du problème (nombre de variables et de contraintes), alors que la méthode de Karmarkar pour la résolution des problèmes de programmation linéaire est, au contraire, de complexité polynomiale [Karmarkar, 1984]. Cependant, l'algorithme du simplexe se révèle, en moyenne, d'une très grande efficacité, sur la plupart des problèmes d'origine pratique [Minoux, 1983].

2.3.2.4. Analyse post-optimale et programmation linéaire paramétrique

a) *Introduction*

On a supposé jusqu'ici que les paramètres (a_{ij}, b_i et c_j) étaient des constantes. En réalité, ce sont des estimateurs basés sur des prédictions des conditions futures. En PL, une question souvent posée concerne les changements dans la solution si des données changent. L'analyse de sensibilité post-optimale étudie l'effet de variation de ces paramètres sur la solution optimale obtenue par la méthode du simplexe. L'objectif de la programmation linéaire paramétrique est d'identifier les paramètres particulièrement sensibles afin de pouvoir mieux les estimer. L'analyse post-optimale s'intéresse aux seuls changements survenus dans le modèle au niveau soit des paramètres des membres de droite (b_i), soit au niveau des coefficients (c_j et a_{ij}) d'une variable décisionnelle x_j.

96

b) *Programmation linéaire paramétrique*

On fait varier un ou plusieurs paramètres (coefficients de la fonction objectif ou membres de droite) de façon continue dans un intervalle donné afin d'étudier l'effet de ce changement sur la solution optimale [Fotso, 2001].

b1) *Changement des paramètres c_j*

Supposons qu'on remplace la fonction objectif du programme linéaire:

$$Z = \sum_{j=1}^{n} c_j x_j$$

par:

$$Z(\theta) = \sum_{j=1}^{n} (c_j + \alpha_j) x_j \qquad (2\text{-}32)$$

où les α_j sont des constantes données, représentant les taux relatifs de changement des coefficients c_j. Si on fait croître θ à partir de zéro, alors c_j variera proportionnellement à ce taux. L'objectif consiste à trouver la solution optimale du problème modifié en fonction de θ.

b2) *Changement sur les b_i*

Il s'agit de remplacer les b_i du problème initial par $b_i + \alpha_i \theta$, avec $i = 1, 2, \ldots, m$ et où les α_i sont des constantes données.

Le problème devient:

$$\begin{cases} \text{Max } Z(\theta) = \sum_{j=1}^{n} c_j x_j \\[2mm] \text{Sujet à:} \\[2mm] \quad \sum_{j=1}^{n} a_{ij} x_j = b_i + \alpha_i \theta \quad ; \qquad i = 1, 2, ..., m \\[2mm] \qquad\quad x_j \geq 0 \quad ; \qquad\qquad j = 1, 2, ..., n \end{cases} \qquad (2\text{-}33)$$

Il s'agit ici d'identifier la solution optimale en fonction de θ.

2.3.3. Les méta-heuristiques

2.3.3.1. Introduction

La complexité grandissante, d'une part des problèmes technologiques qui surgissent dans les secteurs techniques très divers comme la conception assistée par ordinateur (CAO) de systèmes mécaniques ou électriques, le traitement des images, etc., et d'autre part des problèmes de management de la construction, etc., conduit à résoudre un problème qui peut être formulé sous la forme générale d'un *problème d'optimisation de grande taille*. Par conséquent, pour résoudre au mieux les problèmes d'optimisation difficile, les méthodes classiques ne suffisent plus. Parmi les problèmes d'optimisation difficile, on peut citer:

- certains problèmes d'optimisation combinatoire, pour lesquels on ne connaît pas d'algorithme exact *rapide*;

- certains problèmes d'optimisation à variables continues, pour lesquels on ne connaît pas d'algorithme permettant de repérer un optimum *global* à coup sûr et en un nombre fini de calculs.

Les *heuristiques*, qui produisent des solutions proches de l'optimum, ont été développées dans le but de résoudre les problèmes d'optimisation combinatoire difficile. Cependant, bon nombre d'entre elles sont conçues spécifiquement pour un type de problème donné. D'autres par contre, appelées *méta-heuristiques*, s'adaptent à différents types de problèmes combinatoires ou même continus. Parmi les méta-heuristiques, nous avons notamment le recuit simulé, la méthode de recherche tabou, les réseaux de neurones et les algorithmes génétiques. Ces méthodes possèdent les caractéristiques communes suivantes:

- Elles sont *stochastiques* (c'est-à-dire qu'elles font intervenir le hasard);
- Elles ne peuvent s'appliquer aux problèmes continus qu'après *adaptation*;
- Elles sont inspirées par des *analogies*.

Un fait remarquable est que ces méthodes ne s'excluent pas mutuellement. Pour des besoins d'efficacité accrue, on a vu émerger les *méthodes hybrides* [Renders *et al.*, 1996] qui essayent de tirer parti des avantages spécifiques de deux approches différentes en les combinant.

2.3.3.2. Formulation des méthodes méta-heuristiques

Rappelons qu'un problème d'optimisation peut être exprimé sous la forme générale suivante:

$$\begin{cases} \text{Min } f(x) \\ \text{sujet à:} \\ \quad g_i(x) \geq b_i \quad ; \quad i = 1, 2, \ldots, m \\ \quad h_j(x) = c_j \quad ; \quad j = 1, 2, \ldots, n \end{cases} \qquad (2\text{-}34)$$

où x désigne un vecteur regroupant les N variables de décision;

f représente la fonction objectif;

g_i et h_j expriment respectivement les contraintes d'inégalité et les contraintes d'égalité.

L'optimisation combinatoire se rapporte au cas où les variables décisionnelles sont discrètes, c'est-à-dire où chaque solution est un ensemble ou une suite d'entiers.

En pratique, le nombre N de "degré de libertés", autrement dit de variables décisionnelles, peut être élevé, et la fonction f doit prendre en considération de nombreux objectifs plus ou moins contradictoires souvent.

2.3.3.3. La méthode du recuit simulé

La méthode du recuit simulé est née de l'idée d'utiliser la technique du recuit en vue de traiter un problème d'optimisation. Elle consiste à introduire, en optimisation, un paramètre de contrôle qui joue le rôle de température dans le recuit réel. La "température" du système à optimiser doit avoir le même effet que la température du système physique: elle doit conditionner le nombre d'états accessibles et conduire vers l'état optimal si elle est abaissée de façon lente et bien contrôlée (technique du recuit) et vers un minimum local si elle est abaissée brutalement (technique de la trempe).

100

L'algorithme du recuit simulé se base sur une méthode itérative qui évite les pièges des minimums locaux de la fonction objectif [Kirkpatrick *et al.*, 1983; Cemy, 1985], contrairement à ce qui se passe dans l'algorithme . d'amélioration itérative. Cette méthode a prouvé son efficacité dans des domaines très divers. Cependant elle s'est avérée inadaptée pour certains problèmes d'optimisation combinatoire [Faure *et al.*, 1998], mieux résolus par des heuristiques spécifiques (en ordonnancement par exemple).

2.3.3.4. La recherche tabou

La méthode de recherche tabou est une technique d'optimisation combinatoire mise au point en vue de résoudre le problème du piégeage dans les minimums locaux de la fonction objectif [Glover, 1986; Hansen, 1986]. La principale particularité de la méthode tient dans la mise en œuvre de mécanismes inspirés de la mémoire humaine. Le principe de base de la méthode tabou est assez simple. A partir d'une solution initiale quelconque, le mécanisme engendre une succession de solutions, ou *configurations*, qui doit aboutir à la solution optimale. Cette méthode a donné d'excellents résultats pour certains problèmes d'optimisation combinatoire. Cependant la méthode tabou, dans sa forme plus élaborée, dite tabou généralisée, comporte des mécanismes annexes (comme l'intensification, la diversification et l'aspiration) qui apportent une notable complexité.

2.3.3.5. Les algorithmes génétiques

a) Introduction

Ces dernières années se sont répandus dans des domaines aussi divers que variés comme le management de la construction, l'ingénierie et la médecine, les *Algorithmes Evolutionnaires* (AEs) dont les trois principales approches qui font partie de cette classe sont:

- Les *Algorithmes Génétiques* (AGs);
- La *Programmation Evolutionnaire* (PE);
- Les *Stratégies d'Evolution* (SE).

Les AEs sont basés sur le concept de la Sélection Naturelle, tel qu'il a été élaboré par Charles Darwin. Les *Algorithmes Génétiques* (AGs) sont un type particulier d'AEs, basés sur le Néodarwinisme, c'est-à-dire l'union de la théorie de l'évolution et de la Génétique Moderne. La première formulation rigoureuse des principes généraux des AGs est due à J. H. Holland [Holland, 1975]. On peut également considérer avec beaucoup d'intérêt les travaux de Goldberg qui proposent les développements plus récents [Goldberg, 1989]. Les AGs sont de plus en plus utilisés comme techniques de recherche stochastiques car ils sont particulièrement adaptés aux problèmes d'optimisation comportant de nombreux paramètres. Dans le domaine de l'optimisation combinatoire, les AGs risquent moins d'être "piégés" dans les minimums locaux que les algorithmes classiques, parce qu'ils explorent en parallèle un ensemble de solutions possibles au problème posé [Faure *et al.*, 1998].

b) Principe des algorithmes génétiques

On considère une fonction f comportant n variables réelles et on cherche le (ou un) point x de l'espace R^n en lequel cette fonction atteint un minimum global.

Un ensemble de N points, qui peuvent être choisis au hasard, constitue la *population* initiale; chaque individu de la population possède une certaine *compétence*, qui mesure son degré d'*adaptation* (fitness) à l'objectif visé: ici, x est d'autant plus *compétent* que f(x) est plus petit.

Un AG consiste à faire évoluer progressivement, par *générations* successives, la composition de cette population, en maintenant sa taille constante; d'une génération à la suivante, la "compétence" de la population doit globalement s'améliorer. Un tel résultat est obtenu en mimant les deux principaux mécanismes qui régissent l'évolution des êtres vivants: la *sélection naturelle* (qui détermine quels membres d'une population survivent et se reproduisent) et la *reproduction* (qui assure le brassage et la recombinaison des gênes parentaux, pour former des descendants aux potentialités nouvelles).

En pratique, chaque individu est généralement *codé par une chaîne de bits* de longueur donnée (de même qu'un chromosome est formé d'une chaîne de gênes ou génotype). Le passage d'une génération à la suivante se déroule en deux phases: une phase de reproduction et une phase de remplacement. La phase de reproduction consiste à appliquer des opérateurs, dits *génétiques*, sur les individus de la population courante, pour engendrer de nouveaux individus. Les opérateurs les plus utilisés sont le *croisement* ("crossover") et la *mutation*. La phase de reproduction est organisée selon les règles suivantes:

- Elle comporte un nombre donné d'opérations génétiques (succession pseudo aléatoire de croisements ou de mutations, selon des taux fixés; généralement, les mutations sont rares);

- Les individus de la population qui prennent part à la reproduction sont préalablement *sélectionnés*, en respectant le principe suivant: plus un individu est compétent, plus sa probabilité de sélection est élevée (c'est la "fitness" qui détermine la propension à la reproduction);

103

- Les descendants produits n'éliminent pas leurs parents, qui demeurent dans la population courante; mais ces descendants sont mémorisés séparément.

La phase de remplacement consiste à sélectionner les membres de la nouvelle génération: on peut, par exemple, remplacer les plus "mauvais" individus (au sens de la fonction objectif) de la population courante par les meilleurs individus produits (en nombre égal).

L'algorithme est interrompu après un nombre donné de générations, ou bien dès qu'une *bonne* solution est trouvée.

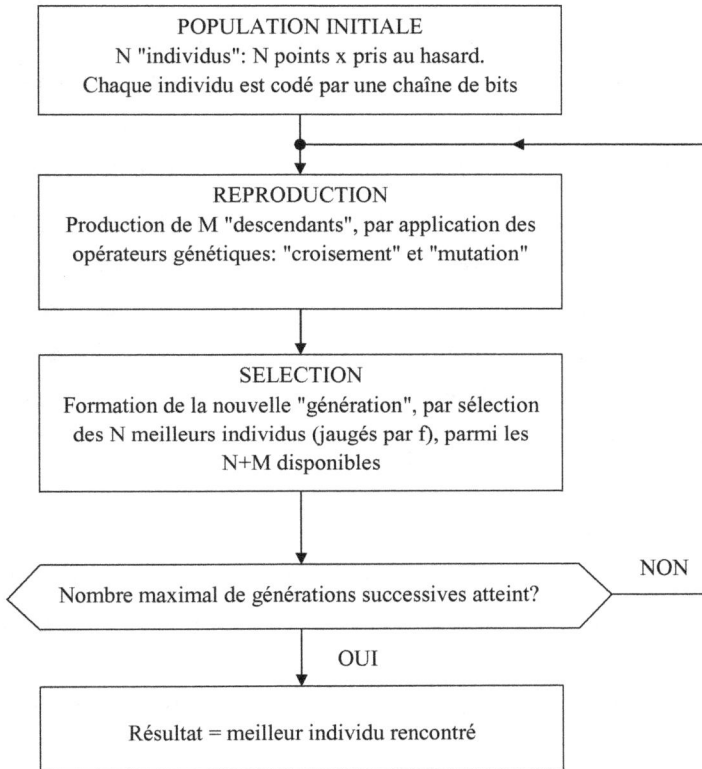

Figure 2-7: *Organigramme de principe d'un Algorithme Génétique*
[Faure *et al*., 1998; Bel Hadj Ali, 2003]

c) Limites de la théorie des Algorithmes Génétiques

Actuellement, il n'existe encore aucune garantie que la méthode des AGs découvre la solution optimale globale. Cette technique est plutôt utilisée pour la recherche d'une solution proche de l'optimum. En plus, le succès de la méthode dépend beaucoup du *codage* des individus, qui lui-même est

105

fonction du problème d'optimisation combinatoire traité [Faure *et al.*, 1998]. Donc, le choix d'un codage approprié est un élément critique dont dépend grandement l'efficacité d'un AG. Il est important d'insister sur le fait que le fonctionnement d'un tel algorithme ne garantit nullement la réussite. En effet, on est en présence d'un système stochastique et la probabilité existe qu'un pool génétique (ensemble des individus caractérisés chacun par son génome) d'une population donnée soit trop éloigné de la solution, ou encore, qu'une convergence trop rapide bloque le processus d'évolution [Rennard, 2001]. Toutefois, pour des problèmes concrets très divers, relevant de l'ingénierie (optimisation de structures mécaniques), de la médecine (imagerie médicale) ou du management de la construction (optimisation global d'un planning), les AGs se sont avérés satisfaisants.

d) *Les moteurs (logiciels) d'Algorithmes Génétiques*

Les moteurs d'AGs sont couramment disponibles dans le domaine public ou le commerce. Parmi ces logiciels, les plus connus sont: Evolver, GARP (Genetic Algorithm for Rule-set Production), SPLICER, SUGAL (Sunderland Genetic Algorithm system), GALIB, GENERATOR [Genprog, 2005].

2.4. Notions générales dans la construction de bâtiments

2.4.1. Documents nécessaires dans la construction de bâtiment

Toute construction commence par l'élaboration d'un plan, autrement dit, d'un document graphique. Celui-ci est nécessaire pour l'estimation de la quantité des matériaux à employer et l'importance de la main-d'œuvre nécessaire. Il permet en outre de juger, avant travaux, si le bâtiment est fonctionnel et esthétique, et durant les travaux de vérifier si le bâtisseur respecte ses engagements. Il faut s'assurer que le plan ne contient pas d'anomalies, sinon il va falloir procéder à quelques retouches dès le début, car toute modification en cours de chantier occasionne toujours une énorme perte de temps et un gaspillage de matériaux. Au plan, on doit joindre des documents écrits sous forme de rapports. Il y a deux types de documents:

- Un descriptif, qui "décrit" tous les éléments de la construction selon le type (fondation, tôles, etc.), l'épaisseur (murs, carrelage, etc.), etc.

- Un quantitatif, où sont calculées les quantités de matériaux employés (nombre de   parpaings, de m^3 de béton, etc.).

2.4.2. Grille analytique des éléments d'une construction

En s'appuyant sur différentes réalisations immobilières, on peut établir une grille analytique du coût de la construction. Cette grille est basée sur les principes retenus par la "Liste Systématique des Ouvrages du Bâtiment" [U.N.T.E.C., 1976]. Le coût total de la construction est subdivisé en trois sections distinctes:

A. Construction proprement dite

B. Sujétions d'adaptation

C. Equipements spécialisés propres à la construction

Les sections A et B sont subdivisées en chapitres. La section A comporte trois grands chapitres:

A1- Infrastructure

A2- Superstructure

A3- Equipements

La section B quant à elle compte quatre grands chapitres:

B1- Préparation du terrain

B2- Fondations spéciales

B3- Réseaux organiques

B4- Aménagements de surface

A partir de ces sections et de ces chapitres, la grille d'analyse se décompose en un certain nombre de fonctions et éléments. Les subdivisions successives de la grille d'analyse permettent de déterminer des niveaux d'investigation de plus en plus précis pouvant conduire, en les développant davantage, jusqu'au détail de chaque ouvrage et à l'avant-métré de ceux-ci. Par contre, en prenant le problème inversement, il est possible d'opérer des synthèses successives à tous les niveaux déterminés par les subdivisions de la grille. Les différents niveaux d'analyse seront utilisés en fonction de l'état d'avancement du projet à estimer, les plus détaillés correspondant aux études les plus poussées.

Il est utile de signaler la méthode Uniformat II [Charrette *et al.*, 1999] qui est un système plus récent de classification des éléments d'un bâtiment. Les éléments sont définis comme étant les principaux composants communs à la plupart des bâtiments. Uniformat II comporte quatre niveaux hiérarchiques de définitions des éléments. Le niveau 1 se rapporte au groupement des éléments plus large, il identifie les *Eléments du Groupe Principal* tels que l'Infrastructure, l'Ossature et les Intérieurs. Le niveau 2 subdivise les éléments du niveau 1 en *Groupes d'Eléments*. L'Ossature, par exemple, inclut la Superstructure, les Fermetures Extérieures et la Toiture. Le niveau 3 morcelle davantage les Groupes d'Eléments en *Eléments Individuels*. Les Fermetures Extérieures, par exemple, incluent les Murs Extérieurs, les Fenêtres Extérieures et les Portes Extérieures. Le niveau 4 éclate les Eléments Individuels encore en *Sous-Eléments* plus petits. Les Sous-Eléments de Fondations Standard, par exemple, incluent les

Fondations des Murs, les Fondations des Colonnes, le Périmètre de Drainage et l'Isolation. Le principal avantage de procéder à une analyse économique basée sur une structure élémentaire, au lieu d'une classification basée sur le produit, est la réduction en temps et en coûts pour évaluer des alternatives à l'étape initiale de conception.

2.4.3. Regroupement des fonctions et décomposition d'un ouvrage

En partant de la grille de fonctions, on peut opérer un regroupement harmonieux de différents corps d'état, permettant ainsi de dresser l'organigramme des tâches de construction de logements (voir Fig. 2-8).

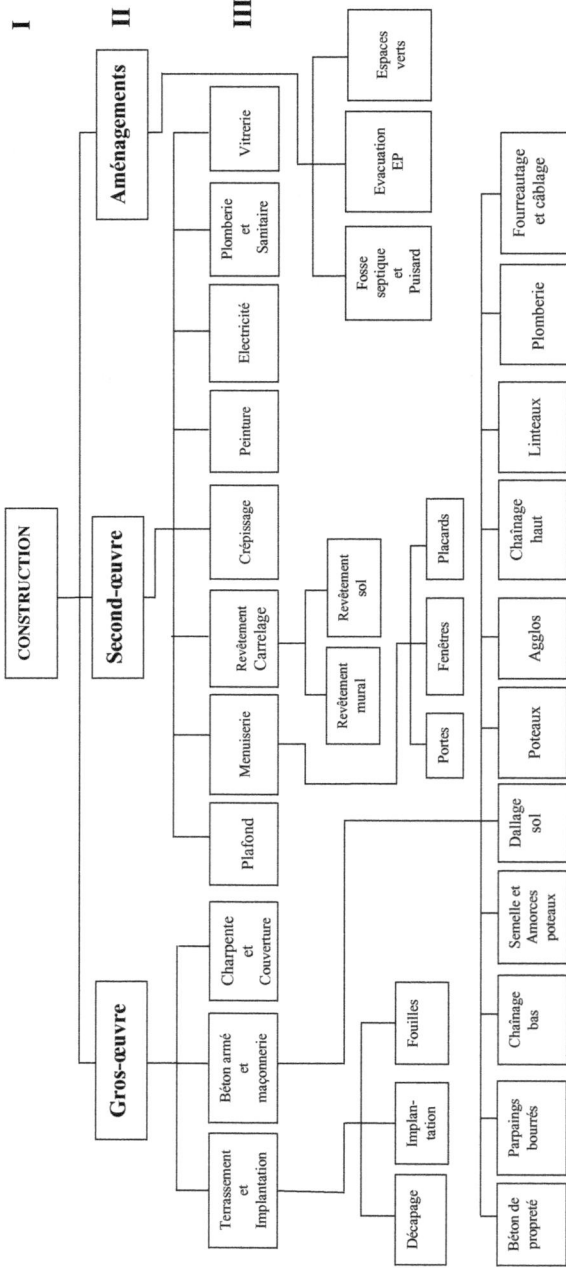

Figure 2-8: *Organigramme (sous décomposition) pour distinguer les différents corps d'état* [Pettang, 1995 ; 2001]

110

Dans cet organigramme, le niveau III correspond à une décomposition d'un ouvrage en plusieurs sous-ouvrages SO_k, qui s'établit de la manière suivante:

- SO_1: Terrassement et implantation (décapage, nivellement, compactage, fouilles)
- SO_2: Béton armé et maçonnerie (fondation, longrine, dallage, chaînage, poteaux, murs, etc.)
- SO_3: Toiture (charpente, couverture, étanchéité)
- SO_4: Menuiseries (portes, fenêtres, grilles métalliques, etc.)
- SO_5: Electricité (équipements électriques)
- SO_6: Plomberie et viabilité sanitaires (tuyauterie, sanitaires, etc.)
- SO_7: Plafonnage
- SO_8: Enduits (intérieur et extérieur)
- SO9: Revêtement et carrelage
- SO_{10}: Vitrerie
- SO_{11}: Peinture (intérieure et extérieure)
- SO_{12}: Aménagement et VRD

Comme le montre la Fig.2-8, les sous-ouvrages SO_1, SO_2 et SO_3 font partie du Gros-œuvre. Les sous-ouvrages SO_4, SO_5, SO_6, SO_7, SO_8, SO_9, SO_{10} et SO_{11} sont associés au Second-œuvre. Chacun des sous-ouvrages peut encore subir une décomposition plus détaillée. Par exemple, le sous-ouvrage SO_2 est constitué de parties élémentaires qui sont:

- Le béton de propreté;
- La semelle, les amorces de poteaux;
- Le mur de soubassement en parpaings bourrés;

- Le chaînage bas;
- Le dallage;
- etc.

De même, chaque partie élémentaire renferme des constituants élémentaires ou matériaux de base. Par exemple, on aura besoin des constituants suivants:

- Pour le béton de propreté: ciment, sable, gravier;
- Pour les parpaings bourrés: ciment, sable;
- Pour le chaînage bas: ciment, sable, gravier, fer à béton, bois de coffrage, clous, etc.
- Etc.

La structure décrite ci-dessus peut être représentée sur un diagramme (voir Fig. 2-9) que nous appellerons "*Diagramme de décomposition des sous-ouvrages* (DDSO)".

Nous avons donc la possibilité, à partir du DDSO, de dégager les différents constituants élémentaires d'un sous-ouvrage SO_k donné. Ensuite, en regroupant les différentes quantités d'un matériau donné mat_j contenues dans différents sous-ouvrages, on arrive à déterminer la quantité totale de mat_j dans tout l'ouvrage. Toute la procédure mentionnée ci-dessus peut être reprise sous forme de tableau (voir Tableau 2-3). Il est alors possible de trouver un modèle mathématique de représentation, ce qui a conduit à l'approche matricielle [Pettang *et al.*, 1997] décrite dans la section 3.2., paragraphe 3.2.4.

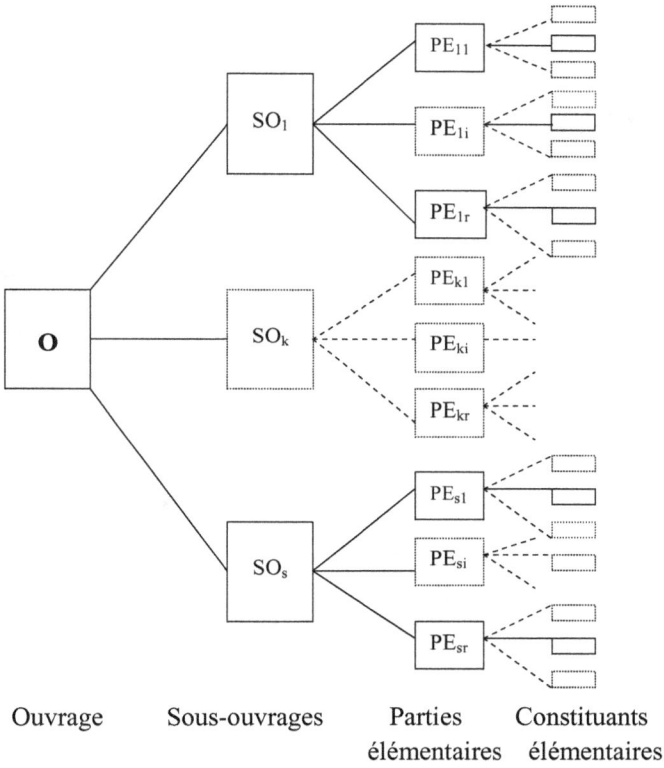

Ouvrage   Sous-ouvrages   Parties   Constituants
élémentaires   élémentaires

Figure 2-9: *Diagramme de décomposition d'un ouvrage
en sous-ouvrages (DDSO)*

Tableau 2-3: *Distribution des quantités de matériaux par sous-ouvrage.*

Matériaux \\ Sous-Ouvrages	mat_1	mat_2	. . .	mat_j	. . .	mat_p
SO_1	mat_{11}	mat_{21}	. . .	mat_{j1}	. . .	mat_{p1}
SO_2	mat_{12}	mat_{22}	. . .	mat_{j2}	. . .	mat_{p2}
. . .						
SO_k	mat_{1k}	mat_{2k}	. . .	mat_{jk}	. . .	mat_{pk}
. . .	.	.	. . .	.	. . .	.
SO_s	mat_{1s}	mat_{2s}	. . .	mat_{js}	. . .	mat_{ps}
$\sum_{k=1}^{s} mat_{jk}$						

Chaque case contient une certaine quantité de matériau (cette quantité peut être nulle).

2.4.4. Processus de construction de bâtiment
2.4.4.1. Planning des travaux
Une bonne planification et une bonne préparation de chantier auront une influence favorable sur le déroulement du chantier.

a) Décomposition d'un projet de construction en tâches élémentaires
L'observation des tâches élémentaires peut être établie comme suit:
- A l'aide d'un devis descriptif, on définit les tâches élémentaires à accomplir sur le chantier. On procède corps d'état par corps d'état, en distinguant les tâches répétitives et non répétitives.
- Ces tâches doivent présenter sensiblement des "poids" équivalents, chacune ne doit concerner qu'un seul corps d'état et présenter un travail facilement identifiable sur le chantier.
- Elles doivent être parfaitement définissables dans le temps et dans l'espace afin d'être contrôlées sans équivoque.
- Leur durée doit être assez courte pour que leur gestion en soit facilitée.
- Elles ne correspondent pas toujours à un élément du quantitatif ou à un prix unitaire.
- Leur coût est en général faible eu égard au montant du marché.
- Pour chaque tâche, on doit indiquer le temps et le potentiel des équipes (hommes-jours).

b) Examen de la logique entre les tâches et les contraintes de dépendance

Cet examen conduit à l'établissement des graphes, répétitifs et non répétitifs selon les niveaux de l'ouvrage. Pour une construction en rez-de-chaussée, il s'agira de graphes non répétitifs.

c) Attribution d'un temps à chaque tâche élémentaire

Il faudra:

- Définir une unité de temps:
  - la journée pour un contrôle fin;
  - la semaine pour plus de souplesse.
- Attribuer à chaque tâche un temps.

d) Etablissement d'un graphe-planning

On emploie une méthode qui consiste à:

- Lisser les tâches afin que les effectifs soient maintenus aussi constants que possible pendant toute la durée d'une intervention;
- Niveler les moyens, ce qui permettra ensuite d'établir les courbes financières.

2.4.4.2. Exécution des travaux

Il s'agira de:

- S'organiser de manière à perdre le moins de temps possible. Cela signifie qu'il faudra inventorier les différentes tâches et étudier les possibilités de leur enchaînement dans la phase de réalisation;

116

- Tenir le délai de réalisation convenu, ce qui suppose que la durée de chaque tâche doit être établie avec certitude; ensuite la date de début de chacune des tâches.

Généralement, l'exécution des travaux comporte cinq étapes: inventaire des besoins du projet, valorisation des besoins, planning d'exécution des tâches et durées de réalisation du projet, prévision d'approvisionnement, gestion des tâches.

a) Inventaire des besoins du projet
Les besoins se situent à trois niveaux:

a1) Besoins en matériaux
Ils sont exprimés en quantités de matériaux.

a2) Besoins en main-d'œuvre
Ils sont présentés en temps de main-d'œuvre nécessaires pour chaque tâche. Ce temps ne doit pas être confondu à la durée. On travaille sur la base, par exemple, d'un manœuvre (ou d'une seule équipe) pour la détermination du temps de main-d'œuvre pour chaque tâche. Ce temps devra être déterminé par calcul.

a3) Eléments indirects
Ce sont des charges à caractère général pour une activité, dont l'importance est proportionnelle à la durée du projet. Il s'agit:
- Des amortissements du matériel utilisé, du loyer du bâtiment abritant le matériel et les matériaux, de l'alimentation en eau ou en électricité du chantier éventuellement;
- Des salaires du personnel permanent s'il y en a (par exemple, les gardiens).

b) Valorisation des besoins

L'appréciation véritable de la situation ne peut être faite qu'après avoir donné des valeurs aux quantités inventoriées. Le coût des matériaux sera composé du coût des fournitures, du coût d'approvisionnement et éventuellement une commission pour achat.

b1) Valorisation des matériaux

La qualité et la quantité de matériaux nécessaires étant connues, on relève les prix auprès des fournisseurs et on s'informe du coût d'approvisionnement jusqu'au chantier. Toutes ces données sont ensuite insérées dans un tableau pour obtenir le coût total des matériaux.

b2) Coût de la main-d'œuvre

Dans un chantier il y a des ouvriers de différentes spécialités qui y travaillent. Normalement, ils sont payés par heure pour chaque tâche. On peut se référer à la grille officielle des salaires, en fonction de leurs catégories et échelons, pour avoir une idée plus précise. Les temps de main-d'œuvre nécessaires et les barèmes appliqués aux tâches permettent d'obtenir le coût total de la main-d'œuvre.

b3) Valorisation des éléments indirects

Connaissant les valeurs mensuelles des éléments indirects (VMEI) recensés, il est possible de calculer leur montant pour la durée du projet, soit:

$$\frac{\text{Total des VMEI} \times \text{Durée du projet en jours}}{30} \qquad (2\text{-}35)$$

c) *Planning d'exécution des tâches et durées de réalisation du projet*

Du point de vue technique, les tâches sont échelonnées dans le temps. Cependant la gestion recommande d'éviter toute perte de temps et de prévoir avec précision la date de début de chaque tâche. On utilise la méthode de diagramme qui permet de s'organiser efficacement dans l'exécution des tâches et de déterminer la durée de réalisation de l'ouvrage avec indication du début de chaque tâche. Cette méthode se base sur la durée de réalisation de chaque tâche et sur les possibilités d'enchaînement technique des tâches. Toutefois, on suppose qu'il n'y aura pas rupture en fournitures et en matériel nécessaires pour le bon déroulement des travaux du chantier.

d) *Prévision d'approvisionnement*

Deux motifs justifient cette mesure. Il s'agit de:
- Eviter les arrêts de chantier dus aux ruptures de matériaux;
- Anticiper le manque brutal de matériaux chez le fournisseur.

Il est recommandé de dresser un tableau des besoins journaliers en matériaux. Un diagramme de réalisation sera établi afin de déterminer les dates de début des tâches. Cependant, il faut d'abord s'assurer de la disponibilité de toutes les fournitures nécessaires pour les tâches correspondant aux dates prévues.

e) *Gestion des tâches*

Certaines circonstances peuvent exiger qu'un travail soit terminé plus tôt que prévu, afin de prévenir des perturbations aux conséquences préjudiciables pour la poursuite du projet. Ainsi, pour raccourcir les durées de réalisation des tâches qui demandent beaucoup de temps, on doit multiplier les équipes autant de fois que nécessaire. Notons que la multiplication des équipes au niveau des tâches réduit les temps de réalisation des tâches, mais cependant, il faudra tenir compte de l'augmentation des coûts de réalisation que cette réduction pourrait engendrer.

2.4.4.3. Contrôle permanent du coût prévisionnel

A partir du moment où le coût prévisionnel d'une construction a été défini, il convient d'assurer jusqu'au terme de l'opération le maintien de ce coût à l'intérieur de l'enveloppe financière annoncée et dans les limites de la marge de tolérance fixée. Ce contrôle *a posteriori* de la dépense prévue s'impose si l'on veut réaliser le programme prévu pour le montant contractuel annoncé. Toutefois, un certain nombre de contraintes peuvent amener une remise en cause de ce coût. Ces contraintes se situent à trois niveaux [U.N.T.E.C., 1976]:

- Mise en forme de l'avant-projet définitif;
- Résultats de la consultation des constructeurs;
- Exécution des travaux contractuels.

a) *Contrôle au niveau de la mise en forme de l'avant-projet définitif*

Notons que la définition du coût prévisionnel est souvent établie à un stade de l'étude où les détails ne sont pas encore tous parfaitement définis, donc seules les grandes options sont prises à ce stade. Il faut alors s'assurer que toutes les précisions qui sont apportées pour la mise en forme définitive de l'avant-projet ayant servi de base d'estimation, restent effectivement à l'intérieur des limites de prix contractuelles. Il est possible qu'à ce stade, et à l'annonce du coût prévisionnel, le maître de l'ouvrage soit conduit à revoir son programme. D'où la nécessité, à ce niveau d'organisation, d'un contrôle permanent du coût prévisionnel au fur et à mesure que se précise le projet définitif.

b) Contrôle au niveau des résultats de la consultation des constructeurs

Le but de ce contrôle est:

- De s'assurer que les offres des constructeurs correspondent bien aux pièces contractuelles et que le montant total des différents lots s'inscrit bien à l'intérieur de la marge de tolérance du coût prévisionnel;
- D'examiner les différentes variantes et de mettre en évidence leur influence sur ce coût prévisionnel;
- D'envisager les mesures pouvant être prises pour faire cadrer le montant des offres avec celui de la dépense fixée, en restant dans le cadre contractuel;
- De remettre éventuellement en cause les données du programme pour les aligner avec le coût prévisionnel et les offres des constructeurs.

c) Contrôle au niveau de l'exécution des travaux contractuels

Ce contrôle, qui s'effectue lors de l'exécution des travaux et après passation des marchés, doit permettre de garder continuellement la maîtrise du coût prévisionnel à l'intérieur de sa marge de tolérance. Il a pour but:

- De s'assurer que les travaux contractuels sont exécutés et que leur coût ne dépasse pas le montant prévu;
- D'apporter la preuve que les modifications demandées à l'exécution par les concepteurs restent dans le cadre du coût prévisionnel et de sa marge de tolérance;
- De faire ressortir les conséquences financières que peuvent avoir, sur le montant des travaux prévus, les décisions prises par le maître de l'ouvrage de modifier le programme contractuel;
- D'assurer la gestion comptable des travaux.

Signalons que la comptabilité des travaux est constituée par deux éléments:

- Le budget prévisionnel d'engagement des dépenses;
- La comptabilisation des paiements réellement effectués.

Pour prévenir un éventuel dépassement budgétaire, on doit régulièrement comparer ces deux éléments (prévisions-dépenses). On peut exprimer le budget prévisionnel d'engagement de dépenses de la manière suivante [Raffestin, 1991]:

$$P = \sum M + TD + I + R \qquad (2\text{-}36)$$

avec:

P: budget prévisionnel consacré aux travaux;

122

Σ M: somme des marchés des travaux effectivement passés, éventuellement modifiés par avenants;

TD: montant des travaux éventuellement "différés" dont les marchés seront passés ultérieurement, vers la fin de la phase des travaux;

I: marge éventuelle pour imprévus;

R: provision pour indexation des marchés (actualisation et/ou révision).

2.5. Concepts de base en management de projet de construction
2.5.1. La maîtrise de projet

Lorsqu'on parle d'un projet, on entend par ce terme toute entreprise destinée à réaliser un objectif, physique ou intellectuel [Mait-Proj., 2003]. Un projet est une séquence d'activités uniques, complexes et reliées, ayant un but, et qui doit être réalisé en un temps précis, à l'intérieur du budget et selon les spécifications. Il est généralement composé d'un noyau central et de projets périphériques. Les trois principales étapes d'un projet sont:

-   L'ingénierie (spécification du travail à faire),
-   Les approvisionnements (collecte des fournitures nécessaires),
-   Les travaux (assemblage, installation et mise en route de l'ouvrage).

Le management de projet est le processus concernant la gestion, la planification, l'utilisation du personnel, l'organisation, la direction et le contrôle du développement d'un système acceptable à un coût minimum à l'intérieur d'un intervalle de temps précis. Au cours de ces cinquante dernières années, les critères de coût, de temps et de qualité, connus sous la dénomination "The Iron Triangle", ont été intimement liés pour mesurer le succès du management de projet. Récemment, Atkinson a proposé un nouveau cadre pour considérer les critères de succès, appelé "The Square Route" [Atkinson, 1999]. Il a ajouté aux trois premiers critères, un quatrième: les "allocations risquées" sur lesquelles les projets peuvent être évalués. D'après Lecomte, en management des projets, l'affirmation d'une finalité, d'une cible, est au cœur de la démarche Projet [Lecomte, 1998]. D'une manière générale, la cible se décline en un triptyque d'objectifs:

- Performance fonctionnelle et spécifications techniques,
- Respect d'un délai imparti pour exécuter le projet (un retard peut diminuer l'intérêt et parfois conduire à des surcoûts),
- Objectifs économiques: coût et rentabilité.

Essayer de rendre cohérent cette cible d'objectifs n'est pas chose facile. Cependant le troisième objectif peut être beaucoup mieux appréhendé par la connaissance des coûts des activités qui vont contribuer à ce projet. La gestion de projets concerne toutes les tâches nécessaires pour gérer le projet et le mener à terme, autrement dit c'est le pilotage. Il est à souligner que le pilotage d'un projet est influencé par la temporalité du projet. L'objectif d'un projet est de construire progressivement une réalité à venir [Gautier *et al.*, 2000]. Cette temporalité est marquée par le découpage d'un projet en phases distinctes et se traduit par la "convergence du projet" [Midler, 1993] représentée par les deux courbes sur le graphique ci-dessous (Fig. 2-10).

Ce modèle d'inspiration industrielle représente le pilotage des projets vu sous l'angle de la vitesse, la notion de vitesse étant définie par rapport aux notions de délai et de charge. Ce modèle représente un projet par deux processus, l'un cognitif et l'autre décisionnel. Gérer un projet, c'est chercher à optimiser ce double processus, entre le moment où, en amont, on peut quasiment tout faire, mais où l'on ne sait rien, et le moment où, en

Capacité d'action
sur le projet (⸺)

Niveau de connaissance
sur le projet (– – –)

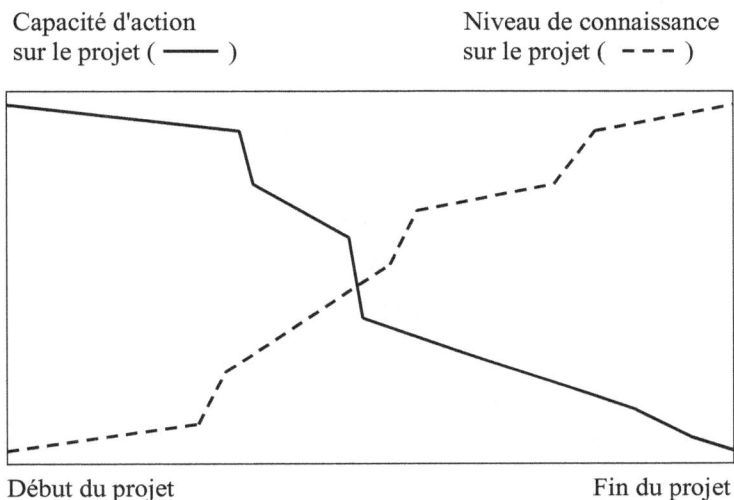

Début du projet   Fin du projet

Figure 2-10: *Convergence des projets, d'après Midler*
[Midler, 1993]

aval, on sait tout mais il n'y a quasiment plus de choix possibles [Ben Mahmoud Jouini *et al*, 2002]. Finalement il apparaît une sorte de dilemme de la vitesse. Il convient cependant de reconnaître que la célérité dans l'action a souvent une valeur positive. Le principe stratégique consiste donc à prendre lentement les bonnes décisions de montage et à courir à fond pendant la période de construction [Miller, 2001]. La réalisation d'un projet repose sur un chef de projet, dont la mission essentielle est de fixer les objectifs, coordonner les activités, rendre les arbitrages qui se posent quotidiennement entre les exigences de la qualité, des coûts et des délais : il est l'interlocuteur principal du maître d'ouvrage, c'est-à-dire du destinataire du projet.

A côté de la gestion technique, une des composantes les plus importantes est ce que les anglo-saxons appellent "Project Control", qu'on pourrait essayer de traduire par "Maîtrise de projet" ou "Gestion de projet", avec un sens plus restreint que celui qu'il peut avoir en français courant [Mait-Proj., 2003]. La maîtrise de projet aura pour objectif principal d'apporter au chef de projet des éléments pour rendre en temps voulu toutes les décisions lui permettant de respecter le programme du projet en contenu, en qualité, en délais et en coûts ; c'est donc une tâche principalement prévisionnelle (avec une vision à long terme) ; l'aspect comptable de la situation ne présente qu'un passage obligé pour prévoir les évolutions ultérieures, détecter les écarts par rapport aux prévisions et prendre les mesures appropriées [Mait-Proj, 2003]. La maîtrise de projet est donc l'organisation capable de fournir à la direction de projet les informations nécessaires aux prises de décision. Elle s'étend sur toutes les activités permettant de s'assurer que le projet se déroule conformément à l'ensemble des objectifs. Nous pouvons finalement retenir qu'un système de gestion de projet comprend :

- L'évaluation des investissements, ou estimation ;
- La maîtrise des coûts, ou coûtenance ;
- La maîtrise des délais, ou planification ;
- La maîtrise des risques;
- La gestion des ressources ;
- La préparation des tableaux de bord.

Remarquons que la coûtenance s'intéresse aux aspects tels que la prévision, la prédiction du coût auquel on pense que le projet va se terminer, compte tenu de ce que l'on sait à l'instant présent [Joly, 1995]. Nous pouvons souligner cependant que la coûtenance ne peut pas permettre de gagner de l'argent par rapport à un budget élaboré, mais permet seulement d'éviter d'en perdre.

Les performances des projets peuvent être évaluées en termes d'efficacité et d'efficience. L'efficacité a trait à l'utilité réelle du projet pour ses clients, ses promoteurs et les parties affectées. L'efficience quant à elle fait référence à l'utilisation des ressources: coûts, délais et fonctionnalité [Miller, 2001].

2.5.2. La maîtrise des coûts et des délais
2.5.2.1. La définition des coûts

La définition générale des coûts se rapporte aux ressources économiques (main-d'œuvre, équipement, aménagement, fournitures et d'autres ressources) nécessaires pour accomplir les activités de travail ou pour produire les extrants de travail [Stawart *et al.*, 1995]. Habituellement, les coûts sont exprimés en termes d'unités de monnaie. Par conséquent, les coûts sont une somme d'argent représentant les ressources dépensées pour la production de l'extrant. Une ressource est une entité physique qui est requise afin d'être capable d'exécuter une certaine opération. Les ressources peuvent être, par exemple, des machines-outils, des outils et des installations, mais aussi des opérateurs et des matériaux. Les extrants peuvent désigner des produits et des services [Brinke, 2002].

Il est plus facile d'estimer les coûts avec précision lorsqu'une information plus détaillée est disponible. D'après Wierda, dans la production des feuilles métalliques par exemple, la conception fixe environ 70% des coûts du produit [Wierda, 1990]. Il est donc nécessaire de rendre les estimations de coûts précises pendant la conception. Cependant, au cours du processus de conception l'information du produit n'est pas encore entièrement disponible en détail, aussi il est difficile de dresser des estimations précises. Ce phénomène est appelé "paradoxe de l'estimation des coûts", comme le montre la figure 2-11 ci-dessous.

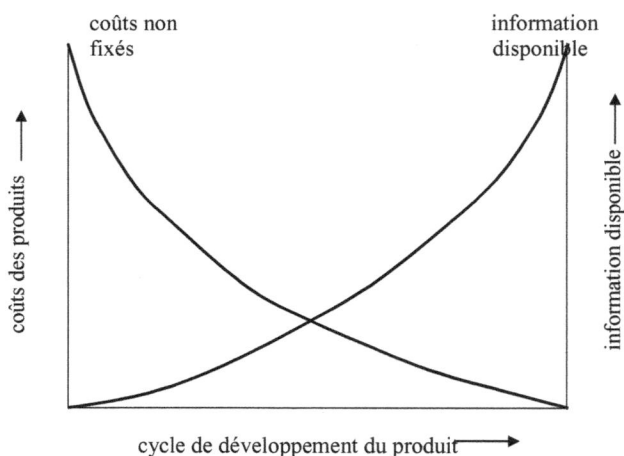

Figure 2-11: *Le paradoxe de l'estimation du coût* [Bode, 1998]

2.5.2.2. La définition du délai

Le délai correspond à la durée nécessaire pour qu'une tâche soit achevée. C'est une différence de dates. Le délai s'exprime en mois, en semaines, en jours, etc.

2.5.2.3. Lien entre le coût et le délai

L'objectif ici est de respecter les délais et les coûts fixés pour le projet. En effet, coûts et délais sont indissociablement liés: un projet qui prend un retard voit généralement son budget augmenter et la répartition (lissage) des pics d'engagement (charge) sur l'ensemble du projet peut avoir des répercussions sur le délai général.

La maîtrise des coûts et des délais ne peut s'effectuer qu'une fois identifié le contenu, l'organisation et les différentes étapes du déroulement du projet. Elle débute normalement en *Phase de Définition Préliminaire* (PDP). Pour chaque tâche du projet, un coût et un délai sont systématiquement estimés. De même, pour chaque ressource du projet, un coût est systématiquement évalué. Les coûts et les délais doivent être suivis au travers de documents de référence (budget et planning) mis à jour et conservés. Pour les coûts, un budget prévisionnel est élaboré, phase par phase. Les appréciations des coûts se précisent au fur et à mesure du déroulement du projet. Les risques de dépassement de coûts doivent être envisagés et une marge (provisions pour aléas) est définie pour pallier ces incertitudes. Pour les délais, un planning doit être établi afin de respecter les échéances, de vérifier le déroulement des activités par rapport aux prévisions et de rendre compte de l'état d'avancement du projet grâce au suivi. En effet, le suivi d'un planning est absolument essentiel, car il permet de considérer d'éventuels décalages par rapport aux prévisions initialement planifiées et donc de proposer des actions correctives pour éviter la remise en cause des objectifs du projet. Un planning doit considérer le séquencement des activités, la durée de chaque tâche, le chemin critique, l'analyse de diverses données (ressources, calendrier, etc.) et l'établissement de graphes ou de diagrammes. En définitive, nous pouvons retenir que les principes de base nécessaires pour maîtriser les coûts sont les suivants:

- Evaluation systématique des coûts d'équipements;
- Estimation systématique des ressources et de leurs coûts;
- Enregistrement et contrôle des coûts;
- Identification des risques de dépassement des coûts;
- Etablissement de données et de documents de référence;
- Nécessité de l'existence d'un budget.

S'agissant de la planification, les principes à considérer sont les suivants:

- Minimisation des temps morts;
- Suivi de procédures parfois contraignantes sur les délais;
- Disponibilités de toutes les ressources pendant la durée de la tâche;
- Lissage des pics de charge;
- Possibilités de sous-traitance interne ou externe;
- Délai de recrutement d'éventuelles ressources (spécialistes, etc.);
- Incertitudes techniques prises notamment en compte par l'analyse des risques;

Finalement, nous pouvons convenir que le planning est un outil indispensable de management de projet, car il permet de:

- Visualiser et par conséquent de veiller à respecter les échéances fixées;
- Détecter les chemins critiques;
- Minimiser les risques rencontrés;
- Optimiser le rapport entre les coûts et les délais;
- Comptabiliser les ressources et les moyens nécessaires;
- Coordonner diverses actions;

- Favoriser une meilleure organisation du projet;
- Vérifier le déroulement des activités par rapport aux prévisions;
- Faciliter la prise de décisions.

Remarquons toutefois que sur un planning, l'estimation de la durée d'une tâche permet de maîtriser le délai de la tâche. Mais elle ne permet pas, *a priori*, de maîtriser son coût puisque le temps passé par les équipes sur cette tâche peut être très notablement inférieur à la durée de celle-ci [MCD, 2000]. La durée d'une tâche est en effet toujours supérieure au temps passé pour la réaliser.

2.5.3. Le management de projet de construction

Le but général en management de projet de construction semble assez simple. Il suffit de construire un projet à temps, dans les limites du budget, avec des normes de qualité requises et dans un environnement sans risque. Malheureusement les études montrent que moins de 20% seulement de la plupart des projets de construction satisfont ces quatre critères [Intconst.]. Y a-t-il une raison à cela ? Il est vrai que le management de projet de construction est connu pour avoir des problèmes récurrents. Au cours de ces 20 dernières années le management de projet de construction a eu à progresser en connaissance, en techniques de management et s'est amélioré en performance et en qualité.

2.5.3.1. Cycle de vie du projet

Rappelons tout d'abord qu'un projet est une tentative pour accomplir un objectif spécifique à travers une série unique de tâches interdépendantes et l'utilisation effective des ressources.

131

Effort

Identifier un besoin | Développer la solution proposée | Exécuter le projet | Terminer le projet

Temps

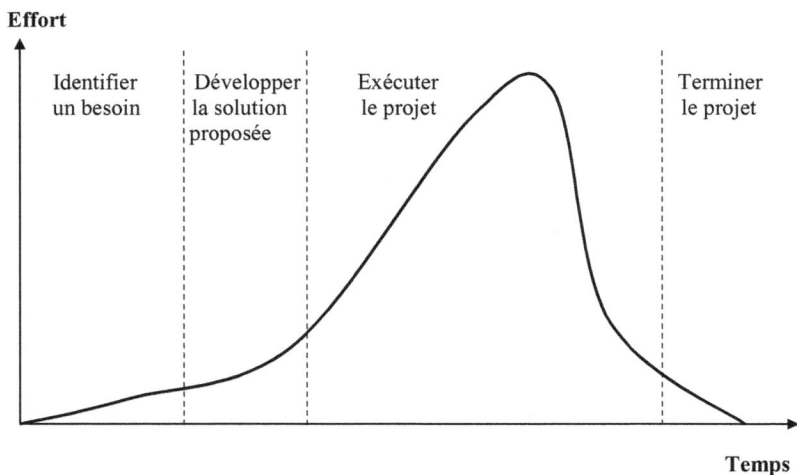

Figure 2-12 : *Cycle de vie d'un projet* [Intconst.]

Sur le graphique représentant le cycle de vie d'un projet (Fig.2-12), on remarque que presque tous les projets consacrent la plus grande partie des ressources à la fin du projet. Si un chef de projet pouvait aplanir la courbe, davantage de projets auraient eu plus de succès. Le cycle de vie de tout projet comporte généralement quatre grandes étapes [Michaud *et al.*, 1999]:

- Le travail de configuration et de définition stratégique;
- Le travail d'ingénierie (technique, financière, organisationnelle) ou de programmation détaillée;
- L'exécution, souvent appelée réalisation ou implantation, incluant la mise en œuvre;
- L'exploitation.

132

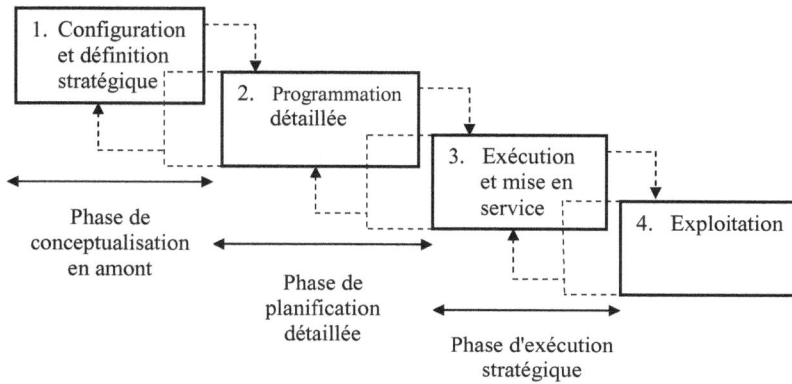

Figure 2-13: *Cycle de vie d'un projet d'après* Michaud *et al.* (1999)

Ces étapes ne sont pas dichotomiques. Au contraire, un projet est une construction conceptuelle et physique qui évolue dans le temps, caractérisé par des processus rétroactifs. Plus un projet est complexe, plus la qualité de la phase de conceptualisation intellectuelle en amont est directement liée à la performance [Michaud *et al.*, 1999]. De manière plus spécifique, le cycle de vie d'une construction, d'après Charrette *et al.*, compte cinq phases (voir Fig. 2-14) qui sont: la planification (ou planning), la programmation, la conception, la construction et l'exploitation [Charrette *et al.*, 1999].

Planification ···· Programmation
- programme fonctionnel
- programme technique
- programme de base
- coût de programme
···· Conception
- étude schématique
- développement de l'étude
- documents de construction
···· Construction ···· Exploitation

Conception du projet   Temps   Tendance du projet

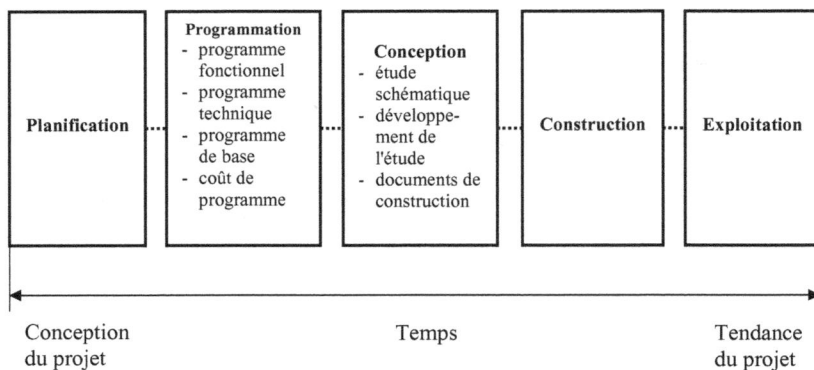

Figure 2-14: *Les cinq phases du cycle de vie d'un projet de construction* [Charrette *et al.*, 1999]

Nous examinons ci-après le contenu de ces cinq phases.

Phase 1: Planification

C'est la période au cours de laquelle un besoin/problème est identifié et des alternatives sont développées ou analysées pour satisfaire le besoin. Un exemple de planification est d'identifier et analyser plusieurs alternatives, telles que la location, la construction et la rénovation, en réponse aux objectifs du client d'accomplir des fonctions précises. Les besoins du chantier sont définis et analysés pour chaque option. Les programmes préliminaires et les estimations de coûts sont faits. Si une décision de construire est prise, des autorisations et des affectations nécessaires sont obtenues pour poursuivre la phase de programmation.

Phase 2: Programmation

C'est la période au cours de laquelle les besoins du projet en termes d'étendue, de qualité, de coût et de temps sont définis dans un programme. Le programme définit les besoins des utilisateurs et les objectifs et directives fixes pour l'ingénierie. En plus, les propriétaires, les utilisateurs, les concepteurs et les managers de projet utilisent le programme pour évaluer la convenance des solutions de conception proposées. Des engagements sont obtenus de tous les dépositaires, y compris des fabricants et des investisseurs de police (assureurs), basés sur le programme. Des experts-conseils en conception doivent s'engager à satisfaire les besoins du programme, y compris ceux liés au budget et au plan (programme), avant qu'un mandat et une autorisation soient accordés pour poursuivre l'étude.

Un programme comprend quatre parties principales:

- Un programme fonctionnel;
- Un programme technique;
- Un plan directeur;
- Une estimation de coût du programme.

Le *programme fonctionnel* documente et analyse les relations spatiales, le nombre d'occupants et leur responsabilité fonctionnelle, les besoins d'espace exprimant les deux superficies totale et brute, et les contraintes. Les besoins fonctionnels du chantier sont aussi documentés et analysés.

Le *programme technique* fournit aux concepteurs les spécifications d'exécution et les besoins techniques pour les éléments du bâtiment et les espaces individuels. Les spécifications d'exécution décrivent les besoins d'une manière qui:

i. Indique les résultats exigés et,

135

ii. Fournit les critères pour vérifier la conformité aux spécifications, sans préciser comment atteindre les résultats.

Les besoins techniques sont des directives spécifiques du client et d'autres informations techniques données aux constructeurs en ce qui concerne les systèmes de construction, les produits, les matériaux, les critères d'étude, les standards, les pratiques, les codes et les contraintes. Les organisations qui construisent un équipement sur une base continue, telles que les organismes gouvernementaux, l'armée, les universités, etc., incorporent généralement des besoins techniques dans leur documentation "Standards d'Etudes" [Charrette *et al.*, 1999].

Le *plan directeur* pour la conception et la construction présente un plan des tâches/évènements importants du projet principal et les dates d'achèvement. Les options de livraison de projet sont analysées en préparant le calendrier de programme pour déterminer les alternatives de meilleur coût effectif qui satisfont les objectifs du client.

L'*estimation de coût de programme* est basée sur les besoins des programmes fonctionnel et technique. Elle fournit une distribution de coûts par éléments de construction à l'intérieur du budget alloué. Ces coûts reflètent les niveaux d'exécution et de qualité prévus par le client. Cette estimation constitue aussi un projet de coût pour comparer les estimations ultérieures et pour surveiller et contrôler les coûts à mesure que l'étude progresse.

Phase 3: Conception

C'est la période au cours de laquelle des besoins précis dans le programme sont traduits en projets et spécifications. Des solutions détaillées aux besoins du programme, des estimations de coûts mises à jour, et des programmes révisés sont soumis à l'approbation du client à mesure que l'étude avance. Des fonds sont affectés, des offres demandées, et des contrats accordés. La fonction d'étude est typiquement préparée en une série de trois sous-phases d'étude ordonnées (voir Fig. 2-14). Dans chacune d'elles, l'architecte réalise le projet à un niveau provisoire de développement, des estimations de mise à jour, à mesure que le propriétaire examine et approuve le travail, et avance le projet au niveau suivant. Les trois sous-phases sont: l'étude schématique, le développement de l'étude et les documents de construction [Charrette *et al.*, 1999].

L'*étude schématique* établit l'étendue générale, l'étude conceptuelle et les rapports d'échelle entre les parties du projet. Le but principal est de définir clairement un concept réalisable à l'intérieur du budget alloué dans une forme que les clients comprennent et approuvent avant de procéder au développement de l'étude.

Dans le *développement de l'étude*, tous les aspects de l'étude pour chaque discipline sont développés et coordonnés. Des dessins et des spécifications incluent les plans d'étage, les sections, les élévations extérieures, et pour quelques parties du bâtiment, les élévations intérieures, les plans de plafond, les sections de murs et les détails clés. La mécanique de base, l'électricité, la plomberie et les systèmes de protection contre les incendies sont aussi définis. Le développement de l'étude se termine avec l'approbation par le propriétaire des plans, des coûts projetés et du programme [Charrette *et al.*, 1999].

Dans la sous-phase de *document de construction*, l'équipe de conception travaille sur le matériel final et les sélections du système, les détails et les dimensions. Les plans finals et les spécifications de construction sont fournis aux enchérisseurs, et les contrats sont accordés.

Phase 4: Construction

C'est la période au cours de laquelle les plans et les spécifications sont appliqués dans une structure finie qui se conforme aux besoins de spécifications, au programme de construction et au budget. La phase suivante, le bâtiment est prêt pour l'occupation par l'utilisateur.

Phase 5: Exploitation

C'est la plus longue phase d'un cycle de vie d'une construction, au cours de laquelle on opère pour satisfaire les objectifs du propriétaire. Elle est engagée à la date de l'occupation utile. Au cours de cette phase, un bâtiment peut être réintégré ou recyclé pour une nouvelle fonction un grand nombre de fois. Cette vie se termine quand le bâtiment est décommandé et rayé du site.

2.5.3.2. Courbe de coût budgété cumulé

Le résultat final d'un projet de construction dépend de la précision avec laquelle la maîtrise des variables du projet a été faite. Le terme de maîtrise sous-entend un pouvoir de décision, c'est-à-dire l'aptitude à modifier à tout instant la stratégie et les moyens si un objectif évolue ou si le programme ne peut être respecté [Westney, 1991]. Il faudra cependant faire la distinction entre d'une part la maîtrise des coûts qui est liée à l'estimation et la coûtenance, et d'autre part la maîtrise des délais qui s'appuie sur le planning et l'avancement. Toutefois l'une ne peut se faire sans l'autre.

Dans la maîtrise des coûts, la partie la plus importante et la plus sensible est celle qui concerne la prévision de coûts.L'outil fondamental en management des projets est la courbe de coût budgété cumulé ou courbe de suivi (voir Fig.2-15). Cette courbe de référence, souvent appelée courbe en "S", à cause de son allure, représente la relation entre les coûts (axe des ordonnées) et le temps (axe des abscisses).

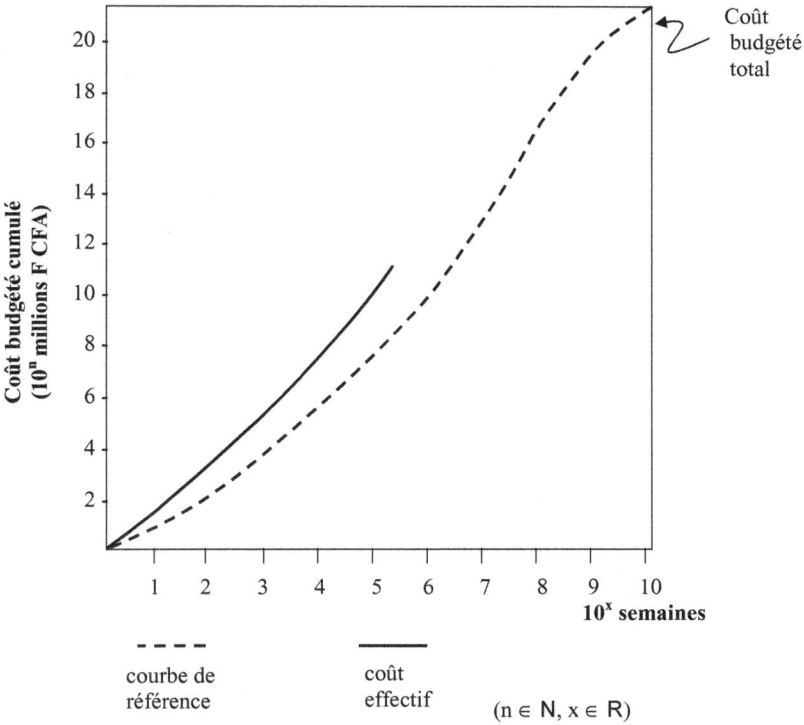

Figure 2-15 : *Courbe de coût budgété cumulé*

La courbe de suivi est le moyen par lequel on peut visualiser l'écart entre le coût initial prévu et le coût effectif à une date donnée. En suivant le coût dans le temps, la courbe permet aussi l'extrapolation pour prévoir le coût final si la tendance actuelle se maintient. Si par exemple la tendance actuelle montre une courbe en dessous de la courbe de référence, cela signifie qu'on est en train de dépenser moins que prévu. Si au contraire, la courbe représentant le coût effectif est au-dessus de la courbe de référence, alors on est en train de dépenser plus que prévu par rapport au programme. L'efficacité d'une courbe en "S" n'est assurée que si l'on dispose de données précises en temps réel afin de pouvoir dresser l'écart.

2.5.4. La gestion spécifique des petits projets

2.5.4.1. Introduction

Nous admettrons qu'un petit projet se caractérise par son coût relativement bas (quelques dizaines de millions de CFA), et une durée moyenne d'exécution assez courte (inférieure à deux ans). Une construction à usage de logement pourrait se situer dans ce cadre.

Les petits projets présentent paradoxalement de gros problèmes à cause de leur complexité et de leur coût croissant. Ils posent les problèmes de gestion les plus difficiles. Une autre caractéristique des petits projets c'est que la production se fait dans un environnement particulièrement mouvant. Les interruptions et autres imprévus entraînent l'éparpillement de la main d'œuvre dans d'autres chantiers. En effet, la main d'œuvre est très volatile, notamment dans le secteur non structuré. Les petits projets souffrent très souvent d'un manque de procédures formelles et de méthodes. Ces manquements sont même aggravés par l'absence d'une planification et d'une estimation fiable au préalable, d'où des difficultés pour la maîtrise des projets. La technique de gestion de petits projets se fonde sur des concepts [Westney, 1991] tels que :

-   L'intégration des coûts, du temps et des ressources ;
-   L'utilisation des réseaux de planification ;
-   L'utilisation de projets-modèles ;
-   Des applications informatiques efficaces.

Nous n'allons examiner ici que l'approche intégrée, car elle constitue la base de l'un des problèmes les plus importants en management de la construction, à savoir l'établissement d'un programme de construction.

2.5.4.2. L'intégration des coûts, du temps et des ressources

L'intégration de projet est un processus de définition et de manipulation de "variables de projets" pour arriver aux objectifs d'une manière optimale. On relève quatre catégories de variables de projet :

- Le coût du projet ;
- Le temps nécessaire pour réaliser les tâches requises par le projet ;
- Les ressources nécessaires pour mener ces tâches ;
- Les normes de qualité qui sont imposées.

L'intégration du temps et du coût constitue une question intéressante dans l'établissement de programme de projet de construction (voir section 2.6). Quelques travaux peuvent être cités sur le sujet. Harris considère, dans une approche traditionnelle, que pour résoudre les problèmes de l'intégration du temps et du coût dans l'établissement de programme, il faut assigner une courbe temps/coût à chaque activité d'un projet [Harris, 1978]. Pour sa part, Teicholz propose un mécanisme de mappage entre le CBS (Cost Breakdown Structure ou, schéma d'analyses croissantes des coûts) et le WBS (Work Breakdown Structure ou, schéma d'analyses croissantes des travaux) pour intégrer les différences en niveau de détails [Teicholz, 1987]. Hendrickson *et al.* ont proposé une matrice 2D d'activités et de coûts [Hendrickson *et al.*, 1989]. Kim a appliqué une programmation orientée objet pour intégrer, non seulement les données de temps et de coût, mais aussi bien les données d'études (plan) [Kim, 1995]. Lee *et al.*, insistant sur le fait que les relations entre les données de coût et de programme ne sont pas mutuellement exclusives, ont estimé qu'il est utile, pour l'intégration du coût et du programme, de les considérer ensemble avec les effets d'autres ensembles de données [Lee *et al.*, 1999]. Leur étude étend les matrices

142

d'activités de Hendrickson et le concept de coût aux autres données de construction incluant les dimensions, les quantités, les coûts unitaires et le programme.

Toutefois, le résultat final d'un projet se mesure par son coût final, sa rapidité d'exécution et l'optimisation des ressources. Il dépend de la précision avec laquelle la maîtrise de ces variables a été faite. Ainsi, la rentabilité d'un projet est conditionnée par chacune des quatre variables susmentionnées, à savoir: le coût, le temps, les ressources et la qualité.

a) Le coût

La maîtrise des coûts constitue le moyen par lequel on peut s'assurer qu'un éventuel coût supplémentaire sera connu suffisamment tôt de façon à peser sur la décision d'approbation d'une modification.

b) Le temps

Le temps est aussi une ressource qu'on doit gérer pour atteindre les objectifs du projet. Des améliorations de rentabilité importantes peuvent être obtenues avec une bonne gestion du temps.

c) Les ressources

La manière dont les ressources seront gérées déterminera la durée et le coût éventuels du projet. Les ressources nécessaires pour accomplir un projet sont :

- La main d'œuvre professionnelle (maçon, charpentier, électricien, etc.);
- Le matériel ;

- Les ouvriers de chantier (manœuvres) ;
- Les frais généraux du chantier.

La tâche en gestion de projet est de veiller à ce que la quantité de chaque ressource soit disponible au moment où on en a besoin et qu'elle soit utilisée à bon escient. La gestion des ressources est véritablement vitale pour les petits projets. Seule une approche intégrée permet d'apporter des améliorations significatives en ce qui concerne l'efficacité de l'organisation et de la productivité. La courbe CTR (Fig. 2-16) reliant les coûts, le temps et les ressources est très utile dans le cas où l'on utilise la technique de "modélisation de projet".

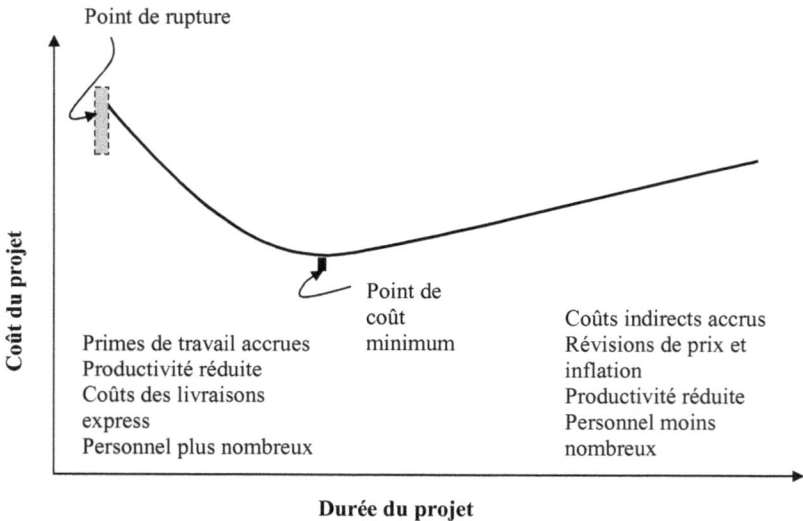

Point de rupture

Point de coût minimum

Coût du projet

Primes de travail accrues
Productivité réduite
Coûts des livraisons
express
Personnel plus nombreux

Coûts indirects accrus
Révisions de prix et
inflation
Productivité réduite
Personnel moins
nombreux

Durée du projet

Figures 2-16 : *Relations entre le temps, les coûts et les ressources pour des niveaux de main-d'œuvre variables* [Westney, 1991]

144

d) La qualité

La qualité du travail est déterminée par la finesse de la conception qui a été spécifiée et les normes à respecter dans la construction. Alors que le coût et le temps sont quantifiables, l'évaluation et la mesure de la qualité demeurent essentiellement subjectives [Harkin *et al.*,1999]. La qualité a forcément un effet sur les coûts et le planning. Une qualité supérieure tend à entraîner à la fois une augmentation des coûts du projet et un allongement des délais.

2.5.4.3. Les avantages de l'approche intégrée

L'approche intégrée augmente l'efficacité de gestion d'un projet. Elle s'adapte correctement aux petits projets. En effet, elle évite la répétition de travail tel que cela se rencontre souvent dans les approches classiques de gestion de projet.

2.6. Etablissement d'un programme de projet de construction

2.6.1. Méthodes de planification par réseau

L'établissement d'un programme d'exécution des travaux est étroitement lié à la fois aux délais et aux ressources. Malheureusement, la gestion de ces deux paramètres fondamentaux fait souvent défaut dans le domaine du bâtiment. La planification est devenue de nos jours indispensable pour conduire les affaires. Elle ne sera efficace que dans la mesure où, non seulement elle fera apparaître les temps, les moyens et les coûts avant la réalisation d'un ouvrage, mais également, dans la mesure où elle permettra de prévoir, au moment opportun, les contrôles qui s'imposent en cours de réalisation. C'est ainsi qu'on admet qu'un planning correctement établi [Raffestin, 1991] doit permettre de:

- Prévoir, c'est-à-dire établir les programmes d'action et les situer dans le temps;
- Organiser, c'est-à-dire mettre en place les moyens propres à la réalisation des prévisions;
- Commander, c'est-à-dire déclencher l'exécution des différentes phases de réalisation des travaux et évaluer toutes les répercussions que peut entraîner leur enchaînement;
- Coordonner, c'est-à-dire relier entre elles les différentes phases de réalisation des travaux et évaluer toutes les répercussions que peut entraîner leur enchaînement;
- Contrôler, c'est-à-dire vérifier que la réalisation des travaux est conforme aux prévisions et prendre les mesures nécessaires pour corriger tout écart.

Le développement des contraintes de délais et de coûts nécessite la maîtrise des méthodes de prévision de gestion de ces paramètres. Ces méthodes, autrement appelées "méthodes de planification par réseau", consistent à mettre en ordre sous forme de graphes logiques les tâches du projet qui, grâce à leurs dépendances chronologiques, concourent à l'accomplissement du projet de construction. Elles sont également désignées sous les termes suivants:

❑ *Méthode PERT* (Program Evaluation and Review Technique ou, technique d'évaluation et de révision des programmes).

Cette méthode n'utilise que des liaisons directes (fin, début) non explicitées et représentées graphiquement par un diagramme fléché. Les étapes du projet, symbolisées par des cercles (ou des carrés), sont reliées entre elles par des flèches qui portent la tâche. Les diagrammes PERT sont des graphes d'activité plus sophistiqués où à chaque tâche on associe une durée minimale et une durée maximale. Des outils de traitement automatique ont été développés pour analyser de tels diagrammes. En plus de leur utilité pour estimer la durée d'un projet, ils trouvent également leur utilité en phase d'allocation des tâches. Ils permettent de découvrir des dépendances entre tâches qui n'étaient pas évidentes. En définitive, le PERT répond aux exigences suivantes: temps, moyens, coûts, contrôles.

❑ *Méthode CPM* (Critical Path Method, ou méthode du chemin critique)

C'est une méthode semblable à la méthode PERT et quelquefois désignée par PERT/CPM. Cependant, elle permet en plus de définir le chemin critique.

□ *Méthode des antécédents*

C'est une méthode qui prend en compte les liaisons fin-début et qui considère qu'une activité nouvelle ne peut débuter que si les activités directement antécédentes sont achevées.

Il est aussi utile de signaler, parmi les méthodes d'ordonnancement, une deuxième famille: *les méthodes du type diagramme à barres:* **Gantt**. On peut représenter sur le graphique l'avancement des travaux. On indique par une barre le travail effectivement accompli depuis que les différentes tâches ont été engagées. Si on procède ainsi pour toutes les tâches on saura à tout moment quel est l'état réel d'avancement du projet. Les avantages du diagramme Gant sont:

- Clarté et simplicité;
- Information très condensée;
- Le plan d'action peut être facilement suivi;
- Le déroulement des tâches peut se suivre dans le temps.

Les inconvénients de cette méthode peuvent être:

- Les tâches critiques ne sont pas mises en évidence;
- L'élaboration d'un plan d'action se révèle malaisée; la méthode ne fait pas apparaître les liaisons entre les tâches.

2.6.2. Construction d'un réseau

Pour la construction d'un réseau, il est nécessaire d'effectuer chronologiquement les six opérations suivantes:

- Etablissement d'une liste des tâches;

- Détermination des tâches précédentes et des tâches immédiatement précédentes;
- Construction des graphes partiels;
- Regroupement des graphes partiels;
- Détermination des tâches de début de l'ouvrage et de fin de l'ouvrage;
- Construction du réseau.

2.6.2.1. Etablissement d'une liste de tâches

Cette phase consiste à donner une liste exhaustive des tâches à exécuter. Cet inventaire des tâches, très précis et détaillé, peut se faire de deux manières:

- soit partir du début du projet, c'est-à-dire de la première tâche et suivre l'ordre chronologique des opérations;
- soit partir de la fin du projet, et remonter dans le temps.

Pour définir correctement les tâches, certaines conditions sont à observer:

- une tâche décrit une action ou un événement, à entreprendre ou à subir. Son libellé doit donc être clair et détaillé;
- une tâche doit avoir des limites chronologiques bien définies. Pour cela, une tâche, au vu de son énoncé, doit avoir un commencement et une fin. De plus, elle doit montrer les événements concrets qui constituent son début et sa fin;
- une tâche doit être associée à un responsable acceptant et assumant la responsabilité de l'exécution.

Avant de passer à la phase suivante (examen des contraintes d'enchaînement), il est nécessaire de repérer et de coder les tâches. Ceci devrait faciliter la construction du réseau. Au début du projet, il est recommandé d'avoir recours à des codes simples. Pour l'établissement de la liste des tâches, leur ordre d'apparition n'a aucune importance. L'essentiel est de ne pas en oublier. L'ordonnancement de celles-ci se fera dans la phase suivante. Le nombre de tâches est forcément fonction de l'ampleur du projet. Cependant, avec un même nombre d'activités, la durée globale d'un projet peut bien varier de plusieurs années à quelques secondes. Trop diviser conduit à éviter les oublis, à obtenir un scénario détaillé, à repérer toutes les contraintes, mais rend difficile le tracé du réseau et le suivi des activités par la suite. Peu diviser produit les effets inverses. Un juste équilibre est à trouver en fonction des objectifs visés: exécution, pilotage, appréciation de la durée globale ou optimisation de la durée. Toutefois, ce qui est certain, c'est que l'effort de planification est proportionnel au nombre de tâches à programmer.

2.6.2.2. Détermination des tâches précédentes et des tâches immédiatement précédentes

Après avoir dressé la liste des tâches à effectuer, il n'est pas toujours aisé de construire un réseau. En effet, il n'est pas évident *a priori* de savoir si les tâches précédentes qui doivent être terminées avant qu'une autre tâche ne débute sont convergentes ou successives. Le problème qui se pose est de déterminer, pour chaque tâche comportant plusieurs tâches précédentes, la ou les tâches immédiatement précédentes. Il suffit pour cela d'isoler les tâches qui n'ont qu'une seule tâche précédente ou qui n'en ont pas. Dans un premier temps, il s'agit donc de reporter les tâches précédentes simples dans la colonne "tâches immédiatement précédentes " dans le tableau prévu à cet effet.

2.6.2.3. Construction des graphes partiels

Dans un deuxième temps, connaissant les tâches immédiatement précédentes aux tâches précédentes simples, on peut tracer pour chacune de ces tâches les graphes partiels. Pour les tâches comportant plusieurs tâches précédentes, afin de déterminer les tâches immédiatement précédentes, on va d'abord supposer que les tâches précédentes sont convergentes. Après avoir tracé les graphes partiels à tâches convergentes, on ajoute les graphes partiels simples dans le tableau précédent. Ensuite on examine l'ensemble de ces graphes partiels pour voir s'il n'y a pas de contradiction. Pour les graphes qui sont contradictoires, il convient de revoir l'ordre de convergence des tâches.

2.6.2.4. Regroupement des graphes partiels

On reprend tous les graphes partiels, puis on regroupe ceux qui ont une tâche commune.

2.6.2.5. Détermination des tâches de début et de fin de l'ouvrage

Les graphes partiels regroupés ainsi obtenus vont constituer le réseau PERT définitif. Mais pour le construire, il est important de savoir par quelles tâches commence et finit le travail. Les tâches de début du réseau PERT sont celles qui n'ont pas de tâches précédentes. Les tâches de fin d'un réseau PERT sont celles qui ne sont pas précédentes à d'autres tâches.

2.6.2.6. Construction du réseau PERT

On place l'étape 1 de laquelle partiront les graphes commençant par les tâches de début. Ensuite on procède aux raccordements logiques des graphes partiels restants. Les tâches de fin convergeront toutes vers l'étape terminale.

2.6.2.7. Codage d'un graphe

Le graphe de projet est codable de deux façons:

- La première est de présenter les tâches par des arcs, les nœuds du graphe correspondant à des étapes d'avancement du projet. Ce graphe, dit AOA (*Activities On Arcs*) ou *potentiels-étapes* est utilisé par la *méthode PERT*;
- la deuxième consiste au contraire à placer les tâches sur les nœuds, c'est le codage AON (*Activities On Nodes*) ou *potentiels-tâches*, utilisé par la *méthode des potentiels* [Guéret *et al.*, 2003; LINDO Sys., 2003].

A part le codage du graphe, les deux méthodes sont largement équivalentes. Dans la suite, nous utiliserons le codage AOA. Nous adopterons la représentation suivante:

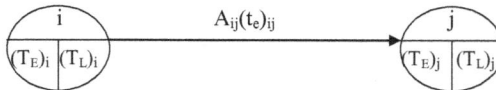

où:

i, j = numéros des étapes E_i, E_j

$(t_e)_{ij}$ = durée d'exécution estimée de l'activité A_{ij}

$(T_E)_i$ = date au plus tôt de début de tâche

$(T_L)_i$ = date au plus tard de début de tâche

$(T_E)_j$ = date au plus tôt de fin de tâche

$(T_L)_j$ = date au plus tard de fin de tâche

Remarque: $(T_E)_j$ et $(T_L)_j$ sont les dates les plus importantes car elles conditionnent la suite des activités.

2.6.3. Détermination de la durée des tâches

La construction du réseau PERT permet de dégager trois avantages:

- Le premier avantage est de pouvoir indiquer, avant les travaux, la durée totale de l'ouvrage à réaliser;
- Le second avantage est de faire apparaître sur le réseau le chemin qui, formé par la succession de plusieurs tâches, nous donne le temps le plus long: c'est le *chemin critique*;
- Le troisième avantage est de pouvoir déterminer sur les autres chemins du réseau les temps disponibles grâce auxquels on engagera des moyens au moment opportun.

2.6.3.1. Calcul de la durée

L'estimation des durées de tâche est un point à la fois délicat et important. Le calcul de la durée n'est possible que si le temps passé pour effectuer chaque tâche du réseau est connu avec précision. Le temps de chacune des tâches doit tenir compte des aléas inhérents à chaque opération à réaliser, des moyens envisagés, de la complexité, etc. Il convient donc, au premier abord, de choisir des durées confortables, autrement dit des périodes de temps qu'il est raisonnable d'envisager. Ne pas s'arrêter au strict temps d'exécution sans prise en considération des délais d'approvisionnement ou autres, des incidences de la saison. Pour déterminer la durée des tâches, plusieurs démarches peuvent être envisagées:

❑ *L'estimation globale*

Elle correspond à l'allocation de temps pour la réalisation de la tâche, en se basant sur son expérience. Les risques d'erreurs sont élevés et la précision peut s'inscrire dans une fourchette de plus ou moins 20% [Muller, 1994].

❑ *L'estimation détaillée*

Elle consiste à découper la tâche et à estimer un temps pour chacune des découpes pour allouer une durée à la tâche. Cette démarche apporte une plus grande précision à l'estimation.

❑ *La moyenne pondérée*

Il s'agit de calculer la durée de la tâche à partir des temps optimiste, probable et pessimiste sachant que:

m = estimation la plus favorable; c'est la durée la plus favorable, calculée avec des hypothèses normales de travail.

a = estimation optimiste; par rapport au management des risques, c'est la durée la plus courte vraisemblable, autrement dit le temps probable moins toutes les diminutions dues à des circonstances favorables et sans événements défavorables.

b = estimation pessimiste; c'est la durée la plus longue vraisemblable, autrement dit le temps probable plus toutes les majorations dues aux événements redoutés.

La technique PERT admet que l'ordonnancement est un problème stochastique et cette variabilité est prise en compte dans la durée des activités. Normalement, le potentiel en aval pour un retard possible est beaucoup plus grand que le potentiel en amont pour l'achèvement d'une activité plus tôt que la durée la plus probable. Ceci implique que la distribution est lognormale [Steyn, 2003]. Toutefois, pour simplifier les calculs, une distribution β est souvent admise (voir Annexe 1). Donc, pour obtenir l'estimation de la valeur attendue, on suppose que la distribution de probabilité de la durée nécessaire est une distribution β, où le mode est *m*, la limite inférieure est *a* et la limite supérieure *b* [Hillier *et al.*, 1984]. Une autre approche suggère une distribution pratique beaucoup plus simple, la distribution triangulaire, pour expliquer les temps *a*, *m* et *b* [LINDO Sys., 2003]. Mais cette simplification paraît assez grossière et cela peut aboutir à une sous-estimation de l'effet du risque sur le niveau d'alerte du projet, conduisant alors à des décisions inopportunes dans le management du risque [Steyn, 2003].

Ainsi, le *temps estimé* t_e (*expected elapsed time*), qui représente le temps moyen que prendrait une opération si elle était répétée un grand nombre de fois, est donné par l'expression suivante [Dresdner *et al.*, 1971; Hillier *et al.*, 1984; Muller, 1994]:

$$t_e = [2m + (a + b)/2]/3 \qquad (2\text{-}37)$$

soit:

$$t_e = [a + 4m + b]/6 \qquad (2\text{-}38)$$

La variance σ^2, qui est la mesure de l'incertitude quant au temps que prendra une opération, s'exprime par l'équation [Dresdner *et al.*, 1971; Kaufmann *et al.*, 1974; Hillier *et al.*, 1984]:

155

$$\sigma^2 = \left(\frac{b-a}{6} \right)^2 \qquad\qquad (2\text{-}39)$$

Dans une étude remarquable, Huang a fait le point sur les méthodes et modèles qui sont appliquées pour estimer les durées des activités dans un projet [Huang, 1999]. Il a relevé les défauts liés à la méthodologie existante. Il fait remarquer que le principal problème de la "formule classique" est que la supposition selon laquelle t_e est distribué suivant une distribution β ne s'applique qu'à des situations limitées et ne peut pas refléter les activités du monde réel. En fait, beaucoup de distributions ne peuvent pas être traitées avec la distribution β, mais conviennent bien avec les distributions de Pearson (distributions établies entre 1902 et 1916). Des approches avancées ont été proposées pour les estimations de t_e et σ, utilisant la méthode des quantiles [Lau *et al.*, 1996; 1998; Huang, 1999]. Notons que les quantiles ou fractiles d'ordre k sont les k − 1 valeurs qui divisent une série statistique ou une distribution de fréquences en k classes de même effectif [Dagnélie, 1982]. Dans cette méthode, un certain nombre de niveaux de quantiles nécessaires [α] sont précisés. Néanmoins, bien que l'utilisation des formules classiques soit simple et assez bonne, le résultat qu'elle produit n'est toujours pas très précis. Les projets admettant une tolérance d'erreur plus élevée pourraient utiliser la méthode conventionnelle et donner des résultats satisfaisants. Quant à ceux qui n'admettent qu'une très faible tolérance d'erreur, la méthode des quantiles proposée par Lau *et al.* pourrait constituer un meilleur choix [Lau *et al.*, 1998].

Donc, après avoir établi le réseau PERT, qui montre les relations entre les étapes et les opérations, on estime trois temps (a, m et b) pour chaque opération. Ensuite on calcule le temps estimé t_e de chaque opération et on le porte dans le réseau au-dessus de la ligne d'opération qu'il représente et devant chaque tâche.

2.6.3.2. Détermination des dates des tâches

Le stade suivant, dans la construction du réseau, consiste à déterminer le délai à la fin duquel on pense atteindre les étapes fixées. On représente ces délais prévus par le symbole T_E (*earliest expected date*). Le T_E d'une étape est le temps le plus proche auquel elle peut être atteinte. Autrement dit, T_E est la date au plus tôt à laquelle une tâche doit être exécutée. La valeur T_E d'une étape donnée est égale à la somme des délais prévus t_e pour les opérations situées sur le chemin le plus long depuis le début de l'œuvre jusqu'à l'étape en question [Rothfeld, 1973]. Ce calcul donne un délai de réalisation du projet.

Le stade ultérieur, dans la construction du réseau, consiste à déterminer non plus le temps le plus proche, mais le plus éloigné auquel une étape doit être atteinte (ou franchie) sans qu'il en résulte de retard à la terminaison de l'œuvre. Le symbole de ce temps est T_L (*last allowable date*). C'est ce temps limite T_L auquel une étape doit être atteinte pour que le délai soit respecté. Par conséquent T_L est la date au plus tard à laquelle doit être exécutée une tâche.

On calcule ces temps d'après une date contractuelle imposée ou une date simplement arrêtée à l'avance. Cette date n'est rien d'autre que le T_L de la dernière étape de l'œuvre, égal à la date impérative qui la concerne, et désignée par le symbole T_S. A défaut de date impérative, $T_L = T_E$ pour une étape finale. Le calcul des T_L est exactement l'inverse de celui des T_E. On procède de la manière suivante:

1- On commence par la dernière étape et on remonte jusqu'à la première;

2- Pour obtenir le T_L d'une étape, on doit soustraire la valeur du t_e de la valeur du T_L de l'étape subséquente;

3- Si on obtient plusieurs valeurs de T_L, on doit choisir la plus faible.

2.6.3.3. Détermination des marges

a) Le battement

Sachant maintenant calculer la date la plus éloignée T_L (date au plus tard) et la date attendue T_E (date au plus tôt) pour chaque étape, on peut connaître le battement ou latitude de temps dont on dispose pour atteindre une étape. Ce battement, qu'on appelle aussi flottement ou relâchement, est égal à:

$$R = T_L - T_E \qquad\qquad (2\text{-}40)$$

Le battement, dans la méthode PERT, est d'une grande importance dans l'étude d'un projet d'ouvrage. Sa valeur peut être positive, négative ou nulle. Un battement positif indique une avance sur le programme. Ce qui signifie qu'on dispose d'un excès de ressources (main-d'œuvre ou matières) dont on peut accommoder à d'autres fins. Donc un battement positif signifie que l'on dispose d'une certaine marge de sécurité. Un battement nul indique qu'on est juste dans les délais (ressources adéquates). Un battement négatif indique un retard sur le programme (manque de ressources).

b) La marge

Lorsqu'on dispose d'une certaine liberté dans l'accomplissement d'une tâche ou dans le changement des dates au plus tôt d'une tâche, on appellera cette liberté ou cette possibilité de changement une marge. La détermination des marges sera utile lorsqu'on devra:

- Répartir les moyens;
- Réduire les temps;
- Jouer sur les coûts.

Les deux marges les plus utilisées sont:

- la marge totale:

$$M_T = [(T_L)_j - (T_E)_i] - (t_e)_{ij} \qquad (2\text{-}41)$$

- la marge libre:

$$M_L = [(T_E)_j - (T_E)_i] - (t_e)_{ij} \qquad (2\text{-}42)$$

2.6.3.4. Détermination du chemin critique

Le degré de criticité d'une tâche est mesuré par la valeur du battement concernant cette tâche. Plus le battement est faible, et *a fortiori* s'il est négatif, plus l'étape devient critique. Dans l'exécution d'une œuvre, de nombreux chemins conduisent de la première à la dernière étape. Tous ne sont pas critiques au même point, mais l'un d'eux l'est en général plus que les autres: c'est le *chemin critique*. On notera donc que, dans un réseau

PERT, on appelle chemin critique le chemin dont la succession des tâches donne la plus longue durée d'exécution et fournit le délai d'achèvement le plus court. Ce chemin est critique car tout retard pris sur l'une quelconque des tâches de ce chemin entraîne obligatoirement un retard dans l'achèvement de l'ouvrage. D'où l'intérêt qu'il y a à mettre en évidence ce chemin dont les tâches qui le constituent feront l'objet de contrôle particulier en cours de réalisation. L'addition de toutes les durées des tâches situées sur le chemin critique donne le délai de réalisation du projet. La surveillance des activités du chemin critique conditionne la tenue du planning. La réduction du délai de réalisation d'un projet implique une action sur les activités du chemin critique (affinage de l'enchaînement des tâches ou réduction des durées).

2.6.3.5. Détermination de la probabilité de respecter les dates intermédiaires

Les trois valeurs estimées pour la durée d'une activité (a, m et b), et le *Théorème Central Limite* ou *Théorème de Laplace-Liapounoff*, sont utilisés pour évaluer la probabilité concernant la durée de l'ensemble du projet [Steyn, 2003]. D'après ce théorème, si les courbes de distribution des durées, considérées comme des variables aléatoires indépendantes, d'un nombre relativement grand d'activités (dans ce cas les activités sur le chemin critique) sont sommées, la distribution résultante est normale. De plus, pour n activités sur le chemin critique, la moyenne de la distribution du temps d'achèvement du projet, E_T, sera donnée par:

$$E_T = t_{e1} + t_{e2} + \dots + t_{en} \tag{2-43}$$

160

où t_{ei} est la durée moyenne de l'activité i. En plus, d'après ce théorème, la variance de la distribution du temps d'achèvement du projet, V_T, devrait être calculée comme suit:

$$V_T = V_{t1} + V_{t2} + \ldots + V_{tn} \qquad (2\text{-}44)$$

où V_{ti} est la variance associée à l'activité i. Avec ces deux formules, étant donné une date future précise, le manager de projet est en état de fournir la probabilité d'achèvement à la date ou avant la date spécifiée. Inversement, étant donné un niveau souhaité de confiance, le manager de projet pourrait déterminer une date d'achèvement du projet.

Dans un réseau, il peut y avoir des étapes assez importantes pour qu'une date leur soit également assignée. Il y a donc lieu de symboliser ces étapes stratégiques par un T_S qui leur soit propre.

La connaissance de la probabilité qu'il y a à ce que les dates intermédiaires soient respectées pourrait constituer une aide précieuse au maître d'œuvre. L'utilisation de l'outil statistique permet de calculer cette probabilité. Pour y parvenir, on calcule dans un premier temps le facteur de probabilité Z au moyen de la formule suivante [Dresdner *et al.*, 1971; Kaufmann *et al.*, 1974]:

$$Z = \left[T_S - T_E \right] \Big/ \left[\sum \sigma^2 (T_E) \right]^{1/2} \qquad (2\text{-}45)$$

avec:

  T_S = temps convenu pour réaliser une étape:
  T_E = temps prévu pour atteindre une étape;

$\sum \sigma^2(T_E)$ = somme des variances des opérations qui ont servi à trouver le T_E de l'étape.

Dans un deuxième temps, on déduit la probabilité P_R correspondant à la valeur de Z en se servant de la table des valeurs (voir Annexe 2) de la distribution normale réduite (loi normale de Gauss-Laplace) de la fonction de répartition [Dagnelie, 1982].

2.6.4. Répartition de moyens - Réduction des temps
2.6.4.1. Répartition des moyens

Notons que toute tâche, pour être exécutée, suppose des moyens en hommes, en matériel et en trésorerie. Or l'homme est un élément central et déterminant dans toute entreprise, car mal utilisé, il pèse d'une façon constante sur les coûts. Il s'avère souvent nécessaire de déterminer avec précision un nombre raisonnable pour la main-d'œuvre et de la répartir rationnellement en fonction des charges. C'est ainsi que, pour utiliser au mieux les moyens existants sans augmenter les effectifs en période de pleine activité, l'entreprise est amenée à rechercher des compromis en tenant compte de certaines contraintes. Voyons comment la méthode PERT peut contribuer dans la recherche d'une telle solution. La procédure se déroule en trois phases [Poggioli, 1970]:

- *1ère phase*: Rajouter sur le PERT, sous chaque tâche, l'effectif nécessaire pour exécuter le travail considéré.
- *2ème phase*: Analyser systématiquement le réseau, heure par heure ou jour par jour, selon l'unité de temps retenue.
- *3ème phase*: Adapter le réseau aux contraintes imposées par l'entreprise.

162

2.6.4.2. Réduction des temps

S'il est nécessaire de s'attacher au délai imparti pour terminer un ouvrage, il n'est pas certain que cela soit suffisant. En effet, le temps passer à réaliser chacune des tâches constituant le réseau PERT nécessite l'utilisation de moyens en hommes, matériel et argent. Il existe donc dans tous travaux un rapport étroit entre le temps d'exécution d'une tâche et son coût. Cela peut se vérifier car le plus souvent, abaisser un délai d'exécution c'est consentir une dépense supplémentaire par l'augmentation des moyens (heures supplémentaires, embauche de main-d'œuvre, sous-traitance, etc.), ainsi que le montre justement la courbe CTR (coût-temps-ressources) de la figure 2-16.

Désirant réduire la durée d'un programme, il y a lieu de savoir combien pourra coûter cette opération. Pour cela, il faudra d'abord connaître les temps d'exécution des tâches et la variation des coûts résultant de la diminution des temps d'exécution. D'où la recherche, pour chaque tâche, de sa durée optimum et minimum, ce qui permettra de déduire sa plage de réduction possible et les coûts qu'on aura à supporter selon le nombre d'heures, de jours ou de semaines de réduction. La durée optimum retenue est celle qui apparaît sur le réseau PERT, la durée minimum reste à déterminer en fonction des possibilités.

Pour réduire les temps de réalisation d'un ouvrage, on utilise un des aspects particuliers du PERT, à savoir la technique CPM. On applique cette technique au réseau PERT, en retenant que le personnel étant spécialisé, il n'y a pas de possibilité de le déplacer d'une tâche sur l'autre. La méthode utilisée est la suivante [Poggioli, 1970; Beasley, 2003]:

163

1- Mettre le réseau en temps normal.

2- Repérer le chemin critique.

3- Déterminer le prix du réseau à allure normale.

4- Etablir un tableau sur lequel pour chaque tâche seront indiqués:

    a. La durée optimum de la tâche;

    b. La durée minimum de la tâche;

    c. Les réductions possibles de la tâche = durée optimum – durée minimum;

    d. Les coûts supplémentaires dus aux réductions successives de la tâche.

5- Prendre, dans le tableau, ce qui coûte le moins cher dans l'accélération des tâches et voir ce que l'on peut réduire.

Signalons que c'est en jouant sur les tâches du chemin critique qu'on réduira la durée de l'ouvrage à construire ou du programme à réaliser. Lorsqu'une tâche dispose d'une certaine marge, il serait inutile de réduire la durée de cette tâche si on peut absorber le temps disponible sans pour autant réduire le temps d'exécution.

2.7. Conclusion

Nous pensons que ce chapitre dédié spécialement aux outils mathématiques et aux méthodes propres à la construction de bâtiments, revêt une grande importance. L'essentiel des notions et concepts utilisés dans notre étude y figurent. Nous espérons qu'il apportera une certaine aisance dans la lecture des chapitres suivants où sont traitées les questions cruciales de ce mémoire.

Chapitre 3

Etat de l'art sur les méthodes d'estimation des coûts de construction et sur les techniques d'optimisation dans le domaine de la construction

3.1. Introduction

Ce chapitre compte deux sections. Nous consacrons la première section à la revue des principales méthodes d'estimation prévisionnelle des coûts de construction. La plupart des méthodes sont présentées avec leurs avantages et leurs inconvénients. Dans la deuxième section, nous faisons le point sur l'état actuel de l'art en ce qui concerne les techniques d'optimisation dans le domaine de la construction.

3.2. Revue des principales méthodes d'estimation prévisionnelle des coûts de construction

Il existe un certain nombre de méthodes d'estimation des coûts de construction. Chaque méthode d'estimation a ses avantages et ses inconvénients propres, mais le plus important est qu'aucune méthode ne peut être appliquée de façon exclusive. Il est parfois suggéré que plusieurs méthodes soient appliquées en parallèle. Si celles-ci prédisent des coûts radicalement différents, on en déduira qu'il n'y a pas assez d'information [Est-C.]. Toutefois, il est important d'éviter des efforts superflus en matière d'estimation des coûts lorsque les résultats approximatifs suffisent.

3.2.1. Les méthodes d'estimation classiques

Ces méthodes sont essentiellement différenciées par le degré de précision recherché, les plus rigoureuses étant bien sûr les plus ardus et les plus longues. Parmi les méthodes existantes, on peut établir un classement par ordre croissant en fonction des résultats obtenus.

166

3.2.1.1. L'estimation à l'unité globale d'utilisation (Unit Method: UM)

L'*estimation UM* est une méthode d'estimation approximative qui vise à attribuer un prix à chaque unité de logement d'un bâtiment donné, que ce soit des chambres, des sièges, des lits, des garages ou autre. Le coût estimé total du bâtiment est déterminé en multipliant le nombre total d'unités logées dans le bâtiment par le prix unitaire [Seeley, 1984]. Cependant, l'évaluation des prix unitaires est assez difficile. Toutefois, la méthode a le grand mérite de la rapidité d'application, même si elle souffre de l'inconvénient majeur du manque de précision. Au mieux, l'estimation UM peut tout juste être considérée plutôt comme un outil simple pour établir les lignes directrices générales, plus particulièrement pour l'estimation budgétaire d'un programme en cours couvrant une période de trois à cinq ans [Seeley, 1984]. A cause de l'absence de précision, il est recommandé d'exprimer les coûts par intervalles. Toutefois, il est nécessaire d'utiliser cette méthode avec la plus grande attention et habileté, et avec une appréciation complète de ses limites.

3.2.1.2. La méthode du cubage (Cube Method: CM) ou estimation au mètre cube pondéré hors-œuvre

La méthode du cubage pour l'estimation approximative a été largement utilisée entre les deux guerres mondiales, mais elle a été remplacée en grande partie par la méthode de l'aire superficielle ou couverte. Le contenu cubique d'un bâtiment est obtenu par l'utilisation des règles prescrites par le *Royal Institute of British Architects* [Seeley, 1984], lesquelles prévoient de multiplier la longueur, la largeur et la hauteur (dimensions externes) de chaque partie du bâtiment, le volume étant exprimé en mètres cubes. La méthode de détermination de la hauteur varie suivant le type de toit, que l'espace du toit soit occupé ou non. Si les différentes parties d'un bâtiment varient en forme ou en fonction, alors elles devraient être mesurées et évaluées séparément. L'évaluation du prix du mètre cube d'un bâtiment demande l'exercice d'un jugement attentif doublé d'une vaste connaissance des prix et des tendances courantes. D'énormes variations peuvent se produire au niveau des prix unitaires au mètre cube des bâtiments de même type. Dans ce contexte la méthode du cubage serait peu convenable et pourrait donner des résultats tout à fait irréalistes. Une approche de loin plus satisfaisante serait d'utiliser la méthode de la surface et d'ajuster le prix unitaire pour des augmentations en hauteur. La méthode du cubage est cependant utile pour des estimations à chaud. La principale faiblesse de la méthode du cubage réside dans l'évaluation du prix unitaire. Calculer le volume d'un bâtiment est une question facile, mais il est beaucoup plus difficile d'estimer le prix unitaire à cause du grand nombre de variables qui doivent être considérées.

3.2.1.3. L'estimation au mètre carré couvert (Superficial or Floor Area Method: SFAM)

Dans cette méthode l'aire couverte totale du bâtiment sur tous les étages est mesurée entre les faces internes des murs externes périphériques, sans déduction pour les murs internes, cloisons, escaliers, paliers, cages d'ascenseurs et couloirs [Seeley, 1984]. Un prix unitaire est alors calculé par mètre carré d'aire couverte et le coût total probable (C_T) du bâtiment est obtenu en multipliant l'aire couverte totale (A) par le prix unitaire au mètre carré U, soit:

$$\mathbf{C_T = A.U} \qquad\qquad\qquad (3\text{-}1)$$

Au cas où le bâtiment varierait considérablement dans les méthodes de construction ou en qualité de finition dans ses différentes parties, il sera probablement conseillé de séparer les aires couvertes pour permettre l'application de différents prix unitaires aux parties distinctes. L'attention doit aussi être portée aux hauteurs d'étages variables dans l'estimation des prix unitaires et lorsqu'on déduit les prix de l'analyse de coût. Cette méthode présente des avantages sur la méthode du cubage car la majorité des éléments ayant un impact sur le coût sont plus rapportés à l'aire couverte qu'au volume, et il est dès lors plus facile de tenir compte des hauteurs d'étages variables. Cependant, cette méthode a quelques faiblesses inhérentes et, en particulier, elle ne peut pas directement prendre en compte les changements dans la forme du plan ou la hauteur totale du bâtiment.

3.2.1.4. L'estimation au mètre carré de plancher (Storey-Enclosure Method: SEM)

L'estimation SEM a été mise au point dans le but de surmonter les inconvénients des méthodes décrites ci-dessus. La méthode consiste principalement à mesurer l'aire du plancher entre les murs externes, et du plafond qui entourent chaque étage du bâtiment. Ces mesures sont ajustées conformément à l'ensemble des règles suivantes [Seeley, 1984]:

1- Tenir compte du coût des fondations normales, l'aire du rez-de-chaussée (mesurée en mètres carrés entre les murs externes) est multipliée par un facteur de pondération de deux.

2- Prévoir le coût supplémentaire des planchers supérieurs, un facteur de pondération additionnel est appliqué à l'aire de chaque plancher au-dessus du plus bas. Ainsi le facteur de pondération du premier plancher au-dessus est 0.15, pour le second 0.30, pour le troisième 0.45, etc.

3- Couvrir le coût supplémentaire du travail au niveau du sous-sol d'un facteur de pondération supérieur à celui appliqué aux aires approximatives des murs et des planchers qui sont attenants à la surface du sol.

Fondamentalement, le but de cette méthode est d'obtenir l'aire superficielle totale en mètres carrés, à laquelle un tarif de prix unique peut être attaché, et l'effet des diverses règles qui ont été exposées est d'appliquer un facteur de coût pondéré à chacune des parties ou des éléments principaux du bâtiment. Malheureusement, l'estimation SEM a été peu utilisée dans la pratique, essentiellement parce qu'elle nécessite plus de calculs que pour les méthodes du cubage ou de l'aire superficielle.

3.2.1.5. Les méthodes d'estimation basées sur l'avant-métré

Parmi ces méthodes, nous citerons:

- L'avant-métré type BGTN (Bordereau Général d'Evaluation des Travaux Neufs) avec application des prix d'un tarif affectés d'un coefficient correcteur;

- L'avant-métré regroupant entre eux des ouvrages de même fonction, assujetti de prix unitaires globaux;

- L'avant-métré détaillé par ouvrages assorti des prix unitaires de chaque ouvrage.

3.2.1.6. La méthode d'analyse du coût élémentaire

Une autre méthode d'estimation approximative utilise l'analyse de coûts élémentaires pour des travaux similaires précédents comme une base pour l'estimation. Le coût est calculé non pas sur une base d'aire superficielle, mais de prix unitaire de surface d'ensemble analysé en éléments et sous-éléments. A ce plus bas niveau de division, il est possible de faire des ajustements de coûts pour des variations du plan dans le nouveau projet, en comparant au précédent travail. Il sera aussi nécessaire d'actualiser les coûts pour prendre en compte l'augmentation des coûts qui s'est produite depuis la date de soumission du travail pour lequel l'analyse du coût est disponible. Le planning du coût élémentaire, les analyses du coût et les indices du coût de bâtiment doivent être soigneusement évalués. En pratique les différences entre les anciens et les nouveaux projets seront généralement plus grandes et les problèmes soulevés pour préparer l'estimation beaucoup plus complexes [Seeley, 1984].

3.2.1.7. La méthode d'estimations comparatives

Cette méthode consiste à prendre le coût déjà connu d'un type de bâtiment similaire comme une base et ensuite de faire des ajustements par rapport aux variations dans les méthodes de construction et en ce qui concerne les matériaux. Pour cette raison il est recommandé d'augmenter les coûts habituellement rapportés au mètre carré de travail achevé pour toute une gamme d'alternatives, afin de faire rapidement des ajustements lorsqu'on prépare des estimations approximatives. Ces coûts comparatifs seront aussi utiles pour évaluer le coût des offres à mesure que les plans détaillés seront développés.

3.2.1.8. La méthode d'interpolation

Une variante de la méthode comparative est la méthode d'interpolation par laquelle, aux stades préliminaires et d'investigation dans l'étude d'un projet, une estimation du coût probable est produite en prenant le coût par mètre carré d'aire superficielle d'un certain nombre de type de bâtiments similaires à partir des analyses de coût et des rapports de coûts, et en interpolant un prix unitaire pour le bâtiment proposé. Cette méthode semble apparemment facile, mais deux bâtiments ne peuvent se ressembler et il est difficile de faire des ajustements au prix unitaire pour prendre en compte les nombreuses variables qui sont liées. En pratique, il peut souvent être nécessaire d'utiliser une méthode qui est une combinaison à la fois des approches d'interpolation et comparative.

3.2.1.9. La méthode de la quantité de travail et du prix unitaire

Dans cette méthode l'estimation du coût total (C_T) est obtenue en calculant la somme des produits des tâches élémentaires (w_i) avec les prix unitaires (u_i) correspondant à chaque type de tâche élémentaire (i), d'où l'expression:

$$C_T = \sum_{i=1}^{n} w_i \cdot u_i \qquad (3\text{-}2)$$

avec n le nombre total de tâches élémentaires.

La simplicité apparente de cette méthode est vite limitée par la difficulté d'établir de façon assez précise le prix unitaire d'une tâche élémentaire.

3.2.1.10. La méthode de l'indice du coût et de la complexité de la construction

Cette méthode nécessite d'évaluer le coût d'un projet de construction en examinant quelques facteurs spécifiques basés sur l'indice du coût de construction tel que calculé et publié. Cet indice est habituellement adapté à la situation géographique de la région aussi bien qu'à la complexité du travail de construction [Tech. Ing.]. Ainsi, si on désigne par:

C_T : le coût total du projet,

a: l'indice du coût de construction,

b: l'indice de la localité de la construction,

c: la complexité de la construction,

p: l'aire superficielle utilisable,

s: l'aire superficielle totale,

alors, on a:

$$C_T = 10 \ a.b.c.p.s \qquad\qquad (3-3)$$

La méthode est suffisamment élaborée. Cependant certains facteurs comme les indices et la complexité de la construction doivent être disponibles et surtout fiables.

3.2.1.11. La méthode d'estimation basée sur le schéma d'analyses croissantes (Work Breakdown Structure: WBS)

C'est une autre méthode d'estimation des coûts d'un projet de construction. Le schéma d'analyses croissantes est obtenu en segmentant le projet en portions de réalisation et en tâches élémentaires à être affectées. Les diverses estimations sous-traitées sont alors totalisées pour obtenir l'estimation globale; ce procédé est connu sous l'appellation "bottom-up estimation" [Choon, 1987]. Le coût total du projet de construction (C_T) est donné par l'expression:

$$C_T = \sum_{i=1}^{n}(1 + f_1 + f_2 + f_3 + f_4 + f_5 + f_6).(1 + f_0 + f_c).u_i \qquad (3\text{-}4)$$

où

      u_i est le coût de chaque tâche élémentaire,

      n: le nombre total de tâches élémentaires,

      f_c: le facteur multiplicatif de coût d'ingénierie,

      f_0: le facteur multiplicatif de coût sur le chantier,

      f_1-f_6: les facteurs multiplicatifs (fondation, murs, électricité, etc.).

Cette méthode d'estimation est surtout utilisée dans les grands projets dans lesquels la sous-traitance et les modules de finition jouent des rôles très importants.

3.2.2. Les stades d'utilisation de certaines méthodes classiques

Chacune de ces méthodes se situe à une étape précise de l'élaboration de la construction.

La première méthode (UM) joue son rôle au stade de l'intention de construire afin de déterminer une valeur approximative d'investissement immobilier.

La seconde méthode (CM) tient compte des constructions dans leurs trois dimensions et peut trouver son utilisation au niveau de la définition de l'avant-projet.

Les deux méthodes suivantes (SFAM ou SEM) qui font intervenir les dimensions en plan des constructions se situent au stade de l'esquisse.

L'inconvénient majeur de ces quatre premières méthodes simplifiées réside surtout dans le fait que la notion de valeur des prestations ne peut être introduite qu'au niveau du prix appliqué.

Les méthodes nécessitant un avant-métré plus ou moins détaillé se situent donc à un stade où les plans reflètent déjà les options principales arrêtées. Leur application demande en conséquence des délais d'étude plus importants.

L'estimation à l'aide du BGTN ne nécessite pas quant à elle d'études techniques précises associées aux plans. Il en est de même de l'avant-métré regroupant entre eux des ouvrages de même fonction. En revanche, l'avant-métré détaillé par ouvrage qui donne évidemment les résultats plus précis, demande la production simultanée de tous les plans d'exécution. Il ne peut donc se situer qu'au stade préalable à l'appel d'offres pour lequel il servira d'ailleurs de base de consultation [UNTEC, 1976]. Cependant pour le BGTN, les prix sont tirés de statistiques nationales établies à un moment donné et qui nécessitent des corrections pour les adapter à l'actualité.

Le reste des méthodes classiques, plus élaborées, exige la connaissance de plusieurs facteurs dont la disponibilité et la fiabilité doivent être assurées.

3.2.3. Les méthodes d'estimation automatiques: les logiciels d'estimation des coûts de construction

3.2.3.1. La méthode MASTERFORMAT/CSI (16 divisions)

Masterformat est une liste de nombres et de titres pour organiser les besoins, les produits et les activités dans une séquence standard pour une utilisation dans l'industrie de la construction. La liste couvre 16 divisions principales, elles-mêmes en plus subdivisées au niveau du matériel et des opérations. Les 16 divisions de Masterformat sont les suivantes [Abdou, 2003]:

1. Besoins généraux
2. Chantier
3. Béton
4. Maçonnerie
5. Métaux
6. Bois et plastique
7. Thermique et eau
8. Portes et fenêtres
9. Finitions
10. Spécialités
11. Matériels
12. Ameublements
13. Construction spéciale
14. Systèmes de transport
15. Mécanique
16. Electricité

La méthode Masterformat/CSI (16 divisions) est très utile et estimée par les entrepreneurs. Cependant elle rend le contrôle des échéanciers de chantier quelque peu compliqué et le calcul des travaux supplémentaires imprécis et aléatoires, puisque tout travail à faire se trouve décrit dans plusieurs sections séparées et éloignées, cachant, en quelque sorte, les relations entre les éléments et leurs coûts exacts [Jalbert, 2001].

CSI = Construction Specification Institute

3.2.3.2. Le GEXTIM

Le Gextim est un logiciel d'estimation, donnant les estimations comme une collection de tables et établissant les prix à partir d'une base de données classée sur Masterformat [Jalbert, 2001].

3.2.3.3. La méthode UNIFORMAT II

Uniformat II établit une classification standard des éléments, des composants principaux communs à la plupart des bâtiments. C'est la méthode qui possède une référence conséquente pour l'estimation, l'analyse des coûts et l'évaluation économique des heures supplémentaires des projets de construction, et de projet à projet [Charrette et al., 1999]. Cette méthode favorise aussi un report facile à tout stade de la construction, de l'ébauche des documents à la construction finale elle-même, et des suivis garantis. La méthode Uniformat II est utilisée pour obtenir des coûts pour chaque fonction d'une construction, cette construction peut exister ou non, sous forme de plan, elle peut être une construction neuve ou en rénovation. Le document présentant ces coûts inclut généralement une description des items, des notes sur certaines conditions des travaux pouvant influencer les coûts. Ce document présente habituellement les détails sous forme de tableau, chacun étant un sommaire de tout travail ayant quelque ressemblance. Il est utile de définir ci-dessous quelques termes utilisés par Uniformat II.

a) *Tableau*
Il s'agit d'un document partiel rassemblant des items afin d'en isoler la présence dans un élément ou pour faciliter l'entrée des données.

b) *Item*
Un matériau spécifique, comme la brique ou, le mortier ou, une opération comme le compactage ou la peinture constitue un item.

c) *Elément*
Un élément est un assemblage d'items (matériaux ou opérations) donnant un autre assemblage distinct. Une porte pourrait comprendre les items

suivants: cadrage, panneaux, charnières, loquet et poignée, cou-de-pied, étiquette d'identification, ferme-porte, mais aussi l'installation et la finition, plus l'entreposage.

Avant de définir le quatrième terme: fonction, définissons d'abord quelques termes concepts utilisés par Uniformat II.

c1) Construction de base

C'est une construction dont est exclu tout ce dont la présence serait dictée par une fonction. C'est en quelque sorte une boîte vide ayant une seule ouverture: le toit.

c2) Construction complémentaire

Une construction complémentaire inclut tout ce qui est rajouté à la *construction de base* afin de la rendre propre pour quelque *fonction générale*: exemple de la ventilation pour la fonction "bureau" et l'équipement de détection du dioxyde de carbone pour les garages et ateliers de véhicules.

c3) Construction fonction

Ce dernier terme concept s'applique à tout ce qui est ajouté aux deux premières constructions afin de les rendre propres à une *fonction spécifique*. Par exemple un tableau blanc, un système de projection et un système d'éclairage ajustable feraient partie intégrante de la fonction "salle de réunion".

Après avoir défini ces termes concepts, le terme *fonction*, qui constitue le fondement de Uniformat II, devient plus simple à définir.

d) *Fonction*

Une fonction représente la destination finale exacte d'un espace (ou volume). Par exemple: "Bureaux à aires ouvertes" et "Salles de bains" sont des fonctions. Par contre des "Ateliers" ne sont pas des fonctions, mais des "Ateliers de peinture" en sont.

La méthode Unoformat II est donc une approche par fonctions et éléments. Encore peu usitée, cette méthode permet l'établissement d'une relation exacte entre les échéanciers et le coût des constructions complètes, mais elle est quelque peu complexe et peu d'entrepreneurs sont familiers avec elle.

Il n'existe pas actuellement de méthode pour estimer rapidement et de manière précise les coûts de fonctions distinctes inclues dans une construction. La compagnie R.S. MEANS a élaboré certaines tables à partir de la vaste documentation dont elle dispose, décrivant certains types de constructions [Jalbert, 2001]. De ces tables sont extraits des coûts de quelques fonctions générales. Mais celles-ci ne sont pas toujours transférables vers des fonctions plus élaborées ou trop différentes de celles décrites. En rendant possible l'estimation des éléments composant chaque fonction, au lieu de procéder d'une façon générale, l'approche par fonctions et éléments permet d'appareiller la description de chaque fonction à son estimé complet, permettant une analyse détaillée des coûts de construction, une mise à niveau rapide en cas de modification.

Les décideurs (administrateurs, entrepreneurs, etc.) ont besoin de la description préliminaire d'un projet dressée comme une liste de fonctions précises (avec spécifications complètes quant aux dimensions, finitions et équipements) afin d'obtenir un estimé crédible. L'approche sur laquelle se base Uniformat II apporte donc quelque chose de réel aux décideurs, pour ce qui touche les coûts et les travaux.

3.2.4. L'approche matricielle simple pour l'estimation des coûts de construction

Les différentes méthodes d'estimation des coûts de la construction décrites ci-dessus (paragraphe 3.2.1) nécessitent, pour leur mise en œuvre, certaines données telles que l'indice du coût de construction, la liste officielle des prix, le taux d'inflation, etc., qui ne sont toujours pas disponibles dans les P.E.D. En plus ces méthodes ne permettent pas une analyse faisant apparaître les principales composantes du coût de la construction. Seule la méthode Uniformat II conduit à un niveau de détail très avancé, mais sa complexité, à laquelle s'ajoute une terminologie surtout adaptée aux P.I. (Pays Industrialisés), rend son utilisation assez difficile. Il est donc nécessaire de disposer d'une méthode d'estimation des coûts de construction adaptée au contexte des P.E.D. Cette méthode doit se baser sur une approche plus méthodologique et synthétique à la fois, faisant apparaître un niveau de détail suffisant. C'est ainsi que la méthode matricielle [Pettang *et al.*, 1997], qui s'appuie sur les éléments d'une terminologie courante et sur une table regroupant les différentes quantités de matériaux utilisés dans chaque phase de la construction, semble particulièrement intéressante. Cette approche, qui simplifie mais tout en enrichissant la grille du coût de la construction, préconise la décomposition du coût total de la construction d'un ouvrage suivant deux schémas:

180

- Gros œuvre (GO), Second œuvre (SO) et Aménagement (Am): schéma GSA;
- Matériaux de construction (Ma), Main d'œuvre (MO) et Moyen de gestion (MG): schéma 3M.

D'où l'expression du coût total de la construction (C_T):

$$C_T = C_{GO} + C_{SO} + C_{Am} \qquad (3\text{-}5)$$

ou encore:

$$C_T = C_{Ma} + C_{MO} + C_{MG} \qquad (3\text{-}6)$$

On démontre que ces deux expressions sont équivalentes [Pettang *et al.*, 1997].

Si l'ouvrage est décomposé en sous-ouvrages, on peut écrire alors, en utilisant la relation (3-6):

$$\begin{aligned}
C_T &= \sum_{k=1}^{s} C_{SOk} \\
&= \sum_{k=1}^{s} [\, C_{Ma,SOk} + C_{MO,SOk} + C_{MG,SOk} \,] \\
&= \sum_{k=1}^{s} [\, \sum_{j=1}^{p} m^{j}_{k} + \sum_{h=1}^{q} w^{h}_{k} + \sum_{l=1}^{r} g^{l}_{k} \,] \qquad (3\text{-}7)
\end{aligned}$$

Où:

s désigne le nombre total de sous-ouvrages;

p: nombre de constituants élémentaires (matériaux);

q: nombre de corps de métiers intervenant dans tout l'ouvrage;

r: quantité de moyens de gestion nécessaires pour la réalisation de l'ouvrage;

m^{j}_{k}: coût du matériau j nécessaire pour la réalisation du sous-ouvrage SO_{k};

w^h_k: coût de la main d'œuvre de tous les intervenants du corps de métier h pour la réalisation du sous-ouvrage SO_k;

g^l_k: coût de la charge l nécessaire pour la réalisation du sous-ouvrage SO_k.

L'approche matricielle simple présente deux avantages majeurs: la connaissance rapide des principales composantes du coût de la construction et la prise en compte de la quantité des matériaux, du coût de la main d'œuvre et des moyens de gestion par sous-ouvrage. Cependant, cette approche ne prévoit pas de marge de tolérance, absolument nécessaire dans le cadre d'une estimation prévisionnelle.

3.3. Etat de l'art sur les techniques d'optimisation dans le domaine de la construction

Les problèmes d'optimisation dans l'établissement d'un programme de construction sont traditionnellement classés, selon leur objectif, parmi les trois groupes suivants:

1- TCT (Time-Cost Trade-off ou, compensation durée-coût);

2- RA (Resource Allocation ou, allocation des ressources);

3- RL (Resource Levelling ou, nivellement des ressources).

Le TCT s'intéresse à la minimisation du coût de projet tout en maintenant la durée souhaitée du projet.

Le RA s'intéresse à la minimisation de la durée de projet sans dépasser les limites des ressources disponibles.

Le RL s'intéresse à la minimisation des besoins de ressources maximums et des fluctuations période à période dans l'attribution des ressources, tout en maintenant la durée souhaitée du projet. Le nivellement des ressources est un processus dans lequel le but est d'arriver à la combinaison optimale des paramètres temps et ressources du projet.

Dans le passé, beaucoup de méthodes analytiques et heuristiques ont été développées pour aborder les problèmes d'optimisation dans l'établissement de programme de construction. Les méthodes analytiques utilisaient les techniques de programmation mathématique telles que la programmation linéaire et la programmation dynamique. Cependant, des modèles mathématiques généraux étaient difficiles à mettre au point, et ceux-ci nécessitaient beaucoup d'effort de calcul. Elles ne pouvaient pas résoudre des problèmes de plus grande taille et plus complexes rencontrés dans la pratique et ne convenaient donc que pour des projets de petite taille, bien qu'elles eussent été capables de trouver des solutions optimales locales. Les méthodes heuristiques marchaient bien sur un certain nombre de problèmes et étaient largement utilisées dans la pratique à cause de leur simplicité et leur facilité d'application. Toutefois, elles se sont avérées beaucoup trop dépendantes, avec une efficacité variant selon les cas. De plus, il n'y avait pas une possibilité de connaître a priori les meilleures règles heuristiques à utiliser pour un cas donné. Bien qu'elles aient fourni de bonnes solutions, elles ne pouvaient pas garantir l'optimalité. En outre, les deux genres de méthodes se concentraient généralement sur un objectif unique.

Les Algorithmes Génétiques (AGs) sont un ensemble d'outils basés sur la sélection naturelle et les mécanismes de la génétique des populations développés par John Holland [Holland, 1975]. Les AGs emploient une recherche dirigée mais aléatoire inspirée par le processus de l'évolution naturelle et les principes de "survie du plus adapté" pour localiser la solution globalement optimale. Les AGs conviennent particulièrement pour les problèmes d'optimisation dans l'établissement d'un programme de construction parce que, entre autres choses, ils ne connaissent pas l'explosion combinatoire; ils ne s'appuient pas beaucoup sur des suppositions ou des règles heuristiques, et ils sont robustes. Ces caractéristiques permettent aux AGs de surmonter les difficultés liées à la nature des problèmes d'optimisation dans l'établissement d'un programme de construction là où d'autres méthodes ont échoué.

3.3.1. Tentatives d'amélioration des méthodes d'établissement d'un programme de projet de construction

Depuis le début des années 60, plusieurs techniques ont été développées pour accroître l'efficacité de la méthode PERT (Program Evaluation and Review Technique ou, programme d'évaluation et de remise à jour) et de la méthode CPM (Critical Path Method ou, méthode à chemin critique). Les techniques CPM ont été intensément utilisées dans l'industrie de la construction pour le planning et le contrôle. Dans l'analyse CPM traditionnelle, le principal objectif est d'estimer la durée possible requise pour exécuter un projet spécifique; mais les ressources de construction, y compris la taille des équipes, l'équipement et le matériel, sont limités dans un projet de construction réel. La supposition de ressources illimitées dans la technique CPM traditionnelle n'est pas fondée. En raison des contraintes de disponibilité de ressources, les durées et les séquences d'activités peuvent nécessiter un ajustement, et le coût du projet pourrait aussi changer en conséquence. Pour traiter de l'indisponibilité des ressources, l'établissement d'un programme de construction doit inclure l'allocation des ressources. Les problèmes d'allocation de ressources ont été beaucoup étudiés dans les industries de construction et de fabrication à cause de leurs applications pratiques.

Une étude relativement récente a montré qu'on pouvait apporter des simplifications à la méthodes PERT. En effet, Cottrell s'est penché sur la réduction du nombre d'estimations nécessaires pour les durées des activités; de trois pour la méthode PERT conventionnelle, il est passé à deux [Cottrell, 1999]. Pour y parvenir, il a appliqué la distribution normale, plutôt que la distribution bêta, à une durée d'activité. Les deux estimations de durée nécessaires sont: la "plus favorable" et la "pessimiste". Ces modifications réduisent le niveau d'effort demandé pour appliquer le PERT. Cottrell a toutefois trouvé que les durées du PERT simplifié sont sujettes à des erreurs de plus de 10% lorsque l'obliquité (ou coefficient d'asymétrie ou "Skewness" en anglais) de l'actuelle distribution dépasse 0,28 ou est en dessous de $-0,48$. D'où, lorsque les distributions des durées des activités ne sont pas très étalées (asymétriques), des résultats semblables à ceux du PERT conventionnel peuvent être obtenus en utilisant une technique plus simple. La simulation stochastique formelle a été reconnue comme pouvant remédier aux défauts inhérents à la méthode CPM classique et l'analyse PERT. Une méthode précise et efficace pour identifier les activités critiques est essentielle pour conduire une simulation PERT. C'est ainsi que Lu *et al.* ont entrepris une étude sur le développement d'un modèle de simulation PERT qui concerne l'approche de modélisation d'événement discret et la méthode simplifiée d'identification d'activités critiques [Lu *et al*., 2000]. Ceci a été réalisé pour tenter de surmonter les limitations et accroître l'efficacité de calcul de l'analyse CPM/PERT classique. Le modèle développé a montré une amélioration sensible dans l'analyse du risque de dépassement de programme de projet et la détermination de la criticité de l'activité. En plus, la distribution bêta et ses méthodes appropriées subjectives ont été discutées par les auteurs pour cadrer avec le modèle de simulation PERT. Ils ont conclu en estimant que cette nouvelle solution pour l'analyse du réseau PERT peut aider le management de projet avec un outil commode pour évaluer des scénarios alternatifs basés sur la simulation sur ordinateur et l'analyse du risque. Dans une autre étude, Lu *et al*. ont développé une méthode pratique dans une tentative d'examiner les questions fondamentales et les limitations des méthodes existantes pour l'établissement d'un programme de ressource basé sur le CPM [Lu *et al*., 2003]. La méthode proposée a été appelée RACPM (Resource Activity Critical Path Method), dans laquelle:

1- La dimension de la ressource, en plus de l'activité et du temps, est soulignée dans l'établissement d'un programme de projet pour synchroniser le planning d'activité et le planning de ressource;

2- Les temps début/fin et les flottements sont définis comme des attributs d'activité basés sur la ressource de technologie combinée avec les relations de précédences;

3- Le problème de "ressource critique" qui a longtemps déconcerté l'industrie a été clarifié.

Le RACPM fournit aux planificateurs un outil pratique pour intégrer la perspective technologie/processus dans le but d'utiliser la ressource dans le planning de construction. L'effet sur la durée du projet et sur les flottements d'activité de la disponibilité de ressources diverses peut être étudié par l'entremise du RACPM sur différents scénarios de ressources. Ceci donne potentiellement accès à l'établissement de programme intégré et au processus d'estimation de coût qui devraient produire des programmes, des estimations et des contrôles de budgets réalistes pour la construction. L'emploi du flottement du chemin dans le réseau est une méthode effective utilisée pour faire face aux diverses incertitudes existant dans la construction. Cependant, la méthode de calcul de flottement du chemin réel peut entraîner une information erronée aux managers sur le chantier et ainsi causer un risque sur la détermination de la durée de projet dans la construction. Une étude conduite par Zhong *et al.* a eu pour objet de présenter une nouvelle méthode qui permet de calculer le flottement de chemin non critique dans le PERT, de tenir compte des incertitudes dans l'implémentation du réseau et de réduire l'information erronée [Zhong *et al.*, 2003]. Les résultats de l'analyse d'un réseau avec la nouvelle méthode ont montré un flottement de chemin régulier au-dessous de la probabilité d'achèvement requise et de la durée estimée. Les auteurs pensent que le nouveau concept de flottement de chemin devrait apporter une information sur le planning utile aux managers et aux planificateurs dans la construction. De leur côté, Kim *et al.* ont mené une étude présentant la technique RCPM (Resource Constrained Critical Path Method) qui tire parti, tout en les améliorant, des techniques CPM et RCS (Resource-Constrained Scheduling) existantes [Kim *et al.*, 2003]. Les auteurs estiment que le programme CPM traditionnel n'est pas réaliste, parce qu'il suppose des ressources illimitées, alors que certaines d'entre elles sont extrêmement limitées dans la pratique. Bien que les techniques RCS traditionnelles puissent considérer les limitations de ressources, elles ne fournissent pas les flottements corrects et le chemin critique, tel que le fait le CPM. La différence entre le flottement total théorique restant et le flottement total réel restant fait allusion à ce que les auteurs appellent le "flotteur fantôme". La séquence de travail dans la technique RCS pourrait aussi être considérablement modifiée avec une mise à jour de programme, aboutissant à des coûts élevés pour l'organiser. Ceci parce qu'en plus des contraintes technologiques, un RCS contient des dépendances de ressources entre les activités qui sont négligées dans les techniques RCS traditionnelles. Kim *et al.* proposent une procédure RCPM pas à pas pour prendre en compte ces contraintes de ressources limitées [Kim *et al.*, 2003]. D'où, leur méthode peut identifier les flottements réels et les chemins critiques corrects en considérant à la fois les contraintes technologiques et les contraintes de ressources, rendant ainsi les temps de début au plus tard et de fin au plus tard davantage significatifs. En outre, à cause des contraintes de ressources identifiées, le RCPM fournit aussi un certain niveau de stabilité avec la mise à jour de programme.

Pour les problèmes d'optimisation durée-coût, deux méthodes sont utilisées pour les résoudre [Li *et al.*, 1997]. Une première méthode recommande qu'on identifie visuellement plusieurs activités sur le chemin critique et qu'on énumère les alternatives possibles d'allocation de réduction de temps aux activités, chaque alternative représentant une solution possible pour laquelle les activités sont comprimées pour satisfaire la réduction de la durée totale du projet. Ensuite les coûts associés aux alternatives sont évalués et celle qui présente un coût minimum est retenue comme la solution finale. Une autre méthode est basée sur la programmation linéaire

[Davis, 1973]. Elle établit le coût total d'un projet comme étant la fonction objectif et les contraintes associées à la fonction. Les algorithmes de programmation linéaire emploient des méthodes de recherche pour identifier les solutions avec optimum local pour le problème considéré. Malgré le confort des méthodes ci-dessus, elles souffrent d'une carence commune: l'optimalité globale des solutions issues de ces méthodes ne peut être garantie. Il est évident que la méthode basée sur une énumération opère sur un nombre limité de combinaisons pour attribuer une réduction de temps aux activités accélérées et ce sera par pure coïncidence si cette méthode aboutit à une solution globale optimale. Autrement dit, il a été observé que la programmation linéaire renvoie souvent à l'optimalité locale. Ainsi les algorithmes de recherche en programmation linéaire adoptent une stratégie de descente de gradient qui est facilitée par les techniques du mouvement du point, l'optimisation risquant de se terminer sur un optimum local [Goldberg, 1989]. Des techniques comme l'analyse TCT (Time-Cost Trade-off), le RCA (Resource-Constrained Allocation) et l'URL (Unlimited Resource Levelling) traitent en particulier différents sous-problèmes et par conséquent ne peuvent être appliquées à un projet que l'une après l'autre, plutôt que simultanément. Donc, ni une technique prise individuellement, ni n'importe quelle combinaison d'entre elles ne peut garantir un programme de projet qui minimise la durée ou le coût global du projet. Pour obtenir le meilleur avantage économique pour un projet, il est nécessaire d'élaborer un programme qui considère ces aspects simultanément. Dans une étude remarquable, Li s'est intéressé à l'une des plus importantes tâches en management de la construction: l'établissement d'un programme de projet de construction, et il a montré comment optimiser le programme global de construction [Li, 1996]. En effet, les méthodes d'optimisation actuelles semblent fournir très peu d'appui aux managers de projet de construction, car les managers ont besoin d'un programme basé sur les considérations simultanées de plusieurs facteurs tels que l'allocation des dépenses, le coût total, la provision de ressources et le temps. Dans l'intention d'une systématisation, Li analyse d'abord quantitativement les facteurs qui influencent le programme global de construction [Li, 1996]. Il indique ensuite que l'optimisation du programme global de construction doit être combiné de près avec l'allocation des dépenses, la provision de ressources et le temps. Les rapports entre ces facteurs ont été analysés et leurs sous-modèles mathématiques ont été établis. Basé sur ces sous-modèles, un modèle mathématique a alors été élaboré avec l'objectif d'arriver à un meilleur avantage économique, autrement dit le plus bas coût de construction. Cependant, à cause des difficultés de modélisation, ce modèle ne peut être appliqué que pour des projets de construction comportant un nombre très limité d'activités. Beaucoup de modèles analytiques et heuristiques ont été produits pour résoudre les problèmes TCT, RCA et URL. Le premier inconvénient des modèles analytiques était qu'ils ne pouvaient pas résoudre efficacement des problèmes de taille plus grande et plus complexes. Les modèles heuristiques dépendaient du problème, pour que leurs principes de base ne puissent être appliqués en même temps à tous les types de construction. Généralement, les solutions issues des modèles heuristiques n'étaient pas optimales. De plus, les modèles analytiques et heuristiques traditionnels se concentraient généralement sur un seul objectif.

La fluctuation des ressources nécessaires cause des problèmes dans l'établissement d'un programme de construction. Des techniques de mise à niveau des ressources ont été développées pour minimiser l'écart entre les besoins de ressources et le profil désiré de ressources. Cependant, le problème de mise à niveau de ressources, en dehors des problèmes d'établissement d'un programme de petite taille, ne peut être résolu avec les méthodes d'optimisation exactes, parce qu'il est défini comme un problème combinatoire discret. Ainsi, des approches heuristiques sont utilisées pour obtenir une solution acceptable qui ne peut nécessairement pas être optimale. Dans leur étude, Son *et al.* ont développé, pour la résolution des problèmes d'allocation de ressources, un modèle multi-heuristique appelé "optimiseur local" et un modèle hybride combinant l'optimiseur local avec le recuit simulé [Son *et al.*, 1999]. Il est apparu que ces modèles heuristiques produisent des solutions raisonnablement bonnes, et constituent des approches viables pour l'établissement des réseaux d'un programme complexe. Rappelons que l'EPC consiste à concevoir un planning pour des activités séquentielles. Un programme réaliste répond aux soucis réels des utilisateurs, en minimisant les chances d'échec du programme. La minimisation de la durée totale d'un projet a été le concept sous-jacent des programmes CPM/PERT. Par la suite, les techniques incluant le management des ressources et l'analyse TCT ont été développées en introduisant quelques modifications dans les programmes CPM/PERT afin de répondre aux inquiétudes des utilisateurs en ce qui concerne les ressources de projet, le coût et le temps. Cependant, financer les activités de construction pendant le déroulement même du projet est un autre souci crucial qui doit être correctement traité, sinon il faudrait anticiper les programmes paraissant non réalistes. Par conséquent, maintenir à tout prix les activités programmées en équilibre avec les liquidités disponibles pourrait contribuer à produire des programmes réalistes. C'est dans cette optique que Elazouni *et al.* ont développé une méthode d'EPC basée sur la finance, par le biais de la programmation en nombre entier, afin d'obtenir des programmes financièrement réalisables [Elazouni *et al.*, 2004]. Ceux-ci doivent équilibrer les besoins de financement des activités en n'importe quelle période avec les liquidités disponibles durant cette période. La méthode proposée par les auteurs offre le double avantage de minimiser la durée totale du projet et de répondre aux contraintes de disponibilité financière.

Pour une allocation efficace des ressources dans les activités de planning de construction, il est nécessaire que les besoins de ressources soient déterminés sur une base de rentabilité et de valeur ajoutée. Cependant, bien que quelques études aient indiqué qu'en augmentant les attributions de ressources aux activités de planning de construction conduirait à améliorer la performance du projet, d'autres études par contre ont indiqué qu'en investissant dans la planification de construction au-delà d'un point optimum, l'on aboutirait à une détérioration dans la performance de projet. Dans une étude conduite par Faniran *et al.*, les auteurs ont exploré le concept du planning optimal de projets de construction en examinant 52 projets [Faniran *et al.*, 1999]. Les relations entre les intrants de planning (ratios des coûts de planning aux coûts totaux de projet) et les probabilités de parvenir à de mauvaises et/ou bonnes performances ont été modélisées en utilisant les analyses de régression logistique, linéaire et curviligne. Il a été montré que des efforts de planning supplémentaires au-delà d'un point

192

optimum seraient avant tout du gaspillage parce que les coûts de planning supplémentaires ne devraient pas permettre de réaliser des économies par rapport au coût de projet, mais simplement augmenter les frais généraux et par conséquent accroître le coût global du projet. Partant de ce constat, Farinan *et al.* ont élaboré un nouveau modèle de planning optimal pour savoir à quel moment arrêter les efforts de planning [Faniran *et al.*, 1999].

3.3.2. Les problèmes d'allocation des ressources dans les projets de construction

Chacune des trois catégories des problèmes d'allocation des ressources, à savoir: TCT (Time-Cost Trade-off), RCA (Resource-Constrained Allocation) et URL (Unlimited Resource Levelling) a un thème et un objectif différents.

L'objectif du TCT est de trouver une courbe de compensation durée-coût montrant le rapport entre la durée et le coût de projet. Fondamentalement, le but de l'analyse TCT est de baisser le coût de projet sans occasionner un impact sur la durée du projet. L'objectif du RCA est d'attribuer les ressources disponibles aux activités de projet dans une tentative de trouver la durée de projet la plus courte. L'objectif de l'URL est de niveler l'allocation de ressources période par période pour une durée de projet précise, avec la prémisse d'une disponibilité de ressources illimitées. Le tableau 3-1 ci-dessous résume les thèmes et objectifs de ces modèles. Les techniques actuelles des différents problèmes d'allocation de ressources peuvent être situées dans deux domaines:

1- Méthodes analytiques;

2- Méthodes heuristiques.

Tableau 3-1: *Résumé des modèles d'Etablissement de Programme de Construction (EPC)*

(1)	CPM Traditionnel (2)	TCT (3)	LRA (4)	URL (5)
Objectif	Durée de projet réalisable	Coût de projet minimum	Durée de projet minimum	Variation minimum du profil des ressources
Caractéristique de l'objectif	Unique	Unique	Unique	Unique
Coût	Non considéré	Considéré	Non considéré	Non considéré
Limitation de ressources	Non considérée	Non considérée	Considérée	Non considérée

Légende:

      CPM: Critical-Path Method

      TCT: Time-Cost Trade-off

      LRA: Limited Resource Allocation

      URL: Unlimited Resource Levelling

3.3.2.1.   Time-Cost Trade-off (TCT)

Les méthodes de programmation mathématique étaient généralement utilisées pour résoudre les problèmes TCT. Ces méthodes utilisaient soit la programmation linéaire, soit la programmation dynamique [Kelly, 1961;

Mayer *et al.*, 1965; Butcher, 1967; Talbot, 1982]. Dans ces méthodes, les rapports entre les coûts et les durées d'activités sont généralement supposés comme:

1- Linéaires ou non linéaires;

2- Concaves, convexes, ou non fixés;

3- Discrets ou continus.

Les modèles TCT nécessitent beaucoup d'effort de calcul; donc, ils conviennent seulement pour des projets de petite taille [Panagiotakopoulos, 1977; Karshanas *et al.*, 1990]. Quelques méthodes heuristiques étaient aussi élaborées pour résoudre les problèmes TCT. Ces méthodes fournissent de bonnes solutions, mais ne garantissent pas l'optimalité.

3.3.2.2.   Resource-Constrained Allocation (RCA)

Les premières tentatives pour résoudre les problèmes RCA utilisaient des modèles mathématiques tels que la programmation linéaire ou la programmation dynamique, pour obtenir une solution optimale [Davis, 1973]. Cependant, les problèmes RCA sont un type de problème NP-difficile. Notons que l'on désigne par NP la classe des problèmes de décision pouvant être résolus en temps polynomial par un algorithme non déterministe. De manière générale, à tout problème d'optimisation on peut associer un problème de décision. Lorsque ce problème de décision est NP-complet (appartenant à la classe NP, mais plus difficile à résoudre que d'autres problèmes), le problème d'optimisation sera qualifié de problème NP-difficile [Faure *et al.*, 1998]. Un grand effort de calcul est demandé pour résoudre des problèmes de ce genre car à l'heure actuelle, ils n'ont pas d'algorithmes polynomiaux [Guéret *et al.*, 2003]. Pour éviter le problème d'*explosion combinatoire*, des règles heuristiques étaient aussi utilisées pour ce type de problème [Morse *et al.*, 1988; Tsai *et al.*, 1996]. Actuellement, les modèles heuristiques constituent l'approche principale pour la résolution des problèmes RCA.

3.3.2.3.   Unlimited Resource Levelling (URL)

A l'image des problèmes RCA, les tentatives pour résoudre les problèmes URL utilisaient généralement des modèles analytiques ou des modèles heuristiques [Harris, 1978]. Mais à cause d'un espace de solutions réalisables vaste, l'utilisation de ces modèles mathématiques était rare [Easa, 1989].

3.3.2.4.   Conclusion

Les forces et les faiblesses des modèles précédents sont résumées ci-après. Les règles heuristiques peuvent bien marcher pour une variété de problèmes et sont largement utilisées dans des cas pratiques à cause de leur format et leur efficacité dans l'application; néanmoins, les solutions optimales ne sont pas garanties. Les modèles mathématiques garantissent les solutions optimales sur des problèmes de petite taille. Les inconvénients de ces modèles viennent du fait qu'il est difficile de créer des modèles mathématiques généraux et un effort de calcul considérable est nécessaire pour des problèmes plus grands. De plus, les études antérieures se concentraient généralement sur des problèmes à objectif unique. Cela peut s'écarter des situations du monde réel, dans lesquelles des objectifs multiples doivent être examinés. Les ingénieurs de projet doivent s'intéresser à la fois aux problèmes TCT, aux problèmes de fluctuations jour après jour sur la demande de ressources (URL), et les contraintes de ressources limitées (RCA).

3.3.3. Utilisation des Algorithmes Génétiques dans l'établissement d'un programme de projet de construction

Les Algorithmes Génétiques (AGs) sont désormais appliqués à une gamme variée de problèmes en management de l'ingénierie et de la construction, dans le cadre de l'optimisation avec contraintes et sans contraintes. Les applications incluent l'optimisation des structures métalliques [Koumousis *et al.*, 1994; Nagendra *et al.*, 1996; Bel Hadj Ali, 2003], l'optimisation de dispositifs micro-technologiques [Magnin *et al.*, 1998], le transport, l'optimisation de la fiabilité, l'intelligence artificielle, l'établissement de programme de ressources et l'ordonnancement, etc. En ce qui concerne l'optimisation de l'établissement de programme de construction, des travaux importants ont été effectués [Satyanarayama *et al.*, 1993; Chan *et al.*, 1996; Chua *et al.*, 1997; Feng *et al.*, 1997; Li *et al.*, 1997; Hegazy, 1999; Leu *et al.*, 1999; Hegazy *et al.*, 2001-a-b-c; Que, 2002]. La technique des AGs est très prometteuse en tant qu'outil d'optimisation de programme global pouvant traiter des problèmes de grande taille. La recherche actuelle montre que les AGs sont robustes et ont la capacité de chercher efficacement dans des espaces de solutions complexes. La robustesse des AGs est due à leur aptitude à localiser l'optimum global dans un paysage multimodal. Par conséquent, les AGs risquent moins de restreindre la recherche d'un optimum comparé au mouvement point à point, ou aux techniques d'optimisation de descente de gradient [Goldberg, 1989]. Cependant, le principal inconvénient des applications basées sur AGs est dû au fait qu'ils nécessitent un temps de calcul beaucoup plus grand que les méthodes traditionnelles. Comme la recherche en génétique a besoin de milliers d'analyses, le temps de calcul nécessaire pour terminer les projets de moyenne ou grande taille peut être si élevé qu'il peut annuler les avantages engendrés par l'utilisation des AGs. Dans le but de réduire le temps de calcul, Li *et al.* ont conduit une étude particulièrement intéressante, portant sur quelques modifications à l'endroit des AGs [Li *et al.*, 1997]. Ils ont présenté plusieurs améliorations aux AGs utilisés dans la résolution des problèmes d'optimisation de type TCT dans l'établissement des programmes de construction, qu'ils ont appelés TCO (Time-Cost Optimisation). Le but du TCO est de répondre à la question suivante: étant donné qu'il existe différentes combinaisons de durées possibles pour les activités, susceptibles d'être associées à un projet, laquelle de ces combinaisons est-elle la meilleure? Les problèmes d'optimisation durée-coût dans les projets de construction sont caractérisés par les contraintes sur le temps et les conditions de coût. De tels problèmes sont difficiles à résoudre du fait qu'ils ne produisent pas de solutions uniques. De façon caractéristique, si un projet est en retard sur le programme établi, la seule option est de comprimer quelques activités sur le chemin critique pour que le temps d'achèvement de l'objectif puisse être satisfait. En tant que problème d'optimisation combinatoire, il convient d'appliquer les AGs pour l'optimisation durée-coût. Toutefois les AGs de base peuvent nécessiter des coûts de calcul importants. C'est dans ce cadre que Li *et al.* ont apporté un certain nombre d'améliorations aux AGs de base et démontré comment ces AGs améliorés réduisent les temps de calcul, augmentant ainsi de manière significative l'efficacité dans la recherche des solutions optimales et accroissant la fiabilité des résultats [Li *et al.*, 1997]. Pour décrire le problème d'optimisation durée-coût, les auteurs ont supposé une relation linéaire entre le coût et la durée, pour une activité donnée. Le modèle proposé est décrit ci-dessous (Fig. 3-1).

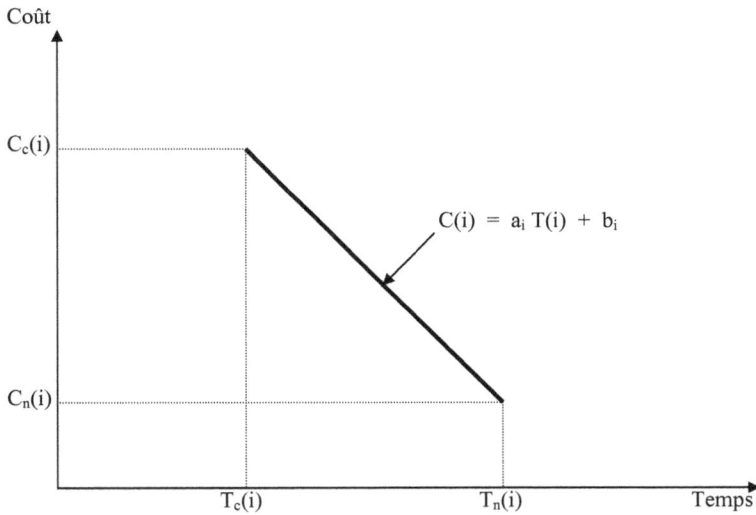

Figure 3-1 : *Relation coût-durée pour l'activité i*

Légende:

$C_n(i)$ = coût normal pour l'activité i;

$C_c(i)$ = coût crash (coût maximal) pour l'activité i;

$T_n(i)$ = temps normal pour l'activité i;

$T_c(i)$ = temps crash (temps minimum) pour l'activité i;

$T(i)$ = temps intermédiaire pour l'activité i;

$C(i)$ = coût intermédiaire pour l'activité i.

L'objectif d'un problème d'optimisation durée-coût est de minimiser le coût total encouru en comprimant quelques activités pour raccourcir la durée totale vers une limite fixée. La formulation du problème par Li *et al.* a été la suivante [Li *et al.*, 1997]:

Minimiser $C_t = \sum C(i) = \sum [a_i \, T(i) + b_i]$ (3-8)

Sujet aux contraintes

$\sum T(i) = T_t$ (3-9)

$a_i = [C_n(i) - C_c(i)] / [T_n(i) - T_c(i)]$ (3-10)

$b_i = [C_c(i) \, T_n(i) - C_n(i) \, T_c(i)] / [T_n(i) - T_c(i)]$ (3-11)

$T_c(i) \leq T(i) \leq T_n(i)$ (3-12)

où:

$i \in A$ = sous-ensemble des activités accélérées sur le chemin critique;

C_t = coût total;

T_t = temps minimum total requis dans le projet.

Malgré les améliorations apportées, les auteurs soulignent que l'un des inconvénients de leur étude est que les durées accélérées sont traitées comme des variables continues. Cela pourrait s'avérer impraticable, car dans l'industrie de la construction, la fraction de temps minimum est normalement 0,5 j. Par conséquent, certaines techniques sont nécessaires pour arrondir les durées accélérées. En plus, le système AGs amélioré partage une imperfection avec le système AGs de base: tous les deux ne donnent pas d'indication pour savoir à quel moment une solution optimale globale est obtenue. Aussi, une recherche supplémentaire est-elle nécessaire pour introduire une mesure de convergence pour que le système AGs amélioré puisse terminer automatiquement lorsqu'il atteint la solution optimale globale. Une étude conduite par Que présente une approche qui rend le TCO, basé sur les AGs, adapté pour une application pratique [Que, 2002]. Pour accomplir cela, l'approche intègre le mécanisme de management de projet au système AGs, permettant des évaluations détaillées et réalistes de se faire pendant l'optimisation. L'approche est appliquée au TCO, bien qu'elle puisse s'appliquer tout aussi bien au RA et au RL. Un projet tel que celui de construction est composé d'un réseau d'activités. Chaque activité dans le projet a une durée. La durée de l'activité est d'habitude mesurée en des augmentations entières de temps appelées unités de planning. La durée normale d'une activité fait allusion au temps requis pour achever cette activité dans les circonstances normales. Chaque activité dans un projet a un coût qui lui est associé. Le coût correspondant à la durée normale est le coût normal. C'est le coût le plus bas possible de l'activité. Pour certaines activités, il est possible de réduire leur durée au-dessous de la durée normale. Ceci est réalisé grâce au *crashing* (compression des tâches). Le crashing, s'appliquant quelquefois comme une accélération, réduit la durée de l'activité. Toutefois, à la réduction de la durée d'activité correspond un accroissement du coût. Certains chemins par lesquels le crashing est réalisé incluent les heures supplémentaires, qui coûtent plus chères; une main-d'œuvre et/ou un équipement supplémentaire, qui conduisent à une baisse d'efficacité due à l'encombrement; et l'utilisation d'hommes mieux qualifiés et/ou d'une technologie améliorée, qui encourt aussi des coûts supplémentaires. Il y a des activités, bien sûr, qui par leur nature même ne peuvent pas être raccourcies. Comme les exemples précédents l'ont montré, le crashing est une sorte de compensation entre la durée de l'activité la plus courte et le coût le plus élevé. Il est souvent possible d'établir un rapport entre la durée d'une activité et son coût. Ce rapport est défini par la courbe d'utilité. Celle-ci gouverne la compression d'une activité [Que, 2002]. Les courbes d'utilité linéaires continues, à étape unique, sont souvent employées pour modéliser cette relation, tandis que d'autres modèles (multi-étapes, discret, non linéaire) peuvent également être utilisés avec l'approche présentée par Que. Les données d'utilité pour chaque activité définissent la courbe d'utilité de cette activité. Les données d'utilité incluent la durée normale, la durée crash (minimum), le coût normal, et le coût crash (maximum). La durée crash se rapporte au temps le plus court possible pour terminer une activité lorsque le crashing est exécuté. Le coût correspondant à cela est appelé le coût crash. C'est le coût le plus élevé possible de l'activité. Dans le graphe du coût en fonction de la durée (voir Fig. 3-1), la durée normale et le coût normal définissent un point, et la durée crash et le coût crash en définissent un autre. Ensemble, ils définissent la courbe d'utilité d'une activité. Pour les courbes d'utilité linéaires continues à étape unique, ces deux points définissent un segment de droite avec chaque point définissant les extrémités du segment de droite. Les données d'utilité donnent les limites pour le coût et la durée d'une activité. Habituellement, c'est l'ingénieur de projet qui détermine les données d'utilité. Notons, cependant, qu'une méthode différente de faire la même activité peut définir une collection différente de données d'utilité. Par conséquent, il peut y avoir une courbe d'utilité différente. Les problèmes d'optimisation dans l'établissement de programme de construction, tels que l'optimisation durée-coût, peuvent effectivement être résolus en utilisant les AGs. Une approche qui rend pertinente l'optimisation durée-coût basée sur les AGs, pour les problèmes du monde réel, a été récemment mise au point [Que, 2002]. L'approche s'assure que les paramètres de l'établissement de programme incluant les relations d'activité, les décalages, les calendriers, les contraintes, les ressources et l'avancement, sont pris en compte pour déterminer la date d'achèvement de projet, permettant ainsi des évaluations détaillées et réalistes de se faire pendant l'optimisation. Comme les avantages de cette approche sont plutôt qualitatifs que quantitatifs, l'auteur n'a pas eu à inclure des résultats expérimentaux.

L'attribution et la mise à niveau des ressources sont parmi les défis les plus importants dans le management de projet. A cause de la complexité des projets, l'attribution et la mise à niveau des ressources ont été traitées comme deux sous-problèmes distincts résolus principalement en utilisant les procédures heuristiques qui ne peuvent garantir des solutions optimales. Hegazy a proposé des améliorations aux heuristiques pour résoudre le problème de l'allocation et du nivellement des ressources [Hegazy, 1999]. Il a utilisé la technique des AGs pour la recherche d'une solution proche de l'optimum, en considérant les deux aspects simultanément. Dans les heuristiques améliorées, des priorités aléatoires sont introduites dans les tâches sélectionnées et leur impact sur le programme est contrôlé. La procédure de l'Algorithme Génétique (AG) recherche ensuite un ensemble optimum de priorités des tâches qui produit la durée de projet la plus courte et des profils de ressources les mieux nivelés. Les ressources pour les activités de construction sont limitées dans le monde réel de la construction. Afin d'éviter le gaspillage et le manque de ressources sur un chantier de construction, l'établissement d'un programme doit inclure l'attribution des ressources. Leu *et al.*, s'appuyant sur la technique de recherche utilisant les AGs, ont proposé un modèle d'établissement de programme optimal automatique et multicritères, qui intègre le TCT, le RCA et l'URL [Leu *et al.*, 1999]. Les auteurs ont montré que leur modèle peut effectivement fournir la combinaison optimale des durées de construction, les montants de ressources, les coûts directs minimums de projets et la durée minimum de projet sous des contraintes de ressources limitées. Pour l'architecture opérationnelle du modèle d'établissement de programme de construction multicritères, on pourra se référer à la Fig. 3-2 ci-dessous.

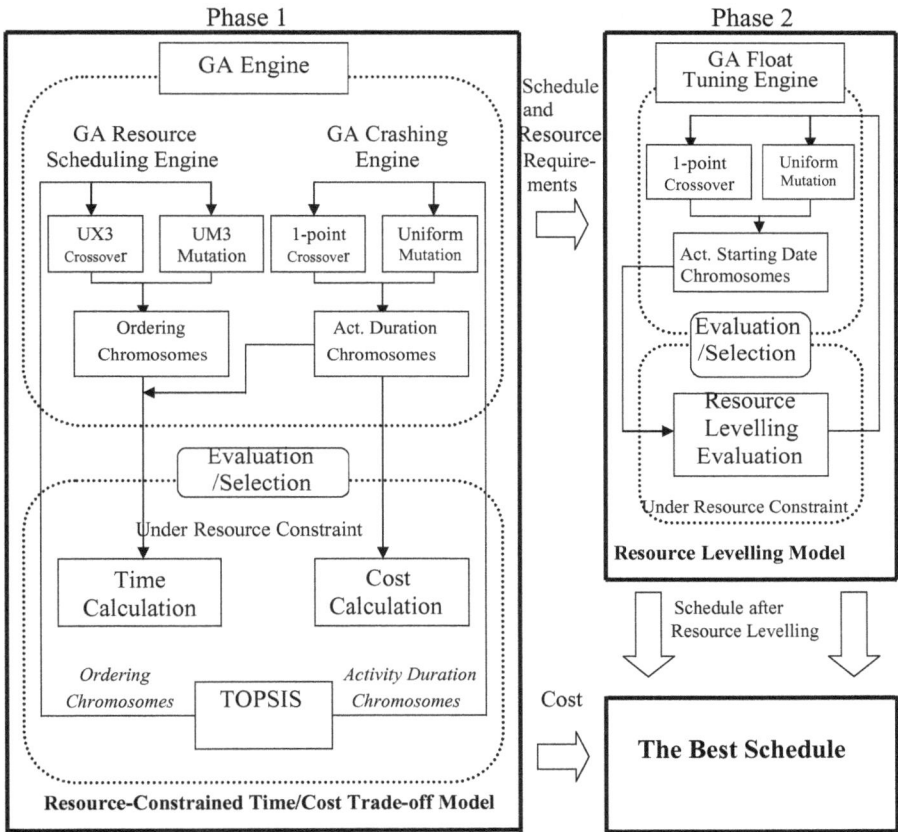

Figure 3-2: *Architecture opérationnelle du modèle intégré*
Leu *et al*., 1999]

Légende:

UX3 : opérateur de croisement

UM3 : opérateur de mutation

Le modèle est divisé en deux phases:

1- Intégration TCT et RCA

2- RL (Resource Levelling)

La logique de chaque phase est exprimée mathématiquement ci-dessous:

Phase 1: Intégration TCT et RCA

$$\text{Minimiser } T = \text{Max } \{ t_i + d_i \ / \ i = 1, 2, \ldots, n \} \tag{3-13}$$

$$\text{Minimiser } C = \sum_{\text{tous les } i} c_{di} \tag{3-14}$$

Sujet à

$$t_j - t_i - d_i \geq 0 \quad , \quad \forall j \in S_i \tag{3-15}$$

$$\sum_{t_i \in A_{ti}} r_{di,k} \leq b_k \quad , \quad k = 1, 2, \ldots, m \tag{3-16}$$

$$M_i \leq d_i \leq N_i \quad , \quad t_i, d_i \geq 0 \ ; \ i = 1, 2, \ldots, n \tag{3-17}$$

Phase 2: RL (Resource Levelling)

$$\text{Minimiser RLI} = \sum_{k=1}^{m} (w_k \cdot l_k) + P \qquad\qquad (3\text{-}18)$$

$$l_k = \sum_{q=1}^{r} \left(\sum_{\text{tous les } i} | r_{i,kq} - < r_k > | \right), \qquad k = 1, 2, \dots, m \qquad (3\text{-}19)$$

$$< r_k > = \left(\sum_{\text{tous les } i} (r_{di,k} \cdot d_i) \right) / T \ , k = 1, 2, \dots, m \qquad (3\text{-}20)$$

$$R_{kq} = \sum_{\text{tous les } i} r_{i,kq} \ , \quad k = 1, 2, \dots, m ; \quad q = 1, 2, \dots, T \qquad (3\text{-}21)$$

$$P = \sum_{t_j < t_i} (p_i \cdot (t_j - t_i)) + \sum_{R_{kq} > b_k} (p_r \cdot (R_{kq} - b_k)) \ , \forall j \in S_i \qquad (3\text{-}22)$$

Sujet à

$$t_i - ES_i \leq TF_i \ , \quad t_i \geq 0 ; \qquad i = 1, 2, \dots, n \qquad (3\text{-}23)$$

Notation:

A_{ti} = ensemble des activités en cours à la date t_i;

b_k = ressource limite de la $k^{\text{ème}}$ ressource;

C = coût direct total de projet;

c_{di} = coût direct de l'activité i à la date d_i;

d_i = durée de l'activité i;

ES_i = date de début au plus tôt de l'activité i;

l_k = somme des différences absolues entre les usages de ressources actuelles et moyennes;

M_i = durée minimum de l'activité i;

m = nombre total de types de ressources;

N_i = durée normale de l'activité i;

n = nombre total d'activités;

P = valeur totale de la pénalité;

p_r = coefficient de pénalité pour les demandes de ressources au-delà des ressources fournies;

p_i = coefficient de pénalité pour non suivi des relations de précédence;

R_{kq} = demande de ressource totale de la $k^{ème}$ ressource au jour q;

RLI = indice d'amélioration de nivellement de ressource;

$r_{di,k}$ = demande de ressource de la $k^{ème}$ ressource de l'activité i pour une durée d_i;

$r_{i,kq}$ = demande de ressource de la $k^{ème}$ ressource de l'activité i au jour q;

$< r_k >$ = usage de ressources moyennes de la $k^{ème}$ ressource;

S_i = ensemble des successeurs de l'activité i;

T = durée du projet;

TF_i = temps de flottement total de l'activité i;

t_i , t_j = dates de début des activités i et j;

w_k = taux de pondération de la $k^{ème}$ ressource.

L'équation (3-13) indique le calcul de la durée du projet. L'équation (3-14) donne la somme des coûts directs du projet. L'équation (3-15) précise que la différence des dates des événements de deux nœuds reliés doit être au moins aussi grande que la durée de l'activité encadrée. L'équation (3-16) indique que les ressources utilisées ne doivent pas dépasser les ressources disponibles. L'équation (3-17) limite chaque durée d'activité dans l'intervalle entre la durée normale et la durée minimum. L'équation (3-14) indique un RLI (Resource Levelling Index) comme objectif du nivellement de ressources multiples. Son but est de minimiser la déviation entre l'usage des ressources réelles et l'usage des ressources moyennes. L'objet de la valeur de la pénalité P (3-18) est d'empêcher la violation des contraintes de dépendance et la sur-utilisation des ressources. Sa formule détaillée est donnée en (3-22). L'équation (3-19) indique la somme des différences absolues entre l'usage des ressources réelles et l'usage des ressources moyennes. L'équation (3-20) montre le calcul de l'usage des ressources moyennes. L'équation (3-21) donne la somme cumulée des ressources requises pour un temps spécifique. L'équation (3-23) exprime une limite supérieure sur la longueur du relâchement d'une activité, c'est-à-dire, ne pas dépasser le temps de flottement total.

En se basant sur le concept des AGs et des algorithmes mathématiques d'établissement de programme multicritères, Leu *et al.* ont présenté la logique du solveur AG pour les processus de construction multicritères, sous contraintes de ressources [Leu *et al.*, 1999]. La raison fondamentale d'unifier le TCT et le RCA en une seule phase est la suivante: dans le modèle TCT, les coûts de projet sont fonctions des durées de projets, dont les longueurs sont liées à la disponibilité des ressources; le modèle RCA a également besoin des durées des activités à partir du modèle TCT comme intrant de base pour le calcul de la durée de projet minimum sous contraintes de ressources. Par conséquent, ces deux modèles interagissent l'un et l'autre à la phase 1. Dans le modèle intégré proposé par Leu *et al.*, les objectifs des coûts de projet, de durées de projet et d'utilisation des ressources peuvent s'opposer entre eux [Leu *et al.*, 1999]. Effectivement, dans un contexte de critères multiples, les objectifs s'opposent entre eux par nature. Le concept d'une solution optimale donne lieu au concept de solutions non-dominées (ou solutions efficaces, ou solutions optimales de Pareto, ou solutions non-inférieures). Une solution possible dans un contexte de critères multiples est non-dominée s'il n'existe pas une autre solution possible qui produira une quelconque amélioration dans un objectif/attribut sans occasionner une dégradation dans au moins un autre objectif/attribut. Pour chercher les solutions non-dominées, les auteurs ont utilisé TOPSIS (Technique for Order Preference by Similarly to Ideal Solution) qui est une méthode MADM (Multiple Attribute Decision-Making). Notons que TOPSIS, proposé par Hwang *et al.*, est basé sur le concept selon lequel la solution choisie devrait avoir l'écart le plus petit à la solution idéale et l'écart le plus grand à la solution négative idéale [Hwang *et al.*, 1981].

Une nouvelle approche pour la modélisation et l'optimisation globale d'un programme de construction a été présentée récemment par Hegazy *et al.* [Hegazy *et al.*, 2001-b]. Pour contourner quelques unes des difficultés attendues dans la modélisation du programme global de projet de construction, les auteurs ont développé un modèle de tableur qu'ils ont voulu transparent et facile d'utilisation par les sous-traitants et/ou les entrepreneurs. Cependant, ce modèle n'est adapté que pour un programme de petite/moyenne taille. Le modèle de Hegazy intègre les cinq principales fonctions de l'établissement d'un programme, à savoir: le réseau CPM, l'analyse TCT, le RCA, l'URL et le CFM (Cash Flow Management).

Hegazy *et al.* ont utilisé la technique des AGs pour optimiser le programme global, en prenant en compte tous les aspects simultanément [Hegazy *et al.*, 2001-b]. Cette étude fait en réalité suite à une autre menée auparavant par les mêmes auteurs [Hegazy *et al.*, 2001-a], dans laquelle un SIS (Subcontractor Information System) avait été mis au point pour faciliter le stockage des données de ressources et de projets pour des buts d'estimation. Hegazy *et al.* ont aussi élaboré un modèle pratique pour l'établissement d'un programme et l'optimisation de coût de projets répétitifs [Hegazy *et al.*, 2001-c]. L'objectif du modèle est de minimiser le coût de construction total en comprimant les coûts directs, les coûts indirects, les coûts d'interruption, aussi bien que les primes et les indemnités. La nouveauté de ce modèle provient de quatre aspects principaux:

1- il est basé sur l'intégration totale du chemin critique et la ligne des méthodologies d'équilibre, donc en considérant la synchronisation de l'équipe et la continuité du travail parmi les activités non séquentielles;

2- il exécute l'analyse TCT en considérant une date limite précise et des méthodes de construction alternatives avec des options de temps, de coût et d'équipe associées;

3- il est développé comme un type de tableur transparent et facile à utiliser;

4- il utilise une technique d'optimisation non traditionnelle, les AGs, pour déterminer la combinaison optimum des méthodes de construction, le nombre d'équipes, et les interruptions pour chaque activité répétitive.

Dans une autre étude, Hegazy *et al.* ont mis au point un modèle exhaustif pour l'optimisation du coût et le contrôle de projet dynamique [Hegazy *et al.*, 2003]. Le modèle comprend une formulation intégrée pour l'estimation, l'établissement de programme, le management de ressources, et l'analyse du cash-flow. La prémisse fondamentale du modèle est d'attribuer des méthodes de construction facultatives pour chaque activité, variant de pas cher et très long à cher et court. Utilisant une procédure d'AGs pour l'optimisation du coût total, le modèle prend en compte l'avancement actuel des activités et optimise le programme de celles qui restent en déterminant la meilleure combinaison des méthodes de construction pour que les contraintes du projet soient respectées. Le modèle, en tant que tel, est utilisable non seulement à la phase de planification mais aussi pendant la construction même. Il est établi que réduire à la fois le coût de projet et le temps (durée) est critique dans un environnement compétitif. Toutefois, la compensation entre la durée du projet et le coût est absolument exigée. Ceci demande tour à tour une évaluation attentive des diverses approches afin de parvenir à un équilibre temps-coût optimal. Bien que plusieurs modèles analytiques aient été développés pour l'optimisation temps-coût (TCO), ceux-ci se concentrent principalement sur des projets où la durée du contrat est fixée. L'objectif d'optimisation dans ces cas est donc limité à l'identification du coût total minimum seulement. Avec la popularité croissante des systèmes alternatifs de livraison de projet, les clients et les entrepreneurs sont en train de viser des bénéfices élevés et des opportunités pour arriver à l'achèvement du projet au plus tôt. C'est dans ce cadre que Zheng *et al.* ont élaboré un modèle multi-objectif pour TCO, piloté par des techniques utilisant les AGs [Zheng *et al.*, 2004]. Le concept du modèle

TCO multi-objectif basé sur les AGs est illustré à travers une simulation manuelle simple, et les résultats indiquent que le modèle pourrait aider à la prise de décision afin d'arriver simultanément à une durée de projet optimale et un coût total optimal.

3.3.4. Gestion du travail de construction dans une situation de retard

Jusque là, le problème d'optimisation ne concernait que le cas où l'on cherche à accélérer un programme, c'est-à-dire à avancer la date normale d'achèvement du projet. Or, dans les P.E.D., le plus grand problème habituellement rencontré dans la conduite des projets de construction est celui du retard. Il est donc intéressant d'avoir un aperçu sur les travaux, certes peu nombreux, qui ont été réalisés dans le but de trouver une solution aussi satisfaisante que possible dans la minimisation des dépenses induites dans un contexte hors délai.

Lorsqu'un retard se produit, il y a fondamentalement deux options: ordonner du travail en heures supplémentaires ou injecter des ressources supplémentaires, afin de satisfaire le calendrier du projet pour certaines activités. Dans les deux cas, il s'ensuit des coûts supplémentaires encourus à cause du retard. Cependant, pour des périodes plus longues en heures supplémentaires, la fatigue aura toujours tendance à s'accentuer. Thomas *et al.* ont trouvé, qu'en moyenne, des pertes de productivité de 10% à 15% étaient observées lorsqu'un travail en heures supplémentaires était entrepris [Thomas *et al.*, 1997]. Les pertes occasionnées par les heures supplémentaires peuvent même dépasser 15% si le projet est déjà en retard sur le calendrier à cause d'autres problèmes tels qu'une conception incomplète, des changements de commandes, ou des disputes (patron-

213

ouvriers). Alors que l'injection de ressources supplémentaires peut considérablement accroître les coûts du projet, le travail en heures supplémentaires excessivement prolongé provoque des chutes de productivité et de performance, qui peuvent aussi engendrer des reprises. Li *et al.* affirment qu'il y a trois situations possibles auxquelles un manager de projet peut être confronté lors d'un retard: les coûts supplémentaires, la baisse de la qualité, et les reprises [Li *et al.*, 2000]. En utilisant une fonction d'utilité simple, ces auteurs ont évalué les ratios des alternatives, et ont conclu qu'assigner 50% de travail en heures supplémentaires et 30% de ressources supplémentaires constituent la "meilleure" voie pour résoudre les problèmes de retards. On devrait noter cependant que sur les trois situations résultant du retard, la baisse de la qualité et la survenue des reprises sont en fait une source de coûts supplémentaires. Dans le cas d'une baisse de la qualité, le coût supplémentaire est implicite. De plus, une baisse de la qualité contribuera généralement à une reprise d'après l'expérience. Ainsi, il n'est pas difficile de convertir le niveau de la baisse de qualité en coût équivalent.

D'après Tse *et al.*, la fonction d'utilité est particulièrement commode pour l'analyse du comportement de la consommation [Tse *et al.*, 2003]. Il apparaît que l'utilisation d'une telle fonction dans l'analyse des coûts est peu appropriée. Tse *et al.* pensent qu'une fonction d'utilité basée sur un seul facteur est en plus trop rudimentaire pour l'analyse des coûts tel que l'ont proposé Li *et al.* Ils ajoutent aussi que le coût correspondant à l'injection des ressources supplémentaires peut bien être élevé comparativement à l'accroissement du travail en heures supplémentaires. En effet, injecter des ressources supplémentaires dans une activité particulière peut conduire à une congestion, c'est-à-dire à un tassement des métiers de sous-traitance, et par conséquent réduire l'efficacité du travail, et dans certains cas entraîner une reprise supplémentaire. Tse *et al.* se sont donc penchés sur cette question, de nature complexe, pour essayer de parvenir à une compensation optimum entre le travail en heures supplémentaires et l'obtention des ressources supplémentaires. A l'inverse de la fonction d'utilité employée par Li *et al.*, ils ont développé un modèle basé sur une fonction de coût. Le but est d'évaluer les options consistant à prescrire le travail en heures supplémentaires et à injecter des ressources supplémentaires, afin qu'un manager de projet puisse effectivement gérer le coût du projet. Le modèle proposé offre un aperçu économique théorique de prise de décision lorsqu'on est confronté aux problèmes de retard dans les projets. Dans leur étude, les auteurs ont appliqué une fonction de *perte de productivité* pour la main-d'œuvre, lorsque des heures supplémentaires sont entreprises. Ils ont supposé que la main-d'œuvre, qui est requise pour entreprendre les heures supplémentaires, est sujette à une fonction de productivité décroissante, selon l'importance de la contribution en heures supplémentaires. Tse *et al.* sont parvenus à démontrer, en fin de compte, qu'il est toujours profitable d'employer de la main-d'œuvre pour entreprendre des heures supplémentaires afin d'achever des activités en retard. Plus particulièrement, ils ont trouvé qu'une association de travail en heures supplémentaires et d'autres ressources supplémentaires est possible seulement si le coût unitaire relatif se situe à l'intérieur d'un certain intervalle de valeurs. D'après ces auteurs, la conséquence est que la baisse de la productivité constitue un indicateur de travail en heures supplémentaires, mais d'autres facteurs tels que le coût unitaire relatif et l'influence de la qualité sur la fonction de coût jouent aussi des rôles clés.

3.4. Conclusion

La revue de la littérature spécialisée nous a permis de bien situer notre travail par rapport à d'autres études menées dans le domaine que nous avons choisi de traiter, à savoir l'estimation et l'optimisation du coût de la construction. Nous pouvons maintenant aborder, dans le chapitre suivant, les questions cruciales de ce mémoire et tenter d'apporter des réponses convenables.

Chapitre 4

Elaboration d'un modèle d'estimation du coût de la construction et Optimisation du coût de la construction dans un contexte hors délai

4.1. Introduction

Ce chapitre est consacré à notre travail proprement dit. Il est subdivisé en trois sections. Dans la première section, nous présentons notre modèle d'estimation du coût de la construction. Dans la deuxième section, nous proposons notre modèle d'optimisation du coût de la construction dans un contexte hors délai. La troisième section se rapporte à une nouvelle approche de planification d'un programme de construction dans un contexte de ressources rares.

4.2. Elaboration d'un modèle d'estimation du coût de la construction

4.2.1. Introduction

Pour nous permettre de mieux nous situer, nous commençons par présenter les différentes définitions de l'estimation des coûts rencontrées dans la littérature [Abdou, 2003]:

- C'est l'art de donner approximativement la valeur probable ou le coût des activités du projet fondé sur l'information disponible à cet instant.

- C'est l'art de donner approximativement la valeur probable du coût d'une activité fondé sur l'information disponible.

- C'est le processus de prédiction ou de prévision avec des écarts acceptables, de ce que sera le coût de projet actuel lorsqu'un projet donné est achevé.

- L'estimation de coût introduit une approximation des coûts des ressources nécessaires pour achever les activités d'un projet.

- A la différence d'un devis, qui concerne la valorisation d'une étude définie, l'estimation consiste à donner la valeur totale d'un ouvrage plus ou moins complexe, dont l'étude reste à faire.

L'estimation des coûts est considérée comme la tâche la plus importante dans la mise en œuvre de tout projet. Des décisions essentielles sont fondées sur cette estimation dans les différentes phases du projet. La préparation et la précision de n'importe quel type d'estimation de coût dépendra fortement de la quantité d'informations disponibles et des outils utilisés pendant les différentes phases du projet. La précision de l'estimation préliminaire du coût est très importante pour le processus de prise de décision du client dans le cadre du management de projet [Abdou, 2003; Adeli *et al.*, 1998]. En effet, c'est à partir de l'estimation du coût initial qu'on représente la courbe de suivi du projet, qui est la courbe de référence (voir Fig.2-15). Les perturbations dans un projet, qui proviennent des facteurs tels que les modifications, l'inflation et les risques, provoquent des écarts qui ne peuvent être appréciés correctement que par rapport à l'estimation du coût prévisionnel initial. Par exemple, le résultat de l'analyse des risques permet de choisir un budget de référence adéquat, auquel on ajoute une provision pour couvrir les risques à haute probabilité d'occurrence. Cependant le budget de base est établi en tenant compte du coût le plus probable du projet, donc de l'estimation du coût initial (voir Fig.4-1).

Il apparaît que la distorsion des coûts du projet est partie intégrante des courbes de répartition de fréquences. La plupart des données du projet connaissent une distorsion vers la droite [Westney, 1991], signifiant qu'il y a une probabilité plus importante de voir les coûts dépasser la base

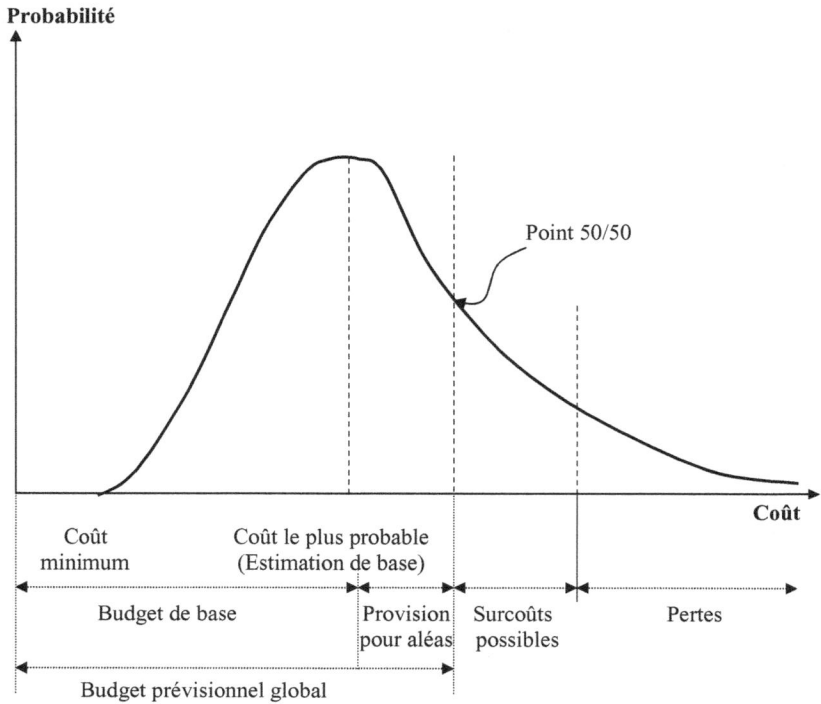

Figure 4-1 : *L'estimation du risque de dépassement du coût* [Joly, 1995]

d'estimation que l'inverse. Indiquons que le point 50/50 (Fig. 4-1) représente le point à partir duquel le conducteur de projet a autant de chance d'arriver au-dessus qu'en dessous du coût prévu.

Il est parfois suggéré, pour la prise en compte des contingences, d'appliquer les pourcentages suivants sur les coûts des travaux de construction [Lelièvre, 1995]:

-   Construction neuve: 5%;

- Agrandissement ou rénovation mineure: 7%;
- Réaménagement: 10%.

D'une manière générale, la préparation du budget initial doit tenir compte des risques de mésestimation des coûts qui peuvent être liés aux raisons suivantes:

- Le facteur technique: technologie, durée d'approvisionnement, etc.;
- Les performances à obtenir: objectifs et délais à maîtriser;
- L'environnement: industriel, politique, organisationnel, etc.;
- Les méthodes d'estimation.

Ainsi, en considérant ces paramètres, on fixera le budget au minimum d'estimation et on lui ajoutera un pourcentage global d'aléas, calculé en tenant compte de la précision des estimations. Les appréciations de coûts devenant de plus en plus fines au fur et à mesure du déroulement du projet, le pourcentage d'aléas défini ne saurait donc dépasser un montant fonction des phases du projet. En effet, on établit que [MCD, 2000]:

- En Phase de Faisabilité (PF), les provisions pour aléas peuvent atteindre 20 à 25% de la valeur budgétaire estimée du projet;
- A la fin de la Phase de Définition Préliminaire (PDP), les provisions pour aléas ne devraient pas excéder 10 à 12%:
- A l'issue de la Phase de Définition Détaillée (PDD), les provisions pour aléas devraient être de l'ordre de 5%.

Notons toutefois que la provision pour aléas, au niveau du système, ne correspond pas à la somme des provisions déterminées pour chaque sous système: elle est toujours plus faible.

Une estimation doit être un indicateur de la réalité à venir. Elle constitue un substitut pour la mesure actuelle qui n'est pas connue. Elle devrait ressortir seulement le niveau de détail qui est important pour la prise de décision. L'attention doit porter sur la distinction entre les coûts directs et indirects, et entre les coûts variables et fixes [Carr, 1989].

La précision d'une estimation dépend fortement de la fiabilité des données historiques venant des coûts de projets de construction passés. De telles données devraient respecter la similarité avec le projet en cours d'étude, sinon on produirait une estimation inexacte, parce qu'elle ne serait pas basée sur les réalités du projet courant. L'analyse des données historiques et statistiques est une approche qui est basée sur l'hypothèse selon laquelle le projet en cours est grossièrement comparable aux nombreux projets passés qui ont fourni les données. Autrement dit, elle postule que le passé constitue la meilleure source d'informations pour le futur [Westney, 1991]. Pour réussir l'analyse des données historiques et statistiques, le projet doit être semblable aux projets précédents, il faut aussi que les données utilisées soient fiables et utilisables pour la prévision des réalisations à venir. Un ordre de grandeur de l'estimation est suffisant pour les décisions, particulièrement s'il existe une sensibilité aux changements. Les détails inutiles devraient être évités.

Une estimation constitue donc un document permanent qui sert de base pour des décisions.

Bien que l'objectif d'une estimation soit la prévision, par sa nature une estimation est incertaine. D'où, comme le signale Ford, l'importance de l'incorporation de l'incertitude dans la planification et le management d'un projet [Ford, 2002]. On devrait en fait estimer et contrôler l'incertitude, car l'incertitude contenue dans l'estimation est une information aussi importante que la valeur estimée elle-même [Carr, 1989].

Un modèle d'estimation des coûts sera d'autant plus précis que les risques de dépassement du coût seront réduits, autrement il faudrait prévoir une provision pour les aléas (voir Fig. 4-1). Dès le stade préliminaire où s'exprime l'intention de construire, l'estimation prévisionnelle du coût de la construction envisagée est nécessaire. En effet, les premiers problèmes qui se posent au constructeur sont des problèmes d'investissements immobiliers où la fixation des dépenses de construction joue un grand rôle. Au fur et à mesure que les intentions du constructeur se précisent et que son programme de travaux s'élabore, la notion de coût probable doit pouvoir s'affiner, de telle sorte que lorsque l'avant-projet retenu est approuvé par le maître de l'ouvrage, le coût prévisionnel des travaux puisse être fixé définitivement à l'intérieur d'une marge de tolérance raisonnable.

L'estimation "préliminaire", plus détaillée que l'estimation "ordre de grandeur", avec une précision plus grande engendrée par l'utilisation de certains coûts unitaires, pourrait constituer un compromis suffisant. En effet, d'autres niveaux d'estimation telle que l'estimation "courante", basée sur des coûts unitaires mais pouvant prendre un temps assez long, exige que le contenu du projet soit très détaillé.

Précisons que le but d'une estimation est d'établir le budget de référence par une formulation correcte des méthodes et des moyens. Cette étape importante consiste à juger et apprécier le degré d'approximation et en déduire la marge de sécurité ou les provisions nécessaires. Mais pour parvenir à cela, il faudra éviter un certain nombre de pièges, à savoir [Meth-Est-C.]:

- Faire trop précis: une estimation trop précise ne peut encadrer le coût optimal du projet;

- Sous-estimer: l'estimation peut avoir le bon niveau de précision, mais tous les éléments n'auront pas été pris en compte;
- Surestimer: le niveau de précision peut être correct, mais sur les parties floues du projet on a gonflé les aléas et provisions;
- Vouloir tout estimer: si un domaine est complètement inconnu, il ne sert à rien de forcer, il faut admettre son ignorance.

L'estimation ne doit toujours pas être considérée pour la totalité du projet. Il est aussi important de pouvoir estimer les coûts de façon plus détaillée et de disposer d'estimation pour chaque séquence ou sous-ouvrage par exemple.

La tendance actuelle est à la formalisation du processus d'estimation de manière à intégrer les coûts, le temps et les ressources. On emploie couramment l'expression "MCD" pour désigner les données de Moyens, de Coûts et de Délais (en anglais: CTR = Cost, Time, Resources).

Les éléments permettant l'estimation du coût peuvent être schématisés de la manière suivante [Abdou, 2003]:

Coût

| Direct | + | Indirect | + | Profit | = | Coût total estimé |

Direct:
- Main-d'œuvre
- Matériau
- Equipement

Indirect:
- Comptabilité
- Achat
- Gestion
- Garantie
- Responsabilité
- Administration
- Secrétariat
- Bureau
- Provisions
- Location

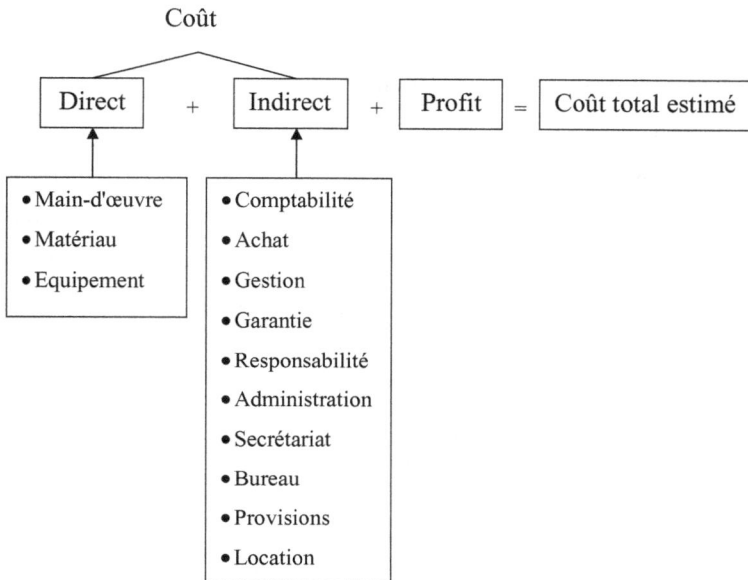

La loi des "80/20", également appelée "loi de Pareto", consiste à constater qu'il y a dans toute situation seulement quelques éléments ou aspects (environ 20%) qui font l'essentiel de la différence (environ 80%). Ceci est parfaitement vérifié dans le cas des estimations du coût. Les paramètres qui ont la plus grande influence sur le coût du projet et qui varient le plus vite sont les suivants [Westney, 1991]:

- La productivité de la main-d'œuvre;
- Les quantités de matériels banalisés;
- Le nombre d'heures de main-d'œuvre;
- Les heures d'ingénierie;
- Les taux horaires de la main-d'œuvre et du bureau d'études;

- L'étendue du travail;
- Les révisions de prix (quand elles sont appliquées);
- Les modifications de conception;
- Les conditions du marché;
- Les aléas.

Généralement, lorsque ces aspects de l'estimation ont été traités correctement, ils ne peuvent induire que peu d'incertitude. L'étude de l'estimation des coûts se concentrera donc sur les éléments qui risquent d'entraîner les erreurs les plus lourdes de conséquences.

Quel que soit son niveau, en rapport avec la phase du projet, une estimation s'effectue à partir d'une base de données. L'estimation "ordre de grandeur" s'obtient par des méthodes analogiques globales, utilisant des Formules d'Estimation des Coûts (FEC), plus précises, mais très limitées; on utilise de plus en plus des logiciels dits paramétriques [Grizard, 1995]. Basée sur peu d'information, l'estimation ordre de grandeur a une grande marge d'erreur, mais elle sert au chef de projet désirant avoir une idée du projet.

L'approche la plus scientifique et la plus précise du problème de l'estimation des coûts de projets de construction est celle qui consiste à utiliser un modèle. Un tel modèle sera basé sur l'analyse de projets terminés [Mod-Est]. Parmi les modèles d'estimation, l'estimation paramétrique est la plus utilisée. En effet, elle permet d'obtenir rapidement le coût d'un ouvrage à partir d'une base de données d'expériences capitalisées et de critères de dimensionnement pertinents [Meth-Est]. Les modèles d'estimation paramétrique permettent de calculer le coût d'une réalisation à partir de ses descripteurs et de ses contraintes de planning. De plus, les modèles peuvent

226

fournir les coûts de différents éléments regroupés par rubriques ou par sous-ouvrages, etc. Au préalable, le modèle doit être adapté à la manière particulière dont travaille l'entreprise concernée: c'est l'étalonnage. Celui-ci consiste à rechercher les valeurs individuelles des constantes convenant à la situation actuelle à partir de coûts de projets terminés bien connus [Meth-Est]. Cependant, en l'absence d'une base de données historiques de projet fiables, l'étalonnage se fera uniquement sur un type de projet de construction, ce qui limitera l'application aux seuls projets actuels similaires ou identiques à la référence, notamment ceux de taille voisine. En effet, à cause de la variété de projets de construction, tant en taille qu'en qualité, il n'est pas possible d'établir un modèle d'évaluation des coûts qui soit universel. C'est pourquoi il est nécessaire de pouvoir configurer un modèle en utilisant des données historiques.

Dans cette section, nous proposons une nouvelle méthode d'estimation des coûts. Cette méthode, que nous avons baptisée MSMECC[3], se singularise par son approche unificatrice. En effet, nous avons pu établir l'unification entre la méthode matricielle simple et la méthode statistique en tirant simultanément profit des avantages de chacune d'elles. Le modèle permet de déterminer la marge de tolérance qui est une information très utile pour une estimation prévisionnelle, alors que les autres méthodes ne donnent pas cette possibilité.

---

[3] Modèle Statistico-Matriciel d'Estimation du Coût de la Construction.

4.2.2. Elaboration d'une nouvelle méthode d'estimation prévisionnelle des coûts des constructions: le modèle statistico-matriciel

Les résultats donnés par les méthodes d'approximation des coûts existantes ne permettent pas, au stade où sont demandés les renseignements sur les intentions du constructeur et sur son programme de travaux, d'obtenir des valeurs situées à l'intérieur de la marge de tolérance désirée. C'est pourquoi il paraît nécessaire de rechercher et de promouvoir des méthodes nouvelles assurant d'une part une précision suffisante des estimations, et d'autre part permettant l'exercice complet de la mission de management de la construction.

La modélisation du coût de la construction est directement liée aux objectifs pratiques: prévision du budget de base, provision pour aléas, etc., mais également à la qualité des données disponibles. La confiance que l'on peut attribuer à un modèle est liée à la validité de ses équations, au respect de son domaine d'utilisation mais aussi à sa sensibilité aux incertitudes sur les données d'entrée. En effet, ces paramètres ne sont jamais connus avec une certitude absolue. De surcroît, pour être opérationnelle, la méthode devrait être facile à utiliser, relativement rapide et assurer une précision suffisante pour rester à l'intérieur d'une marge de tolérance raisonnable. D'autre part, cette méthode devrait permettre, par des recoupements, d'assurer un contrôle suffisant des estimations.

Il y a plusieurs méthodes qui peuvent être utilisées pour des buts de modélisation de coût. La technique la plus répandue est l'analyse de régression multiple et elle est particulièrement précieuse au cas où le rapport entre les variables n'est pas constant, et cela se rencontre fréquemment dans l'estimation des coûts. L'analyse de régression linéaire multiple établit un lien entre trois variables ou plus et à cause de la complexité engendrée, nécessite l'utilisation des moyens informatiques. Cette méthode est souvent appliquée dans le cadre de la modélisation du coût, puisqu'il est peu probable que le coût soit limité à une seule variable. Cet argument nous a donc convaincu pour retenir la régression linéaire multiple comme outil pour élaborer un modèle d'estimation des coûts de construction s'appuyant sur l'approche matricielle simple. Ce modèle a pour base un processus d'analyse du coût de réalisations immobilières déjà exécutées en vue d'en extraire un certain nombre de valeurs statistiques qui seront appliquées au projet à estimer.

4.2.2.1. Le modèle

D'après l'approche matricielle simple, nous pouvons écrire la relation:

$$\mathbf{K = f(C_{Ma}, C_{MO}, C_{FG})} \qquad (4\text{-}1)$$

où K désigne le coût total de la construction.

Les éléments C_{Ma}, C_{MO} et C_{FG} renferment les variables suivantes:
- coût des matériaux C_{Ma}: $c_1, c_2 \ldots, c_j, \ldots, c_p$;   avec j = 1,...,p
- coût de la main d'œuvre C_{MO}: $c_{p+1}, c_{p+2}, \ldots, c_j, \ldots, c_q$;   avec j = p+1,...,q
- coût des frais généraux C_{FG}: $c_{q+1}, c_{q+2}, \ldots, c_j, \ldots, c_r$;   avec j = q+1,...,r

Il s'agit donc de considérer une variable exogène (à expliquer) K et un certain nombre r de régresseurs ou variables endogènes (explicatives) c_1, c_2 …, c_j, …, c_r. Une façon d'écrire la relation entre K et les c_j est d'utiliser un modèle de régression multiple [Dodge *et al.*, 1999; Besse, 2001] du type:

$$K = \beta_0 + \beta_1 c_1 + \beta_2 c_2 + \dots + \beta_r c_r + \varepsilon$$

$$= \beta_0 + \sum_{j=1}^{r} \beta_j c_j + \varepsilon \qquad (4\text{-}2)$$

où la variable ε représente le comportement individuel (erreur aléatoire).

Notre but est d'expliquer le coût total de la construction en fonction de ces r variables indépendantes. Considérons les données historiques provenant de l'observation d'un échantillon statistique de taille n (n: nombre de logements construits). Le modèle de régression linéaire multiple consiste à supposer [Tomassone *et al.*, 1992; Lebart *et al.*, 1971] que l'on a, pour tout logement i (i=1,...,n):

$$K_i = \beta_0 + \sum_{j=1}^{r} \beta_j c_{ij} + \varepsilon_i \qquad (4\text{-}3)$$

où:

K_i = coût total de la construction du logement i;

β_0 = terme constant;

β_j = paramètres, ou coefficients de régression;

c_{ij} = valeur de c_j (j =1,...,r) pour le logement i;

ε_i = valeur de la variable aléatoire ε pour le logement i, ou résidu.

Les coefficients β_j (j=1,...,r) reflètent l'influence des variables explicatives c_j sur le coût de la construction.

L'introduction de la notation matricielle permet de remplacer les n équations (4-3) par la seule équation matricielle [Dodge *et al.*, 1999; Makany, 2000; Besse, 2001]:

$$K = C\beta + \varepsilon \qquad (4\text{-}4)$$

où:

K : (n×1) vecteur des observations relatives à la variable expliquée;

C : [n×(r+1)] matrice relative aux r variables explicatives avec en plus une colonne de 1 qui correspond au paramètre constant β_0.

β : [(r+1)×1] vecteur des paramètres inconnus à estimer;

ε : (n×1) vecteur des erreurs.

Signalons que K et C sont les données brutes.

Le problème consiste à estimer le vecteur β par un vecteur d'estimateurs B.

Le vecteur des valeurs estimées $\check{K}$ est alors:

$$\check{K} = C\ B \qquad\qquad (4\text{-}5)$$

Donc l'expression (4-5) représente la matrice des valeurs prédites par le modèle. $\check{K}$ est un vecteur aléatoire car B est un vecteur aléatoire[Makany, 2000]. Le vecteur des résidus du modèle (ou écarts estimés) est obtenu en posant :

$$e = K - \check{K} \qquad\qquad (4\text{-}6)$$

L'étape ultime de la régression est le contrôle de la qualité du modèle (4-6). Cette étape s'avère importante car elle permet de connaître la part de la variation de la variable expliquée K que l'on peut attribuer à la régression. Toutefois, les coefficients (paramètres) d'une régression suscitent un certain nombre de questions telles que leur non-nullité ou leur "négligeabilité" qui aurait pour conséquence l'élimination de variables explicatives auxquelles ils sont affectés. La non-nullité permet de savoir s'il existe effectivement un lien d'association entre la variable expliquée et les variables explicatives. L'étude du poids relatif de chaque variable du modèle est intéressante à double titre: soit pour améliorer, soit pour simplifier celui-ci. Grâce aux tests d'hypothèses sur les paramètres du modèle de régression linéaire et aux estimations par intervalle de confiance on devrait pouvoir réduire le nombre de variables endogènes par élimination des paramètres non significatifs au sein du modèle complet. Ceci permettrait finalement d'exprimer un modèle plus simple avec moins de variables explicatives.

4.2.2.2. La méthode

On considère les données brutes provenant d'un échantillon de n constructions de même type.

Les variables endogènes sont de trois types: matériaux, main-d'œuvre et frais généraux. S'agissant des matériaux, le diagramme de décomposition d'un sous-ouvrage (voir Fig. 2-9) permet de ressortir tous les constituants élémentaires nécessaires dans une construction. Nous pouvons ainsi procéder au regroupement en rubriques des mêmes matériaux contenus dans les parties élémentaires de différents sous-ouvrages, ce qui entraîne une diminution sensible du nombre de variables de départ.

Un logiciel tel que SAS (Statistical Analysis System) permet d'effectuer un tri automatique de régresseurs, supportant sans problèmes jusqu'à 15 régresseurs, ce qui couvre la plupart des applications [Azaïs *et al.*, 2001]. Cette limite imposée par les capacités du logiciel oblige à ne pas dépasser 15 variables indépendantes au total, dans le cas d'espèce. Ainsi, pour réduire le nombre de variables, on pourrait écarter les constituants élémentaires de moindre importance parmi les matériaux. Les corps de métiers seront regroupés dans le sens de la polyvalence (par exemple charpentier-menuisier, maçon-carreleur, etc.). En effet, la polyvalence est une stratégie de main-d'œuvre qui passe pour réduire les coûts du travail indirect, améliorer la productivité et réduire le renouvellement du personnel [Burleson *et* al., 1998; Gomar *et al.*, 2002]. S'agissant des frais de gestion,

232

on ne retiendra que les dépenses les plus significatives. Le calcul des variables endogènes c_{ij} se fait à partir du modèle matriciel.

Remarque: En raison de la non disponibilité du logiciel SAS à notre niveau, une autre application a été choisie. Il s'agit du logiciel SPSS (Statistical Package for the Social Science). Le logiciel SPSS est l'un des deux logiciels de statistique les plus utilisés au monde, l'autre étant le logiciel SAS, plus complexe. Le SPSS est un logiciel de gestion et d'analyse de données statistiques de portée générale.

a) Détermination de la matrice des coûts des matériaux

Soit M la matrice représentant les coûts des matériaux.

Elle est définie comme le produit de la matrice Q des quantités de matériaux utilisés avec la matrice U des prix unitaires associés aux différents matériaux [Pettang *et al.*, 1997]. La matrice Q est disposée de sorte que les têtes de lignes sont les sous-ouvrages et les têtes de colonnes sont les matériaux. La matrice M s'écrit alors :

$$\mathbf{M} = \mathbf{QU}$$
$$= \{\, \mathbf{q^j_k\, U^j_k} \,\} = \{\, \mathbf{m^j_k} \,\} \qquad\qquad (4\text{-}7)$$

où q^j_k et m^j_k représentent respectivement la quantité et le coût du matériau mat_j nécessaire pour la réalisation du sous-ouvrage SO_k, avec $k = 1,\ldots,s$ et $j = 1,\ldots,p$; tandis que U^j_k est le prix unitaire du matériau mat_j dans le sous-ouvrage SO_k. Notons que pour éliminer les termes redondants, il est nécessaire de considérer ici l'hypothèse d'une indépendance des prix unitaires des p constituants élémentaires. Dans ce cas U devient une matrice diagonale. Nous poserons : $U^j_k = u^j_k \delta_{kj}$, où δ_{kj} est le symbole de Kronecker. Nous pouvons donc écrire (4-7) sous la forme:

$$\{\, m^j_k \,\} = \{\, q^j_k u^j_j \,\} \qquad\qquad (4\text{-}8)$$

Soit en explicitant l'expression de la matrice M, il vient :

Matériaux $\rightarrow$ mat$_1$ mat$_2$ ...   mat$_p$

$$M = \begin{array}{l} SO_1 \rightarrow \\ SO_2 \rightarrow \\ \;\cdot \\ \;\cdot \\ \;\cdot \\ SO_k \rightarrow \\ \;\cdot \\ \;\cdot \\ \;\cdot \\ SO_s \rightarrow \end{array} \left(\begin{array}{cccc} q^1_1 & q^2_1 & \cdots & q^p_1 \\ q^1_2 & q^2_2 & \cdots & q^p_2 \\ & & & \\ & & & \\ q^1_k & q^2_k & \cdots & q^p_k \\ & & & \\ & & & \\ q^1_s & q^2_s & \cdots & q^p_s \end{array} \right) \left(\begin{array}{cccc} u^1_1 & & & \\ & u^2_2 & & \\ & & \cdot & \\ & & & \\ & & u^k_k & \\ & & & \cdot \\ & & & \\ & & & u^p_p \end{array} \right)$$

sous-ouvrages   matrice Q   matrice U

N.B. Si le matériau mat$_j$ n'est pas utilisé dans le sous-ouvrage SO$_k$, alors on a $q^j_k = 0$.

b) Détermination de la matrice des coûts de la main-d'œuvre

Les variables quantifiables qui rentrent dans le calcul du coût de la main d'œuvre sont: les corps de métiers, les effectifs par corps de métiers, le revenu journalier et la durée de réalisation d'un sous-ouvrage [Pettang,

2001]. Si nous désignons par N, R et D les matrices représentant respectivement les effectifs par corps de métiers, les revenus journaliers et les durées de réalisation d'un sous-ouvrage, alors la matrice W des coûts de la main d'œuvre pourra s'écrire comme le produit des trois matrices :

$$W = (NR)D \qquad (4-9)$$

Afin d'écarter les termes redondants dans la matrice W, nous posons l'hypothèse suivante :

Un même corps de métier perçoit un revenu journalier uniforme quel que soit le sous-ouvrage où il intervient [Louzolo et al., 2003].

Conséquence : la matrice R devient alors diagonale. C'est une matrice carrée dont l'ordre est égal au nombre de corps de métiers engagés dans la construction.

Le produit (NR) représente la matrice des revenus journaliers de tous les intervenants d'un corps de métier donné par sous-ouvrage. Finalement, le terme général de la matrice W s'écrit :

$$\{ w^j_k \} = \{(n^j_k R^j_k)d^j_k\} \qquad (4-10)$$

avec :

n^j_k : effectif des intervenants du corps de métiers com_j dans la réalisation du sous-ouvrage SO_k ;

R^j_k : revenu journalier du corps de métier com_j, avec $R^j_k = r^j_k \delta_{kj}$;

d^j_k : durée de réalisation du sous-ouvrage SO_k par le corps de métier com_j. L'indice j se rapporte au corps de métier, j = p+1, p+2, …, q.

L'expression (4-10) s'écrira plus précisément:

$$\{ w^j_k \} = \{(n^j_k r^j_j)d^j_k\} \qquad (4\text{-}11)$$

N.B. Si le corps de métier com$_j$ n'intervient pas dans la réalisation du sous-ouvrage SO$_k$, alors $n^j_k = 0$.

c) Détermination de la matrice des coûts des frais généraux

On entend par frais généraux d'une construction l'ensemble des dépenses engagées pour le bon déroulement des travaux du chantier. Soit G la matrice représentant les coûts des frais généraux. On écrit:

$$\mathbf{G = VE} \qquad (4\text{-}12)$$

où V et E désignent respectivement les matrices représentant le volume des charges (carburant, transport, maintenance, gardiennage, etc.) et les dépenses élémentaires supposées indépendantes. Il vient alors :

$$\mathbf{G} = \{ v^j_k E^j_k \} = \{ g^j_k \} \qquad (4\text{-}13)$$

avec :

v^j_k : volume de la charge char$_j$ propre au sous-ouvrage SO$_k$;

E^j_k : dépense élémentaire relative à la charge char$_j$, avec $E^j_k = e^j_k \delta^j_k$;

g^j_k : montant de la dépense dep$_j$ nécessaire pour le bon déroulement des travaux liés au sous-ouvrage SO$_k$;

$j = q+1, q+2, \ldots, r$

De la même manière que ci-dessus, l'expression (4-13) s'écrira:

$$\{ g^j_k \} = \{ v^j_k e^j_j \} \qquad (4\text{-}14)$$

d) Détermination des variables endogènes

d1) Variables relatives aux coûts des matériaux

Pour un logement i donné, le coût c_{ij} du matériau mat_j nécessaire pour tout

l'ouvrage s'écrit:

$$c_{ij} = \sum_{k=1}^{s}(m^j_k)_i \qquad\qquad (4\text{-}15)$$

avec $j = 1,\ldots,p$ et $i = 1, \ldots, n$

Soit, pour le logement i:

$$
\begin{array}{ccccc}
\text{Matériaux} \rightarrow & mat_1 & mat_2 & \ldots & mat_p \\
SO_1 \rightarrow & \left(m^1_1 \right. & m^2_1 & \ldots & m^p_1 \\
SO_2 \rightarrow & m^1_2 & m^2_2 & \ldots & m^p_2 \\
\cdot & & & & \\
\cdot & & & & \\
\cdot & & & & \\
SO_k \rightarrow & m^1_k & m^2_k & \ldots & m^p_k \\
\cdot & & & & \\
\cdot & & & & \\
\cdot & & & & \\
SO_s \rightarrow & \left. m^1_s \right. & m^2_s & \ldots & m^p_s \\
\end{array}
$$

$$
\begin{array}{ccccc}
\text{sous-ouvrages} & \uparrow & \uparrow & & \uparrow \\
& c_{i1} & c_{i2} & \ldots & c_{ip} \\
\end{array}
$$

Ainsi par exemple, le coût total du matériau mat$_1$ relatif au logement i est donné par :

$$c_{i1} = (m^1{}_1)_i + (m^1{}_2)_i + \ldots + (m^1{}_s)_i \qquad (4\text{-}16)$$

d2) Variables relatives aux coûts de la main d'œuvre

Soit le logement i. Le coût c_{ij} de main-d'œuvre lié au corps de métier com$_j$ pour la réalisation de tout l'ouvrage est donné par l'expression:

$$c_{ij} = \sum_{k=1}^{s}(w^j{}_k)_i \qquad (4\text{-}17)$$

avec $j = p+1,\ldots,q$ et $i = 1, \ldots, n$

d3) Variables relatives aux coûts des frais généraux

Pour un logement i donné, le coût c_{ij} des frais généraux propres à un type de dépense dep$_j$, pour tout l'ouvrage, est donné par la relation:

$$c_{ij} = \sum_{k=1}^{s}(g^j{}_k)_i \qquad (4\text{-}18)$$

avec $j = q+1,\ldots,r$ et $i = 1, \ldots, n$

4.2.2.3. Construction du tableau des données

Avec un échantillon suffisamment large de taille n observations (constructions), une variable dépendante et r régresseurs c_j ($j = 1,\ldots,r$), on cherche à établir une relation entre le coût de construction K_i et les r variables c_{ij} où:

- [$c_{i1} \ldots c_{ip}$] : coûts des matériaux de construction du logement i;

238

- $[c_{i,p+1} \dots c_{iq}]$: coûts de main d'œuvre du logement i;
- $[c_{i,q+1} \dots c_{ir}]$: coûts des frais généraux du logement i.

Il nous faudra d'abord évaluer les variables c_{ij} pour chaque construction tel qu'indiqué en 4.1.2.2-d. Après calcul les données sont listées dans un tableau (voir tableau 4-1).

Tableau 4-1: *Coûts des constructions, coûts des matériaux, coûts de la main-d'œuvre et coûts des frais généraux*

Logement I	Coûts des constructions	Coûts des matériaux de construction				Coûts de la main d'œuvre				Coûts des frais généraux			
		c_1	c_2	...	c_p	c_{p+1}	c_{p+2}	...	c_q	c_{q+1}	c_{q+2}	...	c_r
1	K_1	c_{11}	c_{12}	...	c_{1p}	$c_{1,p+1}$	$c_{1,p+2}$	...	c_{1q}	$c_{1,q+1}$	$c_{1,q+2}$	...	c_{1r}
2	K_2	c_{21}	c_{22}	...	c_{2p}	$c_{2,p+1}$	$c_{2,p+2}$	...	c_{2q}	$c_{2,q+1}$	$c_{2,q+2}$	...	c_{2r}
.	.	.	.	.	.	.	.	.	.	.	.	.	.
.	.	.	.	.	.	.	.	.	.	.	.	.	.
.	.	.	.	.	.	.	.	.	.	.	.	.	.
n	K_n	c_{n1}	c_{n2}	...	c_{np}	$c_{n,p+1}$	$c_{n,p+2}$	...	c_{nq}	$c_{n,q+1}$	$c_{n,q+2}$	...	c_{nr}

Par exemple, on peut avoir:

c_1: coût du ciment;

c_2: coût des granulats;

etc.

On fait l'hypothèse d'un modèle de régression multiple du type (4-3) avec r variables explicatives. En utilisant la notation matricielle, on suppose donc (voir (4-4)):

$$\mathbf{K} = \mathbf{C}\beta + \varepsilon$$

On range les données dans un répertoire approprié du logiciel SPSS et on lance le programme requis. Les résultats fournis devraient permettre de sélectionner le meilleur modèle avec un nombre donné de régresseurs. Le vrai problème, ensuite, est la taille optimale du modèle.

Remarque:

La régression linéaire estime les coefficients de l'équation linéaire, introduisant une ou plusieurs variables indépendantes, qui prédisent le *mieux* la valeur de la variable dépendante.

Dans le tableau 4-2, les c_{ij} représentent juste les variables qui sont prépondérantes dans le calcul du coût de la construction. Donc K_i n'est pas la somme directe des c_{ij}, autrement dit, nous devons avoir:

$$K_i \neq \sum_{j=1}^{r} c_{ij}$$

Notons que si:

$$K_i = \sum_{j=1}^{r} c_{ij}$$

alors la matrice de variance-covariance serait une matrice singulière, ce qui ne pourrait pas permettre de calculer certains facteurs statistiques. En outre, tous les coefficients de régression seraient évidemment égaux à un.

4.2.2.4. Expression du coût de la construction

Le coût total estimé de la construction pour un logement peut être tiré de l'équation (4-3). Il est donné par l'expression suivante [Louzolo *et al.*, 2003]:

$$\check{K}_i = B_0 + \sum_{j=1}^{p} B_j c_{ij} + \sum_{j=p+1}^{q} B_j c_{ij} + \sum_{j=q+1}^{r} B_j c_{ij} \qquad (4\text{-}19)$$

$$\underbrace{}_{C_{Ma}} \qquad \underbrace{}_{C_{MO}} \qquad \underbrace{}_{C_{FG}}$$

Selon le poids relatif de chaque variable c_{ij}, indiqué par B_j, certaines variables explicatives pourront être négligées. Cela signifie que tous les c_{ij} n'apparaissent pas dans l'expression du coût total de la construction. Seules les variables prépondérantes sont considérées. Il est donc possible de faire une estimation du coût avec une marge d'erreur connue d'avance, étant donné que les coefficients B_0 et les B_j sont définis avec des intervalles de confiance.

4.2.2.5. Validité du modèle d'estimation du coût de la construction

Pour être valables, les données sur les constituants fondamentaux des coûts de la construction, en vue de la détermination des valeurs numériques des coefficients B_j, doivent provenir de l'analyse de constructions relativement semblables. Il paraît évident que les statistiques provenant de l'analyse de constructions industrielles ne peuvent, par exemple, servir à l'estimation de bâtiments de logements ou, inversement. C'est ainsi qu'il apparaît nécessaire de différencier les résultats obtenus en fonction des types de bâtiments construits. Il existe un grand nombre de types de bâtiments différents, mais ceux-ci peuvent se regrouper en raison de leurs fonctions et de leur forme ou de leurs constantes, en un certain nombre de familles. Pour rendre le modèle opérationnel, on pourra distinguer quatre familles de constructions, conformément aux fonctions qu'elles remplissent:

1- Constructions à usage de logement;

2- Constructions à usage scolaire,

3- Constructions à usage industriel,

4- Constructions à usage administratif.

Les valeurs statistiques obtenues par l'analyse, particulièrement les coefficients de régression, seront donc toujours différenciées au niveau de la famille de constructions et leur utilisation pour l'estimation des coûts de bâtiments d'autres types sera sujette aux plus extrêmes réserves.

En raison, d'une part, du processus d'analyse proposé, basé sur une décomposition du coût total par sous-ouvrages et tenant compte de tous ses constituants fondamentaux (matériaux, main-d'œuvre, frais généraux), et d'autre part, des résultats que ce processus permet de mettre en évidence et des contrôles qui pourraient leur être associés, on peut considérer que ce modèle comporte suffisamment de fiabilité pour le promouvoir comme système d'estimation prévisionnelle. Par son originalité, il offre la possibilité d'appliquer une pondération sur le coût de chaque sous-ouvrage et surtout, de prévoir une marge de tolérance.

4.2.2.6. Traitement des données statistiques

a) Présentation des données sur les coûts des constructions

Le champ géographique qui nous a permis de collecter les données est la ville de Brazzaville (Congo). Nous nous sommes exclusivement intéressés aux constructions à usage de logement. L'opération de collecte des données s'est déroulée du 27 août au 25 septembre 2003 auprès de six agences d'une institution financière habilitée à octroyer des prêts logements. Nous avons consulté 369 dossiers de construction couvrant la période 2000-2003. Seuls 18 dossiers (soit 5%) dont les coûts de constructions sont supérieurs à 10 millions CFA comportaient des documents complets sur les coûts. Cela s'explique par le fait que les conditions d'octroi de crédits de construction étant très contraignantes, la plupart des demandeurs se contentent de

242

solliciter des crédits juste suffisants pour la réalisation d'une partie de la construction, d'où la présence écrasante de devis partiels dans les dossiers consultés.

Nous avons traité les dossiers de manière à regrouper les éléments constitutifs du coût de la construction. Nous obtenons ainsi huit catégories de matériaux de construction et cinq types de corps de métiers.

Remarques :

1- Nous nous limiterons essentiellement à l'estimation du coût direct. En effet, les frais généraux de construction n'ont pas été considérés, car n'apparaissant pas dans les dossiers que nous avons examinés.

2- La ville de Brazzaville présentant un relief peu accidenté, les travaux de terrassement ne figurent pas dans la majorité des cas. Les terrains ont des pentes très faibles, souvent inférieures à 10%. Les aménagements et les VRD ne sont pas aussi signalés dans presque tous les dossiers.

Le tableau 4-2 ci-dessous présente la synthèse des résultats. On trouve les coûts C_T des constructions en additionnant directement tous les éléments d'une rangée. Nous avons ensuite calculé la contribution, en moyenne, de chaque élément du coût par rapport au coût total moyen. Ceci nous a permis de déterminer les éléments ayant un poids prépondérant parmi les coûts des matériaux et de la main-d'œuvre.

Tableau 4-2: *Coûts des constructions*

N°	Coût construction C_T (F CFA)	Matériaux Maçonnerie	Matériaux Charp./Men	Matériaux Plomberie	Matériaux Carrel./Revêt.	Matériaux Couv/Etanch	Matériaux Peinture	Matériaux Electricité	Matériaux Vitrerie	Main-d'oeuvre MCCF	Main-d'oeuvre CMV	Main-d'oeuvre Plombier	Main-d'oeuvre Electricien	Main-d'oeuvre Peintre
1	10 219 800 F	3 397 000 F	1 088 900 F	509 000 F	804 000 F	949 850 F	815 100 F	635 900 F	423 050 F	770 000 F	455 000 F	119 000 F	150 000 F	103 000 F
2	11 507 900 F	2 615 000 F	2 288 000 F	510 000 F	1 090 000 F	1 246 000 F	724 500 F	548 800 F	555 600 F	700 000 F	850 000 F	115 000 F	140 000 F	125 000 F
3	12 841 200 F	3 872 000 F	1 264 900 F	760 000 F	1 150 000 F	1 142 050 F	909 600 F	1 113 800 F	566 850 F	970 000 F	535 000 F	169 000 F	225 000 F	163 000 F
4	13 681 466 F	4 374 000 F	1 344 000 F	946 000 F	1 322 500 F	1 025 000 F	812 740 F	872 226 F	470 000 F	1 085 000 F	595 000 F	320 000 F	300 000 F	215 000 F
5	14 827 761 F	4 851 995 F	1 914 323 F	952 849 F	1 139 115 F	952 286 F	1 370 380 F	758 413 F	490 400 F	1 115 000 F	618 000 F	205 000 F	235 000 F	225 000 F
6	14 850 500 F	4 528 700 F	2 561 600 F	655 000 F	1 379 500 F	1 098 400 F	681 000 F	849 300 F	657 000 F	1 200 000 F	640 000 F	200 000 F	220 000 F	180 000 F
7	15 138 252 F	2 058 544 F	2 337 100 F	858 000 F	2 157 760 F	1 253 700 F	2 396 548 F	655 000 F	471 600 F	1 370 000 F	800 000 F	250 000 F	300 000 F	230 000 F
8	16 987 002 F	3 631 050 F	2 217 500 F	1 106 200 F	1 938 300 F	1 535 000 F	1 262 562 F	1 556 390 F	760 000 F	1 370 000 F	800 000 F	245 000 F	305 000 F	260 000 F
9	17 163 700 F	3 444 100 F	3 059 500 F	1 201 800 F	1 601 200 F	1 263 200 F	1 452 500 F	1 717 000 F	596 400 F	1 340 000 F	738 000 F	230 000 F	260 000 F	260 000 F
10	18 080 006 F	6 035 680 F	1 823 600 F	1 041 180 F	1 658 116 F	1 103 600 F	1 671 530 F	930 300 F	536 000 F	1 600 000 F	910 000 F	180 000 F	310 000 F	280 000 F
11	20 491 416 F	5 688 900 F	2 164 000 F	1 667 700 F	2 206 500 F	1 589 400 F	1 404 490 F	1 555 926 F	726 500 F	1 495 000 F	868 000 F	400 000 F	410 000 F	315 000 F
12	21 829 763 F	6 420 545 F	3 010 323 F	1 469 349 F	1 813 115 F	1 472 286 F	1 787 942 F	1 567 803 F	750 400 F	1 595 000 F	868 000 F	375 000 F	390 000 F	310 000 F
13	22 268 652 F	3 420 544 F	3 480 100 F	1 509 400 F	2 886 760 F	1 723 700 F	2 876 548 F	1 245 000 F	771 600 F	1 970 000 F	1 205 000 F	380 000 F	425 000 F	375 000 F
14	26 005 506 F	7 378 280 F	3 099 600 F	1 775 380 F	2 538 616 F	1 762 700 F	2 382 330 F	1 421 600 F	837 000 F	2 285 000 F	1 310 000 F	305 000 F	530 000 F	380 000 F
15	35 243 706 F	9 479 780 F	4 883 100 F	2 242 980 F	3 259 316 F	2 366 800 F	3 124 030 F	2 647 300 F	1 132 400 F	2 940 000 F	1 648 000 F	410 000 F	570 000 F	540 000 F
16	39 031 061 F	12 006 695 F	5 991 023 F	2 062 849 F	3 505 815 F	2 902 386 F	2 634 380 F	2 119 913 F	1 594 000 F	2 920 000 F	1 603 000 F	555 000 F	600 500 F	535 500 F
17	49 077 714 F	15 296 147 F	3 251 844 F	3 042 801 F	5 306 900 F	3 100 492 F	8 224 969 F	1 492 629 F	618 932 F	4 105 000 F	2 298 000 F	640 000 F	945 000 F	755 000 F
18	55 274 855 F	17 196 230 F	8 624 175 F	3 159 000 F	7 192 040 F	2 587 700 F	3 897 110 F	1 355 000 F	705 600 F	4 785 000 F	3 178 000 F	750 000 F	985 000 F	860 000 F
MOY.	23 028 903 F	6 427 511 F	3 022 422 F	1 414 972 F	2 386 086 F	1 615 253 F	2 134 903 F	1 280 128 F	703 518 F	1 867 500 F	1 106 611 F	324 889 F	405 583 F	339 528 F
%(moy)	100,00	27,91	13,13	6,14	10,36	7,01	9,27	5,56	3,06	8,11	4,81	1,41	1,76	1,47

b) Détermination des statistiques de régression linéaire

Nous utilisons le logiciel SPSS 10.0.5 (Statistical Package for the Social Science) pour conduire les analyses statistiques [Guide SPSS, 1999]. Nous nous limiterons aux statistiques déductives et particulièrement au modèle de régression linéaire multiple et à l'analyse de la variance. En ce qui nous concerne, les procédures statistiques suivantes sont disponibles avec le logiciel SPSS.

b1) Coefficients de régression

Pour chaque modèle, nous obtenons :
- L'estimation des coefficients de régression B,
- L'erreur standard de B,
- Les coefficients standardisés bêta,
- La valeur critique de t,
- Le niveau de signification de t pour B,
- Les intervalles de confiance à 95% pour chaque coefficient de régression,
- La matrice de covariance,
- La matrice de corrélation.

La matrice de covariance montre une matrice variance-covariance des coefficients de régression avec les covariances en dehors de la diagonale et les variances sur la diagonale.

b2) Ajustement du modèle:

Pour chaque modèle, nous obtenons :
- Le coefficient de corrélation multiple R,

- Le coefficient de détermination, R-deux (R^2),
- Le coefficient de détermination ajusté, R-deux ajusté (R^2_a),
- L'erreur standard de l'estimation,
- Le tableau de l'analyse de la variance (ANOVA),
- La valeur critique F.

4.2.2.7. Résultats

Avant de présenter les tableaux des résultats, il nous paraît nécessaire de préciser succinctement quelques notions importantes afin de faciliter la lecture.

b) *Précisions préliminaires*

L'ajustement linéaire ou régression consiste à rechercher la "droite des moindres carrés", de type $y = \beta_0 + \sum_j \beta_j x_j$, qui passe "le plus près possible" de toutes les observations dans la population. Le logiciel SPSS permet en effet de calculer les estimations des coefficients β_j de la droite de régression pour l'échantillon. Dans les tableaux de SPSS, "Constant" désigne l'estimation de la constante β_0, B_j désigne l'estimation de β_j de la variable explicative x_j. L'examen doit porter sur deux points. Il vise à vérifier:

- D'une part que la relation testée est significative (c'est-à-dire, que les coefficients β_j de la droite sont significativement différents de zéro); autrement dit qu'elle n'est pas due au hasard;

- D'autre part, que la droite de régression $y = \beta_0 + \sum_j \beta_j x_j$ "résume" bien l'ensemble des observations, c'est-à-dire que la part de la variance de la variable à expliquer y, résumée dans la droite, est

246

élevée. Autrement dit, on vérifie que les observations sont "proches" de la droite des moindres carrés.

Il faut insister sur deux notions différentes:
- Avoir des coefficients significatifs, c'est-à-dire qui ne sont pas dus au hasard, ceci est lié en partie à la taille de l'échantillon (ceci invite à rechercher le seuil de signification *sig.* pour chaque coefficient);
- Avoir une part de variance expliquée importante, ceci est lié à la distance entre les points et la droite des moindres carrés.

Intérêt de la méthode par rapport à une matrice de corrélation (test de corrélation): non seulement on teste l'existence d'une relation, mais on teste la nature précise de cette relation.

Implication concrète: si la relation trouvée est significative et que le pourcentage de variance expliquée est élevé, il devient possible de faire des estimations de la variable expliquée à partir des variables explicatives. Enfin, dernier avantage par rapport à un simple test de corrélation: il est possible de faire rentrer plus que deux variables dans cette procédure, là où on ne peut calculer de coefficient de corrélation que pour des couples de variables [Klarsfeld *et al.*, 2001].

b) Résultats et interprétation

Pour la prédiction de la valeur du coût total de la construction, qui représente la variable dépendante, nous n'avons besoin que des variables indépendantes les plus significatives. Nous avons ainsi retenu celles qui contribuent à 5% au moins dans le coût total, en moyenne (voir tableau 4-2). Il s'agira ici, parmi toutes les variables explicatives envisagées, de ne sélectionner que celles qui contribuent de façon importante à la variance de la variable expliquée en évitant de multiplier les problèmes de colinéarité (variables explicatives corrélées entre elles). Le logiciel SPSS possède une fonction qui teste automatiquement plusieurs modèles de régression, en procédant par itération:

- Soit selon une procédure ascendante (recherche de la variable explicative avec la corrélation partielle la plus forte, puis de la seconde plus forte, etc.);
- Soit selon une procédure descendante (introduction de l'ensemble des variables explicatives, puis élimination de la variable avec la corrélation la plus faible, puis la seconde plus faible, etc.);
- Soit selon une procédure pas à pas (combinaison des deux méthodes précédentes).

Toutefois, la procédure ascendante (la plus économique en nombre d'itérations) et la méthode pas à pas (la plus performante), sont particulièrement recommandées. En effet, ces deux méthodes minimisent les risques de colinéarité [Klarsfeld *et al.*, 2001].

Tableau 4-3: *Coûts des constructions, et coûts des matériaux et de la main-d'œuvre les plus prépondérants*

N°	Coûtcons K (F CFA)	Matmaco	matchmen	matplomb	matcarev	matcovet	matpeint	matélect	momccf	mocmv
1	10 219 800 F	3 397 000 F	1 088 900 F	509 000 F	804 000 F	949 850 F	815 100 F	635 900 F	770 000 F	455 000 F
2	11 507 900 F	2 615 000 F	2 288 000 F	510 000 F	1 090 000 F	1 246 000 F	724 500 F	548 800 F	700 000 F	850 000 F
3	12 841 200 F	3 872 000 F	1 264 900 F	760 000 F	1 150 000 F	1 142 050 F	909 600 F	1 113 800 F	970 000 F	535 000 F
4	13 681 466 F	4 374 000 F	1 344 000 F	946 000 F	1 322 500 F	1 025 000 F	812 740 F	872 226 F	1 085 000 F	595 000 F
5	14 827 761 F	4 851 995 F	1 914 323 F	952 849 F	1 139 115 F	952 286 F	1 370 380 F	758 413 F	1 115 000 F	618 000 F
6	14 850 500 F	4 528 700 F	2 561 600 F	655 000 F	1 379 500 F	1 098 400 F	681 000 F	849 300 F	1 200 000 F	640 000 F
7	15 138 252 F	2 058 544 F	2 337 100 F	858 000 F	2 157 760 F	1 253 700 F	2 396 548 F	655 000 F	1 370 000 F	800 000 F
8	16 987 002 F	3 631 050 F	2 217 500 F	1 106 200 F	1 938 300 F	1 535 000 F	1 262 562 F	1 556 390 F	1 370 000 F	800 000 F
9	17 163 700 F	3 444 100 F	3 059 500 F	1 201 800 F	1 601 200 F	1 263 200 F	1 452 500 F	1 717 000 F	1 340 000 F	738 000 F
10	18 080 006 F	6 035 680 F	1 823 600 F	1 041 180 F	1 658 116 F	1 103 600 F	1 671 530 F	930 300 F	1 600 000 F	910 000 F
11	20 491 416 F	5 688 900 F	2 164 000 F	1 667 700 F	2 206 500 F	1 589 400 F	1 404 490 F	1 555 926 F	1 495 000 F	868 000 F
12	21 829 763 F	6 420 545 F	3 010 323 F	1 469 349 F	1 813 115 F	1 472 286 F	1 787 942 F	1 567 803 F	1 595 000 F	868 000 F
13	22 268 652 F	3 420 544 F	3 480 100 F	1 509 400 F	2 886 760 F	1 723 700 F	2 876 548 F	1 245 000 F	1 970 000 F	1 205 000 F
14	26 005 506 F	7 378 280 F	3 099 600 F	1 775 380 F	2 538 616 F	1 762 700 F	2 382 330 F	1 421 600 F	2 285 000 F	1 310 000 F
15	35 243 706 F	9 479 780 F	4 883 100 F	2 242 980 F	3 259 316 F	2 366 800 F	3 124 030 F	2 647 300 F	2 940 000 F	1 648 000 F
16	39 031 061 F	12 006 695 F	5 991 023 F	2 062 849 F	3 505 815 F	2 902 386 F	2 634 380 F	2 119 913 F	2 920 000 F	1 603 000 F
17	49 077 714 F	15 296 147 F	3 251 844 F	3 042 801 F	5 306 900 F	3 100 492 F	8 224 969 F	1 492 629 F	4 105 000 F	2 298 000 F
18	55 274 855 F	17 196 230 F	8 624 175 F	3 159 000 F	7 192 040 F	2 587 700 F	3 897 110 F	1 355 000 F	4 785 000 F	3 178 000 F

Légende :

1. Mat-Maçonnerie (matmaco) : coût des matériaux utilisés dans les travaux de maçonnerie.

2. Mat-Charpenterie/Menuisrie (matchmen) : coût des matériaux utilisés dans les travaux de charpenterie et menuiserie.

3. Mat-Plomberie (matplomb) : coût des matériaux utilisés dans les travaux de plomberie.

4. Mat-Carrelage/Revêtement (matcarev) : coût des matériaux utilisés dans les travaux de carrelage et de revêtement.

5. Mat-Couverture/Etanchéité (matcovet) : coût des matériaux utilisés dans les travaux de couverture et d'étanchéité.

6. Mat-Peinture (matpeint) : coût des matériaux utilisés dans les travaux de peinture.

7. Mat-Electricité (matélect) : coût des matériaux utilisés dans les travaux d'électricité.

8. Mat-Vitrerie (matvitre) : coût des matériaux utilisés dans les travaux de vitrerie.

9. M.O.-MCCF (momccf) : coût de la main-d'œuvre représentant le regroupement maçon-carreleur-coffreur-ferrailleur.

10. M.O.-CMV (mocmv) : coût de la main-d'œuvre représentant le regroupement charpentier-menuisier-vitrier.

11. M.O.-Plombier (moplomb) : coût de la main-d'œuvre du corps de métier plombier.

12. M.O.-Electricien (moélect) : coût de la main-d'œuvre du corps de métier électricien.

13. M.O.-Peintre (mopeint) : coût de la main-d'œuvre du corps de métier peintre.

14. Coût construction (coûtcons): coût de la construction

Dans le tableau 4-4 ci-dessus, la variable dépendante est "coûtcons". Les variables explicatives sont: "matmaco", "matchmen", "matplomb", "matcarev", "matcovet", "matpeint", "matélect", "momccf" et "mocmv". Nous avons choisi la méthode pas à pas (Stepwise) pour analyser les données. Les résultats sont présentés dans les tableaux qui suivent.

Tableau 4-4: *Variables introduites/éliminées* [a]

Modèle	Variables introduites	Variables éliminées	Méthode
1	M.O.-MCCF	-	Pas à pas (Critère: Probabilité -de-F-pour-introduire ≤ 0,050; Probabilité -de-F-pour-éliminer ≥ 0,100)
2	Mat-Couverture/Etanchéité	-	Pas à pas (Critère: Probabilité -de-F-pour-introduire ≤ 0,050; Probabilité -de-F-pour-éliminer ≥ 0,100)
3	Mat-Maçonnerie	-	Pas à pas (Critère: Probabilité -de-F-pour-introduire ≤ 0,050; Probabilité -de-F-pour-éliminer ≥ 0,100)
4	Mat-Charpenterie/Menuiserie	-	Pas à pas (Critère: Probabilité -de-F-pour-introduire ≤ 0,050; Probabilité -de-F-pour-éliminer ≥ 0,100)
5	Mat-Plomberie	-	Pas à pas (Critère: Probabilité -de-F-pour-introduire ≤ 0,050; Probabilité -de-F-pour-éliminer ≥ 0,100)
6	Mat-Peinture	-	Pas à pas (Critère: Probabilité -de-F-pour-introduire ≤ 0,050; Probabilité -de-F-pour-éliminer ≥ 0,100)
7	Mat-Carrelage/Revêtement	-	Pas à pas (Critère: Probabilité -de-F-pour-introduire ≤ 0,050; Probabilité -de-F-pour-éliminer ≥ 0,100)
8	Mat-Electricité	-	Pas à pas (Critère: Probabilité -de-F-pour-introduire ≤ 0,050; Probabilité -de-F-pour-éliminer ≥ 0,100)

a. Variable dépendante: Coût construction

Huit modèles ont été testés successivement par SPSS (modèle 1, puis modèle 2, ..., puis modèle 8). Le premier comporte une variable explicative: M.O.-MCCF. Le second comporte deux variables explicatives: M.O.-MCCF et Mat-Couverture/Etanchéité. Le troisième comporte trois variables explicatives, etc. Le huitième modèle comporte huit variables explicatives.

Tableau 4-5: *Récapitulatif du modèle* [i]

Modèle	R	R-deux	R-deux ajusté	Erreur standard de l'estimation
1	0,993[a]	0,985	0,984	1647228,5631
2	0,996[b]	0,992	0,991	1236472,6091
3	0,998[c]	0,997	0,996	807386,7002
4	0,999[d]	0,998	0,998	621798,0318
5	1,000[e]	0,999	0,999	467628,9192
6	1,000[f]	1,000	1,000	234670,6395
7	1,000[g]	1,000	1,000	170300,7250
8	1,000[h]	1,000	1,000	79681,5314

a. Valeurs prédites: (Constante), M.O.-MCCF

b. Valeurs prédites: (Constante), M.O.-MCCF, Mat-Couverture/Etanchéité

c. Valeurs prédites: (Constante), M.O.-MCCF, Mat-Couverture/Etanchéité, Mat-Maçonnerie

d. Valeurs prédites: (Constante), M.O.-MCCF, Mat-Couverture/Etanchéité, Mat-Maçonnerie, Mat-Charpenterie/Menuiserie

e. Valeurs prédites: (Constante), M.O.-MCCF, Mat-Couverture/Etanchéité, Mat-Maçonnerie, Mat-Charpenterie/Menuiserie, Mat-Plomberie

f. Valeurs prédites: (Constante), M.O.-MCCF, Mat-Couverture/Etanchéité, Mat-Maçonnerie, Mat-Charpenterie/Menuiserie, Mat-Plomberie, Mat-Peinture

g. Valeurs prédites: (Constante), M.O.-MCCF, Mat-Couverture/Etanchéité, Mat-Maçonnerie, Mat-

Charpenterie/Menuiserie, Mat-Plomberie, Mat-Peinture, Mat-Carrelage/Revêtement

h. Valeurs prédites: (Constante), M.O.-MCCF, Mat-Couverture/Etanchéité, Mat-Maçonnerie, Mat-Charpenterie/Menuiserie, Mat-Plomberie, Mat-Peinture, Mat-Carrelage/Revêtement, Mat-Electricité

i. Variable dépendante: Coût construction

Les 6ème, 7ème et 8ème modèles sont "meilleurs" que les cinq premiers du point de vue de leur pouvoir explicatif: le R-deux ajusté est de 1,000 contre 0,984 à 0,999 pour les cinq premiers modèles respectivement. Les trois derniers modèles expliquent donc mieux la variance de la variable à expliquer, coût construction. Cependant, nous pouvons noter que l'erreur standard de l'estimation pour le modèle 8 est la plus faible.

Tableau 4-6: ANOVA[i]

Modèle		Somme des carrés	ddl	Carré moyen	F	Sig.
1	Régression	2,88E+15	1	2,8773E+15	1060,414	0,000[a]
	Résidu	4,34E+13	16	2,7134E+12		
	Total	2,92E+15	17			
2	Régression	2,90E+15	2	1,4489E+15	947,687	0,000[b]
	Résidu	2,29E+13	15	1,5289E+12		
	Total	2,92E+15	17			
3	Régression	2,91E+15	3	9,7053E+14	1488,825	0,000[c]
	Résidu	9,13E+12	14	6,5187E+11		
	Total	2,92E+15	17			
4	Régression	2,92E+15	4	7,2892E+14	1885,300	0,000[d]
	Résidu	5,03E+12	13	3,8663E+11		
	Total	2,92E+15	17			
5	Régression	2,92E+15	5	5,8362E+14	2668,850	0,000[e]
	Résidu	2,62E+12	12	2,1868E+11		
	Total	2,92E+15	17			
6	Régression	2,92E+15	6	4,8668E+14	8837,479	0,000[f]
	Résidu	6,06E+11	11	55070309059		
	Total	2,92E+15	17			
7	Régression	2,92E+15	7	4,1720E+14	14385,107	0,000[g]
	Résidu	2,90E+11	10	29002336949		
	Total	2,92E+15	17			
8	Régression	2,92E+15	8	3,6508E+14	57500,738	0,000[h]
	Résidu	5,71E+10	9	6349146449,6		
	Total	2,92E+15	17			

Ce tableau permet de tester la significativité des modèles obtenus.

a. Valeurs prédites: (Constante), M.O.-MCCF

b. Valeurs prédites: (Constante), M.O.-MCCF, Mat-Couverture/Etanchéité

c. Valeurs prédites: (Constante), M.O.-MCCF, Mat-Couverture/Etanchéité, Mat-Maçonnerie

d. Valeurs prédites: (Constante), M.O.-MCCF, Mat-Couverture/Etanchéité, Mat-Maçonnerie, Mat-Charpenterie/Menuiserie

e. Valeurs prédites: (Constante), M.O.-MCCF, Mat-Couverture/Etanchéité, Mat-Maçonnerie, Mat-Charpenterie/Menuiserie, Mat-Plomberie

f. Valeurs prédites: (Constante), M.O.-MCCF, Mat-Couverture/Etanchéité, Mat-Maçonnerie, Mat-Charpenterie/Menuiserie, Mat-Plomberie, Mat-Peinture

g. Valeurs prédites: (Constante), M.O.-MCCF, Mat-Couverture/Etanchéité, Mat-Maçonnerie, Mat-Charpenterie/Menuiserie, Mat-Plomberie, Mat-Peinture, Mat-Carrelage/Revêtement

h. Valeurs prédites: (Constante), M.O.-MCCF, Mat-Couverture/Etanchéité, Mat-Maçonnerie, Mat-Charpenterie/Menuiserie, Mat-Plomberie, Mat-Peinture, Mat-Carrelage/Revêtement, Mat-Electricité

i. Variable dépendante: Coût construction

Le tableau ANOVA montre que les huit modèles obtenus sont significatifs, car *sig.* = 0,000.

Remarque: Le risque d'erreur de première espèce ou signification (*sig.*), renseigne sur le risque de se tromper sur le sens de la régression. Si *sig.* < 0,05, on peut conclure à l'existence d'un modèle de régression linéaire, au seuil 0,05 (au seuil de signification indiqué par la statistique *sig.*).

Tableau 4-7: *Coefficients[a] de régression*

Modèle	Coefficients Non-standardisés		Coefficients standardisés	t	Sig.	Intervalle de confiance pour B à 95%		Statistiques de colinéarité	
	B	Erreur standard	Bêta			Limite inférieure	Limite supérieure	Tolérance	VIF
1 (Constante)	1679660,9	761948,15		2,204	0,042	64402,980	3294918,784		
M.O.-MCCF	11,432	0,351	0,993	32,564	0,000	10,688	12,176	1,000	1,000
2 (Constante)	-643588,5	854422,96		-0,753	0,463	-2464747,898	1177570,905		
M.O.-MCCF	9,370	0,622	0,814	15,066	0,000	8,044	10,696	0,180	5,570
Mat-Couverture/Etanchéité	3,822	1,044	0,198	3,660	0,002	1,596	6,048	0,180	5,570
3 (Constante)	-202436,8	566092,34		-0,358	0,726	-1416584,082	1011710,450		
M.O.-MCCF	7,069	0,644	0,614	10,975	0,000	5,688	8,451	0,071	14,012
Mat-Couverture/Etanchéité	3,510	0,685	0,182	5,123	0,000	2,041	4,980	0,178	5,625
Mat-Maçonnerie	0,678	0,147	0,225	4,602	0,000	0,362	0,994	0,093	10,732
4 (Constante)	-412449,4	440712,62		-0,936	0,366	-1364551,060	539652,314		
M.O.-MCCF	6,259	0,555	0,543	11,279	0,000	5,060	7,458	0,057	17,536
Mat-Couverture/Etanchéité	3,516	0,528	0,182	6,662	0,000	2,376	4,656	0,178	5,625
Mat-Maçonnerie	0,711	0,114	0,236	6,243	0,000	0,465	0,958	0,092	10,819
Mat-Charpenterie/Menuiserie	0,496	0,152	0,070	3,256	0,006	0,167	0,826	0,283	3,537

a. Variable dépendante: Coût construction

Modèle	Coefficients Non-standardisés		Coefficients standardisés	t	Sig.	Intervalle de confiance pour B à 95%		Statistiques de colinéarité	
	B	Erreur standard	Bêta			Limite inférieure	Limite supérieure	Tolérance	VIF
5 (Constante)	-491090,6	332290,21		-1,478	0,165	-1215088,673	232907,559		
M.O.-MCCF	4,958	0,573	0,431	8,656	0,000	3,710	6,207	0,030	33,040
Mat-Couverture/Etanchéité	3,038	0,422	0,157	7,193	0,000	2,117	3,958	0,157	6,369
Mat-Maçonnerie	0,712	0,086	0,236	8,305	0,000	0,525	0,899	0,092	10,819
Mat-Charpenterie/Menuiserie	0,594	0,118	0,084	5,017	0,000	0,336	0,852	0,265	3,769
Mat-Plomberie	2,109	0,636	0,127	3,314	0,006	0,722	3,495	0,051	19,757
6 (Constante)	-36413,749	182886,17		-0,199	0,846	-438943,429	366115,930		
M.O.-MCCF	2,937	0,441	0,255	6,664	0,000	1,967	3,907	0,013	77,629
Mat-Couverture/Etanchéité	2,184	0,255	0,113	8,577	0,000	1,623	2,744	0,109	9,191
Mat-Maçonnerie	0,851	0,049	0,283	17,449	0,000	0,744	0,958	0,072	13,913
Mat-Charpenterie/Menuiserie	1,186	0,114	0,168	10,362	0,000	0,934	1,438	0,071	14,002
Mat-Plomberie	2,457	0,324	0,149	7,574	0,000	1,743	3,172	0,049	20,400
Mat-Peinture	0,713	0,118	0,097	6,054	0,000	0,454	0,972	0,074	13,556

Modèle	Coefficients Non-standardisés		Coefficients standardisés	t	Sig.	Intervalle de confiance pour B à 95%		Statistiques de colinéarité	
	B	Erreur standard	Bêta			Limite inférieure	Limite supérieure	Tolérance	VIF
7 (Constante)	-11549,270	132934,44		-0,087	0,932	-307745,666	284647,127		
M.O.-MCCF	2,282	0,376	0,198	6,066	0,000	1,444	3,121	0,009	107,467
Mat-Couverture/Etanchéité	2,360	0,192	0,122	12,270	0,000	1,931	2,789	0,100	9,961
Mat-Maçonnerie	0,879	0,036	0,292	24,158	0,000	0,798	0,960	0,068	14,694
Mat-Charpenterie/Menuiserie	1,115	0,086	0,158	12,982	0,000	0,923	1,306	0,067	14,956
Mat-Plomberie	2,441	0,235	0,148	10,363	0,000	1,916	2,965	0,049	20,409
Mat-Peinture	0,672	0,086	0,091	7,783	0,000	0,479	0,864	0,072	13,840
Mat-Carrelage/Revêtement	0,445	0,135	0,055	3,300	0,008	0,144	0,745	0,035	28,252

Modèle	Coefficients Non-standardisés		Coefficients standardisés	t	Sig.	Intervalle de confiance pour B à 95%		Statistiques de colinéarité	
	B	Erreur standard	Bêta			Limite inférieure	Limite supérieure	Tolérance	VIF
8 (Constante)	30895,010	62591,911		0,494	0,633	-110697,730	172487,750		
M.O.-MCCF	1,737	0,198	0,151	8,781	0,000	1,289	2,184	0,007	135,639
Mat-Couverture/Etanchéité	1,912	0,116	0,099	16,412	0,000	1,648	2,176	0,060	16,691
Mat-Maçonnerie	0,966	0,022	0,321	43,353	0,000	0,915	1,016	0,040	25,175
Mat-Charpenterie/Menuiserie	1,096	0,040	0,156	27,195	0,000	1,005	1,187	0,066	15,046
Mat-Plomberie	1,686	0,166	0,102	10,141	0,000	1,310	2,062	0,022	46,483
Mat-Peinture	0,818	0,047	0,111	17,385	0,000	0,712	0,924	0,053	18,786
Mat-Carrelage/Revêtement	0,907	0,099	0,113	9,161	0,000	0,683	1,131	0,014	69,620
Mat-Electricité	0,664	0,110	0,028	6,056	0,000	0,416	0,912	0,102	9,828

Le logiciel a construit un premier modèle avec comme variable explicative "M.O.-MCCF", puis un second modèle avec "M.O.-MCCF" et "Mat-Couverture/Etanchéité", et ainsi de suite. Il s'est arrêté au 8ème modèle avec 8 variables, dans la mesure où la 9ème variable n'aurait pas amélioré davantage le pourcentage de variance expliquée, et aurait surtout, de plus, risqué d'introduire des problèmes de colinéarité.

Les coefficients sont significatifs, seules les constantes des modèles, en dehors du modèle 1, ne le sont pas (sig. > 0,05). Mais ceci ne remet pas en cause la pente de la droite de régression, c'est-à-dire le sens de la relation trouvée, un coefficient de signification élevé signifie seulement que cette constante n'est pas significativement différente de 0. Les intervalles de confiance au niveau 0,95 pour tous les coefficients respectivement, confirment les résultats ci-dessus. On remarque en effet, en dehors du modèle 1, que la valeur 0 est comprise dans l'intervalle de confiance pour les constantes. Nous pouvons donc considérer que l'hypothèse de nullité des coefficients peut être rejetée, hormis les constantes.

Les limites prescrites pour tolérance et VIF (variance inflation factor), sont: tolérance > 0,3 et VIF < 3,3 [Klarsfeld *et al.*, 2001]. Lorsque ces conditions sont remplies, cela permet de dire que les variables explicatives sont peu corrélées entre elles, indice de bonne qualité du modèle. Dans notre cas, il n'y a que le modèle 1 qui respecte ces deux conditions. Toutefois, les diagnostics de colinéarité (voir tableau 4-9) confirmeront ou infirmeront les problèmes de colinéarité.

Remarque:

La tolérance d'une variable est une mesure de colinéarité. La tolérance est exprimée par la quantité $(1- R^2)$. Le VIF est simplement l'inverse de la tolérance (VIF = 1/tolérance). Certains statisticiens suggèrent qu'une tolérance inférieure à 0,1 et donc un VIF supérieur à 10, devrait constituer une alerte [Dallal, 2003]. D'autres pensent qu'un VIF de 4 ou plus indique déjà une grave colinéarité entre les variables indépendantes [Brittawni, 2001]. Dans tous les cas, le VIF et la tolérance sont de bons indicateurs en ce sens qu'ils montrent où se trouvent les variables à problème, mais ils ne renseignent pas sur la *cause* du problème.

Tableau 4-8: *Variables exclues* [i]

Modèle		Bêta dans	T	Sig.	Corrélation partielle	Statistiques de colinéarité		
						Tolérance	VIF	Tolérance minimale
1	Mat-Maçonnerie	0,250[a]	3,134	0,007	0,629	9,410E-02	10,627	9,410E-02
	Mat-Charpenterie/Menuiserie	0,056[a]	0,988	0,339	0,247	0,285	3,508	0,285
	Mat-Plomberie	0,190[a]	1,615	0,127	0,385	6,083E-02	16,440	6,083E-02
	Mat-Carrelage/Revêtement	-0,108[a]	-0,759	0,460	-0,192	4,705E-02	21,253	4,705E-02
	Mat-Couverture/Etanchéité	0,198[a]	3,660	0,002	0,687	0,180	5,570	0,180
	Mat-Peinture	-0,014[a]	-0,250	0,806	-0,064	0,317	3,155	0,317
	Mat-Electricité	0,058[a]	1,715	0,107	0,405	0,719	1,391	0,719
	M.O-CMV	-0,027[a]	-0,182	0,858	-0,047	4,497E-02	22,239	4,497E-02

2	Mat-Maçonnerie	0,225[b]	4,602	0,000	0,776	9,318E-02	10,732	7,137E-02
	Mat-Charpenterie/Menuiserie	0,058[b]	1,406	0,182	0,352	0,285	3,509	0,123
	Mat-Plomberie	0,086[b]	0,864	0,402	0,225	5,396E-02	18,533	5,396E-02
	Mat-Carrelage/Revêtement	-0,005[b]	-0,047	0,963	-0,012	4,369E-02	22,886	3,006E-02
	Mat-Peinture	-0,063[b]	-1,561	0,141	-0,385	0,289	3,457	0,158
	Mat-Electricité	0,007[b]	0,225	0,825	0,060	0,512	1,951	0,128
	M.O-CMV	0,082[b]	0,721	0,483	0,189	4,189E-02	23,873	2,921[E]-02
3	Mat-Charpenterie/Menuiserie	0,070[c]	3,256	0,006	0,670	0,283	3,537	5,703E-02
	Mat-Plomberie	0,080[c]	1,264	0,229	0,331	5,393E-02	18,541	3,964E-02
	Mat-Carrelage/Revêtement	0,118[c]	1,650	0,123	0,416	3,879E-02	25,777	1,730E-02
	Mat-Peinture	-0,040[c]	-1,466	0,166	-0,377	0,278	3,595	6,179E-02
	Mat-Electricité	0,020[c]	0,962	0,354	0,258	0,504	1,985	7,107E-02
	M.O-CMV	0,101[c]	1,425	0,178	0,367	4,176E-02	23,944	2,247E-02

Statistiques de colinéarité

	Modèle	Bêta dans	t	Sig.	Corrélation partielle	Tolérance	VIF	Tolérance minimale
4	Mat-Plomberie	0,127[f]	3,314	0,006	0,691	5,062E-02	19,757	3,027E-02
	Mat-Carrelage/Revêtement	0,073[d]	1,236	0,240	0,336	3,614E-02	27,671	1,729E-02
		0,075[d]	2,005	0,068	0,501	7,617E-02	13,128	1,922E-02
	Mat-Peinture	0,008[d]	0,471	0,646	0,135	0,475	2,106	5,543E-02
	Mat-Electricité	0,023[d]	0,349	0,733	0,100	3,334E-02	29,990	2,225E-02
	M.O-CMV							
5	Mat-Carrelage/Revêtement	0,074[e]	1,761	0,106	0,469	3,614E-02	27,671	1,360E-02
		0,097[e]	6,054	0,000	0,877	7,377E-02	13,556	1,288E-02
	Mat-Peinture	-0,025[e]	-1,716	0,114	-0,460	0,313	3,199	2,136E-02
	Mat-Electricité	0,049[e]	1,017	0,331	0,293	3,252E-02	30,752	1,466E-02
	M.O-CMV							
6	Mat-Carrelage/Revêtement	0,055[f]	3,300	0,008	0,722	3,540E-02	28,252	9,305E-03
		-0,005[f]	-0,518	0,616	-0,162	0,251	3,988	1,277E-02
	Mat-Electricité	0,025[f]	1,039	0,323	0,312	3,162E-02	31,621	9,848E-03
	M.O-CMV							
7	Mat-Electricité	0,028[g]	6,056	0,000	0,896	0,102	9,828	7,373E-03
	M.O-CMV	-0,018[g]	-0,780	0,456	-0,251	1,942E-02	51,482	8,999E-03
8	M.O-CMV	0,005[h]	0,434	0,676	0,152	1,703E-02	58,714	6,584E-03

a. Valeurs prédites dans le modèle: (Constante), M.O.-MCCF
b. Valeurs prédites dans le modèle: (Constante), M.O.-MCCF, Mat-Couverture/Etanchéité
c. Valeurs prédites dans le modèle: (Constante), M.O.-MCCF, Mat-Couverture/Etanchéité, Mat-Maçonnerie
d. Valeurs prédites dans le modèle: (Constante), M.O.-MCCF, Mat-Couverture/Etanchéité, Mat-Maçonnerie, Mat-Charpenterie/Menuiserie
e. Valeurs prédites dans le modèle: (Constante), M.O.-MCCF, Mat-Couverture/Etanchéité, Mat-Maçonnerie, Mat-Charpenterie/Menuiserie, Mat-Plomberie
f. Valeurs prédites dans le modèle: (Constante), M.O.-MCCF, Mat-Couverture/Etanchéité, Mat-Maçonnerie, Mat-Charpenterie/Menuiserie, Mat-Plomberie, Mat-Peinture
g. Valeurs prédites dans le modèle: (Constante), M.O.-MCCF, Mat-Couverture/Etanchéité, Mat-Maçonnerie, Mat-Charpenterie/Menuiserie, Mat-Plomberie, Mat-Peinture, Mat-Carrelage/Revêtement
h. Valeurs prédites dans le modèle: (Constante), M.O.-MCCF, Mat-Couverture/Etanchéité, Mat-Maçonnerie, Mat-Charpenterie/Menuiserie, Mat-Plomberie, Mat-Peinture, Mat-Carrelage/Revêtement, Mat-Electricité
i. Variable dépendante: Coût construction

Les variables exclues sont celles qui n'ont pas été intégrées dans les modèles successifs. En passant d'un modèle à l'autre, à partir du premier, le nombre de variables exclues diminue progressivement d'une variable. Dans le modèle 8, il n'y a plus qu'une seule variable exclue: M.O.-CMV.

Toutes les variables présentent des statistiques de colinéarité qui ne sont pas très bonnes (tolérance < 0,3; VIF > 3,3) dans tous les modèles, sauf les variables "Mat-Peinture" et "Mat-Electricité" dans le modèle 1, et l'unique variable "Mat-Electricité" dans les modèles 2, 3, 4 et 5 ont une bonne statistique de colinéarité (tolérance > 0,3; VIF < 3,3).

Le diagnostic de colinéarité (voir tableau 4-9) permet de montrer si, dans un modèle, les variables sont colinéaires, c'est-à-dire si elles sont corrélées entre elles. Si les variables ne sont pas colinéaires, alors chacune d'elles sera corrélée à une dimension différente et une seule, et très peu aux autres. L'absence de problèmes de colinéarité sur les variables explicatives est un indice de bonne qualité du modèle.

Si nous considérons que la corrélation d'une variable à une dimension donnée devient significative pour une proportion de la variance supérieure à 30%, nous pouvons alors retenir que seule le modèle 5 paraît satisfaisant. Le tableau 15 indique que les variables explicatives du modèle 5, à savoir: "M.O.-MCCF", "Mat-Couverture/Etanchéité", "Mat-Maçonnerie", "Mat-Charpenterie/Menuiserie" et "Mat-Plomberie" ne sont pas significativement corrélées entre elles. D'ailleurs, les coefficients de corrélation (voir Annexe 3) de chaque couple de variables du modèle 5 sont tous inférieurs à 0,700, et très peu de coefficients dépassent la valeur 0,500 (2 sur 10). La variable "M.O.-MCCF" est liée à la dimension 6 et très peu aux autres, "Mat-

Couverture/Etanchéité" à la dimension 5 et très peu aux autres, "Mat-Maçonnerie" à la dimension 4 et très peu aux autres, "Mat-Charpenterie/Menuiserie" à la dimension 3 et très peu aux autres, "Mat-Plomberie" à la dimension 6 et très peu aux autres. Donc chacune des variables est corrélée à une dimension différente et une seule, à l'exception de "M.O.-MCCF" et "Mat-Plomberie" qui sont liés à la même dimension 6, ce qui est en fait confirmé par leur coefficient de corrélation (− 0,685) qui est le plus élevé du modèle 5 (voir Annexe 3).

Les statistiques de colinéarité, appuyées par les diagnostics de colinéarité, montrent qu'il y a quelques problèmes de colinéarité sur certaines variables dans la plupart des modèles. Seul le modèle 5 semble moins affecté. Toutefois, en modifiant les limites prescrites des statistiques de colinéarité (tolérance et VIF), on pourrait "récupérer" certains modèles. Les problèmes de colinéarité signifient simplement que l'expression donnant le coût de la construction pourrait être écrite avec un nombre plus réduit de variables explicatives.

Tableau 4-9: *Diagnostics de colinéarité* [a]

Modèle	Dimension	Valeur propre	Indice de condition-nement	Proportions de la variance								
				(Constante)	M.O.-MCCF	Mat-Couverture/ Etanchéité	Mat-Maçonnerie	Mat-Charpenterie/ Menuiserie	Mat-Plomberie	Mat-Peinture	Mat-Carrelage/ Revêtement	Mat-Electricité
1	1	1,860	1,000	0,07	0,07							
	2	0,140	3,651	0,93	0,93							
2	1	2,839	1,000	0,01	0,01	0,00						
	2	0,145	4,428	0,49	0,12	0,00						
	3	1,617E-02	13,252	0,50	0,88	0,99						
3	1	3,769	1,000	0,01	0,00	0,00	0,00					
	2	0,198	4,363	0,37	0,01	0,00	0,03					
	3	2,162E-02	13,204	0,56	0,00	0,71	0,37					
	4	1,160E-02	18,025	0,06	0,98	0,29	0,59					
4	1	4,696	1,000	0,00	0,00	0,00	0,00	0,00				
	2	0,206	4,771	0,38	0,01	0,00	0,02	0,02				
	3	6,583E-02	8,446	0,00	0,01	0,02	0,08	0,83				
	4	2,156E-02	14,759	0,55	0,00	0,74	0,34	0,00				
	5	1,014E-02	21,521	0,07	0,99	0,23	0,57	0,15				
5	1	5,673	1,000	0,00	0,00	0,00	0,00	0,00	0,00			
	2	0,212	5,171	0,38	0,00	0,00	0,02	0,01	0,00			
	3	7,128E-02	8,921	0,00	0,00	0,01	0,03	0,78	0,01			
	4	2,344E-02	15,557	0,40	0,00	0,30	0,57	0,00	0,06			
	5	1,528E-02	19,267	0,20	0,06	0,67	0,19	0,01	0,22			
	6	5,248E-03	32,878	0,02	0,93	0,01	0,18	0,21	0,71			

Modèle	Dimension	Valeur propre	Indice de condition-nement	Proportions de la variance								
				(Constante)	M.O.-MCCF	Mat-Couverture/Etanchéité	Mat-Maçonnerie	Mat-Charpenterie/Menuiserie	Mat-Plomberie	Mat-Peinture	Mat-Carrelage/Revêtement	Mat-Electricité
6	1	6,519	1,000	0,00	0,00	0,00	0,00	0,00	0,00	0,00		
	2	0,255	5,054	0,20	0,00	0,00	0,00	0,00	0,00	0,04		
	3	0,160	6,384	0,11	0,00	0,00	0,01	0,05	0,00	0,06		
	4	3,416E-02	13,815	0,05	0,00	0,01	0,38	0,15	0,00	0,09		
	5	1,627E-02	20,017	0,51	0,02	0,72	0,00	0,02	0,00	0,05		
	6	1,345E-02	22,019	0,05	0,00	0,00	0,18	0,08	0,63	0,14		
	7	2,372E-03	52,422	0,08	0,98	0,26	0,43	0,71	0,37	0,62		
7	1	7,483	1,000	0,00	0,00	0,00	0,00	0,00	0,00	0,00	0,00	
	2	0,266	5,303	0,21	0,00	0,00	0,00	0,00	0,00	0,02	0,00	
	3	0,169	6,660	0,07	0,00	0,00	0,00	0,04	0,00	0,07	0,00	
	4	3,702E-02	14,216	0,00	0,00	0,00	0,36	0,07	0,00	0,06	0,03	
	5	2,317E-02	17,972	0,46	0,00	0,32	0,01	0,05	0,00	0,01	0,12	
	6	1,348E-02	23,562	0,09	0,00	0,00	0,16	0,09	0,60	0,17	0,00	
	7	6,759E-03	33,273	0,11	0,01	0,61	0,00	0,42	0,13	0,32	0,60	
	8	1,943E-03	62,058	0,06	0,99	0,06	0,46	0,33	0,26	0,36	0,24	

271

Modèle	Dimension	Valeur propre	Indice de conditionnement	(Constante)	Proportions de la variance							
					M.O.-MCCF Mat-Couverture /Etanchéité	Mat-Maçonnerie	Mat-Charpenterie /Menuiserie	Mat-Plomberie	Mat-Peinture	Mat-Carrelage/	Revêtement	Mat-Electricité
8	1	8,349	1,000	0,00	0,00	0,00	0,00	0,00	0,00	0,00	0,00	0,00
	2	0,337	4,976	0,10	0,00	0,00	0,00	0,00	0,00	0,01	0,00	0,01
	3	0,170	7,017	0,04	0,00	0,00	0,00	0,04	0,00	0,05	0,00	0,00
	4	7,741E-02	10,385	0,47	0,00	0,00	0,00	0,00	0,00	0,00	0,00	0,10
	5	3,672E-02	15,078	0,02	0,00	0,00	0,22	0,07	0,00	0,04	0,01	0,00
	6	1,804E-02	21,512	0,07	0,00	0,17	0,02	0,12	0,07	0,04	0,03	0,02
	7	7,581E-03	33,186	0,21	0,01	0,50	0,03	0,33	0,01	0,33	0,11	0,03
	8	3,346E-03	49,955	0,00	0,12	0,01	0,01	0,35	0,76	0,02	0,16	0,32
	9	1,250E-03	81,726	0,08	0,87	0,32	0,72	0,08	0,15	0,50	0,68	0,52

a. Variable dépendante: Coût construction

272

4.2.3. Expression du coût total de la construction: le modèle d'estimation

En définitive, nous pouvons accepter que le modèle 5 est assez satisfaisant. Il explique 99% de la variance de la variable "coût construction": il est donc significatif. Tous les coefficients de la pente de la droite de régression sont significatifs, en dehors de la constante. Les problèmes de colinéarité sont moins présents que dans les autres modèles.

En nous référant à l'expression (4-19) et aux valeurs numériques trouvées dans le tableau 4-7, nous pouvons écrire:

$$\check{K} = -491\ 091 + 4{,}96\ [\text{momccf}] + 3{,}04\ [\text{matcovet}] + 0{,}71\ [\text{matmaco}]$$
$$+\ 0{,}59\ [\text{matchmen}]$$

$$\check{K} = -5.10^5 + 5\ [\text{momccf}] + 3\ [\text{matcovet}] + 0{,}7\ [\text{matmaco}]$$
$$+\ 0{,}6\ [\text{matchmen}] + 2\ [\text{matplomb}]$$

Soit, de manière plus pratique, l'expression du coût total estimé de la construction:

où $B_0 = -5.10^5$; $B_1 = 5$; $B_2 = 3$; $B_3 = 0{,}7$; $B_4 = 0{,}6$; $B_5 = 2$

Les intervalles de confiance pour les coefficients de régression sont respectivement:

$B_0 : [-1, 2.10^6 ; 2{,}3.10^5]$; $B_1 : [3{,}7 ; 6{,}2]$; $B_2 : [2{,}1 ; 4{,}0]$; $B_3 : [0{,}5 ; 0{,}9]$; $B_4 : [0{,}3 ; 0{,}9]$; $B_5 : [0{,}7 ; 3{,}5]$

Le coût de la construction peut ainsi être calculé avec une certaine marge de tolérance. En effet, nous avons l'estimation basse $\check{K}_b$ et l'estimation haute $\check{K}_h$ données respectivement par les expressions suivantes:

273

$$\check{K}_b = -1,2.10^6 + 3,7 \text{ [momccf]} + 2,1 \text{ [matcovet]} + 0,5 \text{ [matmaco]}$$
$$+ 0,3 \text{ [matchmen]} + 0,7 \text{ [matplomb]}$$

$$\check{K}_h = 2,3.10^5 + 6,2 \text{ [momccf]} + 4 \text{ [matcovet]} + 0,9 \text{ [matmaco]}$$
$$+ 0,9 \text{ [matchmen]} + 3,5 \text{ [matplomb]}$$

Nous avons donc une marge de coût telle que:

$$M = (\check{K}_h - \check{K}_b)/2 \qquad (4-21)$$

Finalement l'expression complète du coût total de la construction s'écrira:

$$\boxed{\begin{array}{l} \check{K} = -5.10^5 + 5 \text{ [momccf]} + 3 \text{ [matcovet]} + 0,7 \text{ [matmaco]} \\ \qquad + 0,6 \text{ [matchmen]} + 2 \text{ [matplomb]} \quad \pm M \end{array}} \qquad (4-22)$$

4.2.4. Vérification du modèle:

Considérons, dans le tableau 4-3, le logement n° 15.

L'application de la formule (4-20) donne:

$$\check{K} = -5.10^5 + 5 \ (2\ 940\ 000) + 3 \ (2\ 366\ 800) + 0,7 \ (9\ 479\ 780)$$
$$+ 0,6 \ (4\ 883\ 100) + 2 \ (2\ 242\ 980)$$
$$= 35\ 352\ 066 \text{ F}$$

Nous constatons que le coût total estimé $\check{K}$ est très proche du coût total réel

K (35 243 706 F). La valeur du résidu est très faible: $e = \check{K} - K = 108\ 360$

F. La marge correspondante est: M = 13 140 000 F.

274

En procédant de la même manière pour le logement n°1, nous trouvons un coût total estimé de 10 248 790 F, très proche du coût total réel (10 219 800 F), avec un résidu de 28 990 F. Le calcul de la marge donne M = 4 300 000 F CFA.

Toujours dans le but de tester notre modèle, nous considérons les résultats obtenus pour une construction en rez-de-chaussée de 110 m^2 (voir § 4.3.3.2). L'estimation avec le modèle a donné un coût égal à 12 000 F ± 5 000 F. Le type de construction concerné pourrait être classé dans la catégorie "bas standing" ou "moyen standing".

En appliquant la ***méthode d'estimation au mètre carré couvert*** (cf § 3.2.1.3), nous trouvons, pour un logement de 110 m^2 de surface habitable totale, les valeurs suivantes selon le standing:

- Bas standing: C_T = 110 (m^2) × 100 000 (F CFA/m^2) = 11 000 F CFA
- Moyen standing: C_T = 110 (m^2) × 150 000 (F CFA/m^2) = 16 500 000 F CFA

Précisons que les prix unitaires au mètre carré sont fournis par *l'Ordre des Architectes du Cameroun* [Mboulana, 2004].

Nous constatons que les valeurs obtenues avec la méthode d'estimation au mètre carré couvert se situent bien dans l'intervalle prévu par le modèle!

Il est vrai que la marge de tolérance atteint près de 40% du coût estimé. Cela pourrait s'expliquer par la disparité relevée au niveau du standing des constructions composant l'échantillon qui nous a servi pour la mise en œuvre du modèle.

4.2.5. Conclusion

Le modèle d'estimation du coût de la construction que nous avons élaboré se fonde sur des données historiques et statistiques. Ce modèle a une portée générale. Il peut s'appliquer à tous les types de constructions. Cette disposition est importante car, en ce qui concerne la méthode statistique, chaque type de construction doit avoir un étalonnage propre afin d'assurer la fiabilité de l'estimation du projet concerné. Cela signifie que les paramètres (ou coefficients) utilisés pour un type donné, par exemple des constructions en RDC d'une certaine taille, ne devraient pas servir pour l'estimation d'un autre type, de crainte de conduire à des résultats aberrants. Le tableau des données a été dressé à partir de variables calculées en s'appuyant sur l'approche matricielle développée. Nous avons ainsi des variables représentant respectivement les coûts des matériaux et les coûts de la main-d'œuvre. Nous avons retenu, pour l'application de notre modèle, les constructions à usage de logement en RDC. Ce choix s'est imposé en raison des difficultés que nous avons rencontrées à accéder à un plus grand éventail de données qui auraient pu nous permettre de couvrir un champ plus large de types de constructions. Dans le tableau renfermant les données statistiques, nous avons réduit le nombre de variables indépendantes à treize dès le départ. Un nombre de variables trop élevé soulève rapidement des problèmes de colinéarité. Cette réduction a nécessité un regroupement de certains matériaux de manière à satisfaire des corps d'état précis. De même nous avons regroupé certains corps de métiers dans le sens d'une polyvalence possible des métiers. Notons que la polyvalence exige que les ouvriers soient multi-qualifiés, ce qui pourrait somme toutes se révéler avantageux. Cependant, nous signalons que ce

276

regroupement est considéré ici comme une contrainte. Cela n'a pas été fait pour atteindre un but spécifique, comme par exemple la création d'un nouveau corps de métier.

Le traitement des données avec le logiciel SPSS, en mode Stepwise, nous a conduit à construire un modèle d'estimation du coût de la construction qui ne compte plus que cinq variables explicatives. Il y a quatre variables liées aux matériaux: "matcovet", "matmaco", "matchmen" et "matplomb". La seule variable relative au coût de la main-d'œuvre est "momccf" représentant le regroupement "maçon-carreleur-coffreur-ferrailleur". Ce modèle, soumis aux diagnostics de colinéarité, montre qu'il subsiste quelques problèmes de colinéarité notamment pour les variables "momccf" et "matplomb". Le coefficient de corrélation entre ces deux variables est (− 0,685). Généralement, on considère que les corrélations entre les régresseurs sont particulièrement fortes lorsque les coefficients de corrélation sont supérieurs à 0,7 [Brittawni, 2001]. Or, si les régresseurs sont fortement corrélés, cela signifie qu'ils sont sûrement redondants. Donc, il y a encore possibilité de réduire le nombre de variables contenues dans le modèle. Nous avons ensuite procédé à la vérification du modèle obtenu. Les calculs montrent que les valeurs prédites sont proches des valeurs réelles. Par contre, la marge de tolérance semble relativement importante. Cela pourrait certainement provenir de la composition de l'échantillon de départ, où les constructions considérées, bien qu'étant de même type, ne présentent toujours pas des caractéristiques identiques, notamment dans la taille des bâtiments. La marge représente plus de 30% de la valeur prédite. Un tel pourcentage pourrait situer la méthode d'estimation proposée au niveau de la Phase de Faisabilité. Cependant, les valeurs des variables utilisées ont été calculées à partir de la méthode matricielle qui, elle, se situe pratiquement dans la Phase de Définition Détaillée. Nous pouvons donc dire que le modèle d'estimation proposé, que nous baptisons: *Modèle Statistico-Matriciel d'Estimation des Coûts de la Construction*, en sigle *MSMECC*, vient établir l'unification entre deux approches, matricielle et statistique. La première autorise la décomposition du coût de la construction, tandis que la seconde attribue un poids aux différentes variables du coût. Le *MSMECC* permet ainsi l'évaluation du coût de la construction à partir d'un petit nombre de variables seulement. Il permet de ce fait d'éviter de consentir trop d'efforts en cherchant à prendre en considération tous les éléments en vue de l'estimation du coût de la construction. L'estimation sera d'autant plus précise que l'échantillon utilisé pour chaque type de constructions sera plus représentatif. Les problèmes de colinéarité qui se manifestent entre certaines variables indépendantes découlent de la qualité des données et pas forcément d'une imperfection du modèle [Brittawni, 2001]. C'est pourquoi nous pensons qu'une meilleure accessibilité aux données brutes permettrait d'améliorer davantage le modèle en faisant disparaître les problèmes de colinéarité, simplifiant encore plus le modèle. Notons que pour la visibilité et la mise en œuvre du modèle, nous nous sommes basés sur un seul type de constructions pour déterminer les coefficients de régression. Donc l'expression que nous avons établie ne sera véritablement efficace qu'avec des constructions à usage de logement en RDC. Pour les autres types de constructions, les coefficients de régression pourraient ne pas être forcément les mêmes. Signalons toutefois qu'au niveau des corps d'état, le "terrassement" et l' "aménagement et VRD" n'ont pas été pris en compte dans le cas que nous avons examiné, car ils ne figuraient pas dans la quasi-totalité des dossiers nous ayant fourni l'échantillon à analyser. Ces deux sous-ouvrages, que l'on pourrait classer dans les sujétions d'adaptation (voir paragraphe 2.4.2), montrent souvent de grandes disparités en ce qui concerne les coûts. C'est le cas en particulier du "terrassement" qui dépend fortement de l'état du terrain. Par conséquent, la latitude est laissée à l'estimateur de projet de construction d'ajouter les coûts relatifs au "terrassement" et à l' "aménagement et VRD" après seulement application du modèle.

Nous pouvons penser avoir quelque peu apporté une réponse au problème lié à l'estimation d'une manière générale, contribuant ainsi à la résolution du problème de maîtrise du coût de la construction. Mais l'estimation ne constitue que l'un des aspects de la maîtrise des coûts. En effet, l'estimation sert à élaborer le budget prévisionnel d'un projet avec l'ambition de le rendre aussi précis que possible, tout en y incorporant la marge de tolérance nécessaire. Seulement, cela n'est toujours pas suffisant car dans sa phase d'exécution, la plus exigeante de toutes, le projet est en proie à de multiples difficultés qui le conduisent souvent à sortir de sa marge budgétaire et du délai prévu. Donc une estimation, quelle que soit sa précision, ne peut seule garantir la maîtrise du coût de la construction. C'est ainsi que nous allons devoir aborder, dans la prochaine section, un autre aspect de la maîtrise des coûts: l'optimisation des coûts et des délais qui, elle, s'appuie sur l'ordonnancement. Nous nous situerons dans un contexte où la tendance aux dépassements des délais est récurrente. Cette implacable réalité nous amènera à nous intéresser à la recherche d'une méthode capable de nous permettre de réduire les dépassements subséquents des coûts de construction.

4.3. Optimisation du coût de la construction dans un contexte hors délai

4.3.1. Introduction

L'objectif de l'ensemble conception technique/réalisation est de procurer des conditions de construction optimales par rapport à d'autres options possibles. L'optimisation, c'est-à-dire la recherche de la solution la meilleure, évaluée selon certains critères, ne sera complète que si tous les facteurs administratifs, financiers et techniques ont été pris en compte [Muller, 1975]. Les différentes parties intervenant dans le projet de construction, à savoir client et entreprise particulièrement, présentent rarement des points de vue convergents dans leur recherche de l'optimisation. Pour le client, l'optimisation consistera à limiter les augmentations de dépenses, en obtenant le meilleur ouvrage dans le plus court délai. Pour l'entreprise, il faut réduire les coûts effectifs de ses travaux dans le cadre technique et économique défini par le marché [Muller, 1975]. Ainsi le point de vue du client et de l'entrepreneur diffèrent sensiblement: chacun tire son bénéfice du projet de manière différente, et chacun considère le projet en fonction de son profit. Les dépassements de coûts qui peuvent réduire sérieusement le profit du client constituent par exemple une carotte pour l'entrepreneur dans le cadre d'un contrat remboursable. Cependant, dans un contexte hors délai, la situation pourrait aussi se révéler défavorable pour l'entrepreneur à cause des pénalités possibles ou, des heures supplémentaires de travail et/ou de l'injection des ressources que cela engendre. Donc, l'optimisation ne sera réalisée que s'il existe une coopération étroite entre les différentes parties afin que soit

280

trouvé le meilleur projet exécuté selon les méthodes les plus économiques. Normalement, le respect du délai de construction et même le raccourcissement de celui-ci est un facteur majeur dans l'optimisation globale d'une opération.

S'agissant des facteurs d'optimisation du prix, on suppose que les fournitures sont obtenues au niveau de la limite inférieure de leur coût. L'équilibre entre la main d'œuvre et le matériel doit faire l'objet d'une optimisation séparée: un investissement supplémentaire doit être au moins compensé par un gain certain sur la main d'œuvre. Les procédés artisanaux ou semi-artisanaux occasionnent une main d'œuvre plus chère que si les procédés étaient techniquement plus évolués. Ensuite le temps est le facteur le plus important. Pour un volume et une complexité de travaux déterminés, l'amortissement du matériel et les frais de chantier lui sont à peu près proportionnels [Muller, 1975]. Une méthode de construction rapide est donc bien souvent économique. De plus, pour une méthode de construction donnée, il faut optimiser la somme des dépenses d'investissement et des coûts variables (amortissement d'un matériel par exemple) avec le temps.

Le projet étant défini et les méthodes de construction déjà choisies, l'optimisation visera surtout à réduire la dépense globale du chantier en respectant le délai de construction. L'ordonnancement du chantier aura pour but de définir les tâches à accomplir pour remplir les objectifs fixés, en respectant toutes les contraintes, puis de situer leur position relative les unes par rapport aux autres et leur position dans le temps, avec une certaine marge, entre les délais au plus tôt et au plus tard. L'accomplissement des tâches suppose la mise en œuvre de moyens ou ressources tels que argent, main d'œuvre, équipement, matériaux, etc. L'utilisation de ces moyens suppose un plan de charge, défini comme étant les besoins en moyens et par unité de temps. Les divers systèmes d'allocation de moyens et de répartition des charges entrent dans le cadre général des méthodes d'ordonnancement. Il faut y inclure aussi les facteurs d'ordre économique et financier, de telle sorte que la recherche de l'optimisation se déploiera dans les trois domaines suivants:

1- Nivellement des charges en fonction de contraintes de disponibilité de moyens;

2- Répartition optimale (lissage) des charges pour un projet de durée déterminée;

3- Allocation des moyens permettant de réaliser le coût minimum.

L'application des méthodes d'ordonnancement aux chantiers de construction procure comme bénéfice la nécessité pour les responsables d'un chantier d'analyser en détail l'ensemble de l'opération, jusqu'à son achèvement, avant qu'elle ne débute effectivement. Les conséquences d'une variation dans un paramètre quelconque apparaissent très clairement. Toutefois des remises à jour périodiques de l'ordonnancement doivent être effectivement réalisées. Cependant ces méthodes se caractérisent par leur lourdeur et leur coût élevé si l'on désire entrer dans le détail. Il ne faut jamais perdre de vue le caractère un peu théorique de l'optimisation qui s'applique à rechercher de manière précise le minimum d'une fonction mathématique, dont toutes les variables sont connues de façon incertaine.

Dans cette section, nous nous intéressons au problème des dépassements de délai d'achèvement d'un projet de construction. Ce problème survient dans la grande majorité des projets dans les P.E.D. Les causes qui y sont liées ont été décrites plus haut, dans le premier chapitre. Bien que les dépassements de délai entraînent des dépassements de coûts souvent importants, beaucoup d'acteurs dans le domaine de la construction ne semblent pas s'en soucier outre mesure. Dans l'hypothèse où les retards dans l'achèvement d'un projet seraient inévitables, est-il possible de limiter au minimum les dépassements des coûts? Nous nous engageons à répondre à cette question. La bonne application des règles de management de projet de construction est la seule voie pour y parvenir. Les techniques d'optimisation dans la construction sont absolument nécessaires. Dans la première sous-section, nous construirons un modèle mathématique d'optimisation du coût de la construction dans un contexte hors délai. Nous nous appuierons pour cela sur la méthode PERT-CPM pour chercher la compensation optimum entre le temps d'achèvement du projet et son coût. Le modèle proposé sera appelé *MO3CHD*[4]. Dans la deuxième sous-section, il sera question de la mise en œuvre automatique du modèle, c'est-à-dire son implémentation sur ordinateur. La troisième sous-section sera consacrée à deux études de cas pour illustrer notre modèle d'optimisation. Nous établirons d'abord pour cela un programme de projet de construction dans une situation normale, ensuite nous nous placerons dans un contexte hors délai. Nous procéderons à la simulation afin de dégager la meilleure réduction possible du surcoût.

---

[4] Modèle d'Optimisation du Coût de la Construction dans un Contexte Hors Délai

4.3.2. Modélisation mathématique du problème d'optimisation du coût de la construction dans un contexte hors délai

4.3.2.1. Position du problème

Dans les P.E.D., les projets de construction souffrent beaucoup du problème de dépassements en terme de coûts et de temps. Plusieurs travaux de recherche ont déjà été menés sur les causes de ce problème [Chalabi *et al.*, 1984; Chandra, 1990; Hutcheson, 1990; Mansfield *et al.*, 1994; Assaf *et al.*, 1995; Ogunlana *et al.*, 1996; Al-Momani, 2000; Frimpong *et al.*, 2003]. Globalement, il en ressort les causes suivantes:

- Pratique médiocre du management de projet;
- Livraison tardive des matériaux;
- Conditions économiques difficiles;
- Impact des conditions météorologiques;
- Incompétence et/ou insuffisances de l'entrepreneur;
- Disputes (conflits) entre le client et l'entrepreneur;
- Changements de conception;
- Difficulté de paiement par le client;
- Pénurie de main-d'œuvre;
- Qualifications professionnelles insatisfaisantes.

Les dépassements de temps sont souvent très importants, atteignant dans certains cas 200%. De même, les dépassements de coûts peuvent aller jusqu'à 750% [Chandra, 1990].

Si nous admettons que le retard est difficile à éviter, dans la pratique, nous pouvons néanmoins agir sur certains paramètres du coût du projet afin de minimiser les surcoûts induits. Ce faisant, nous parviendrons certainement à maîtriser le coût total du projet de construction dans un contexte de dépassement de délai.

4.3.2.2. Méthode

Etant donné qu'il se pose un problème de prédiction du coût et du temps, les deux méthodes appropriées pour traiter ce genre de problème sont le PERT (Program Evaluation and Review Technique) et le CPM (Critical Path Method). Le PERT s'intéresse habituellement juste à l'utilisation du temps, tandis que le CPM traite de la compensation temps/coût (TCT: Time/Cost Trade-off). La méthode PERT-CPM peut donc nous permettre de trouver la compensation optimum entre le temps d'achèvement du projet et son coût.

Notons que, dans un programme de construction, les temps opératoires, qu'ils soient déterminés ou aléatoires, varient en fonction du coût de l'activité.

Soit un temps opératoire x_{ij} correspondant à la durée de l'activité A_{ij} encadrée par les étapes E_i et E_j. Si nous désignons par p_{ij} le coût de l'activité A_{ij} pour une durée x_{ij}, nous pouvons admettre que $p_{ij} = C(x_{ij})$ est une courbe dont l'allure est semblable à celle de la figure 4-2 [Kaufmann *et al.*, 1974]. Cette courbe présente la même allure que la courbe CTR (voir Fig. 2-16).

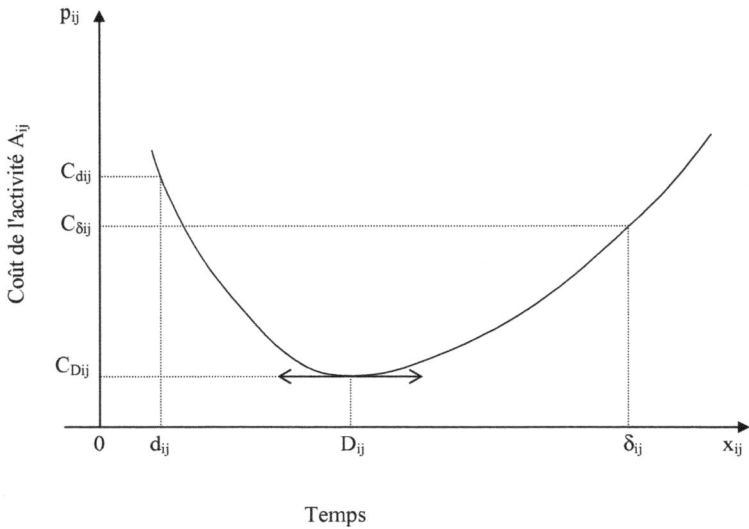

Figure 4-2: *Courbe $p_{ij} = C(x_{ij})$*

Légende:

p_{ij} = coût de l'activité A_{ij}

x_{ij} = temps opératoire de l'activité A_{ij}

D_{ij} = durée normale de l'activité A_{ij}

C_{Dij} = coût normal de l'activité A_{ij}

d_{ij} = durée accélérée de l'activité A_{ij}

C_{dij} = coût maximum de l'activité A_{ij}

δ_{ij} = durée dérapée (retard attendu) de l'activité A_{ij}

$C_{\delta ij}$ = coût après dérapage (surcoût) de l'activité A_{ij}

Nous définissons les quantités suivantes:

286

D_{ij} = temps opératoire correspondant à la durée normale de A_{ij}; c'est la durée correspondant au coût minimum C_{Dij} quand l'activité est exécutée dans les voies normales, sans coûts supplémentaires. On dira que D_{ij} est la *durée normale*;

d_{ij} = temps opératoire correspondant à la durée de A_{ij} lorsque l'activité est accélérée au maximum, le coût correspondant C_{dij} est maximal. On dira que d_{ij} est la *durée accélérée*. Cette option d'accélérer une tâche en allant plus vite est connue sous le terme *crashing* (ou compression des tâches).

δ_{ij} = temps opératoire correspondant à la durée de A_{ij} lorsque l'opération subit un retard maximum, le coût correspondant $C_{\delta ij}$ est le coût *dérapé*. On appellera δ_{ij} la durée *dérapée*.

Un programme établi sera dit *normal* si la durée totale d'exécution du programme est la durée normale. Le programme de l'ensemble des travaux à réaliser sera le programme dit *accéléré* si chaque tâche est accélérée au maximum. Ce programme sera le programme dit *rattrapé* si chaque tâche en retard est accélérée au maximum pour que sa durée soit ramenée à une durée inférieure à δ_{ij}.

Nous avons vu plus haut que, dans les P.E.D., la plupart des programmes souffrent de dépassements de temps et de coûts. Le problème ne se pose donc plus en terme d'achèvement de programme avant la durée normale, occasionnant ainsi un surcoût *volontaire*. Par contre, nous nous placerons dans la situation où la durée normale est dépassée, c'est-à-dire dans le cas de retard, ce qui provoque aussi un surcoût, mais *involontaire*. La question qui se pose maintenant est de savoir comment *réduire* le retard tout en minimisant le coût total.

Par rapport à la figure 4-2, nous nous situerons dans l'intervalle de temps $[D_{ij}, \delta_{ij}]$.

Comme pour la méthode PERT, le CPM ne peut être appliqué que si nous avons l'information sur les activités constituant le projet. Précisément, nous devons connaître, pour chacune des activités: la durée normale D_{ij}, le coût normal C_{Dij}, la durée dérapée δ_{ij} et le coût dérapé $C_{\delta ij}$. On fait la supposition que la compensation durée-coût est linéaire pour chaque activité [Kaufmann *et al.*, 1974; Hillier *et al.*, 1984; Li *et al.*, 1997; Que, 2002]. Autrement dit, pour chaque activité A_{ij}, la courbe $p_{ij} = C(x_{ij})$ est une droite (Fig. 4-3) dans l'intervalle $[D_{ij}, \delta_{ij}]$. Le coût de l'activité est alors donné comme une fonction de la durée de l'activité, x_{ij}, par une équation de la forme:

$$C(x_{ij}) = K_{ij} + C_{ij}x_{ij} \qquad (4\text{-}23)$$

avec:

$$D_{ij} \le x_{ij} \le \delta_{ij}$$

L'expression (4-23) peut encore s'écrire sous la forme:

$$C(x_{ij}) = C_{Dij} + \left[(C_{\delta ij} - C_{Dij})/(\delta_{ij} - D_{ij}) \right].(x_{ij} - D_{ij}) \qquad (4\text{-}24)$$

Le traitement du contexte hors délai laisse entrevoir deux évolutions antagoniques:

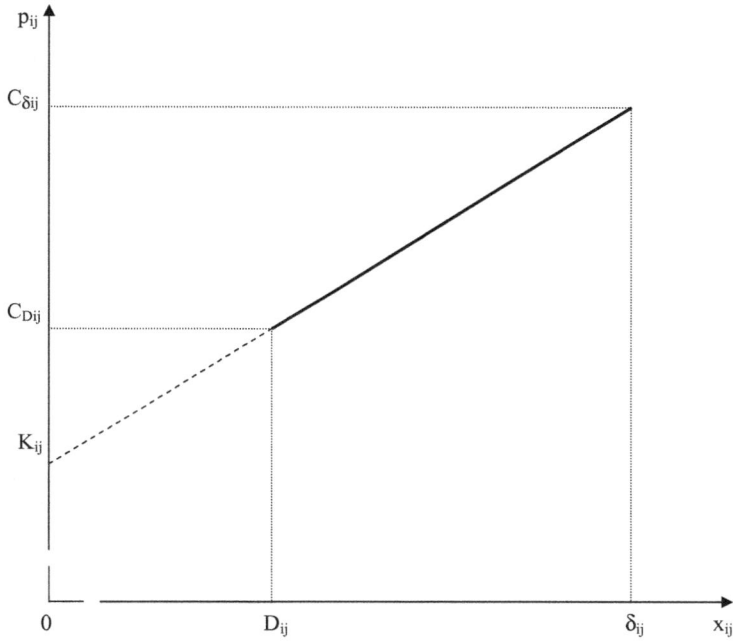

Figure 4-3: *Relation coût-durée pour une* activité A_{ij} *dans un contexte hors délai*

1- Les pénalités et autres charges ou encore, les coûts des dégradations, qui s'accumulent dès le dépassement du délai prévu pour l'achèvement de l'ouvrage; les frais correspondant seront d'autant plus élevés que le retard sera important.

2- L'accélération des activités afin de minimiser le retard se traduit par une augmentation de leur coût.

Nous pouvons représenter cette situation sur un graphique, pour une activité A_{ij} donnée (voir Fig. 4-4).

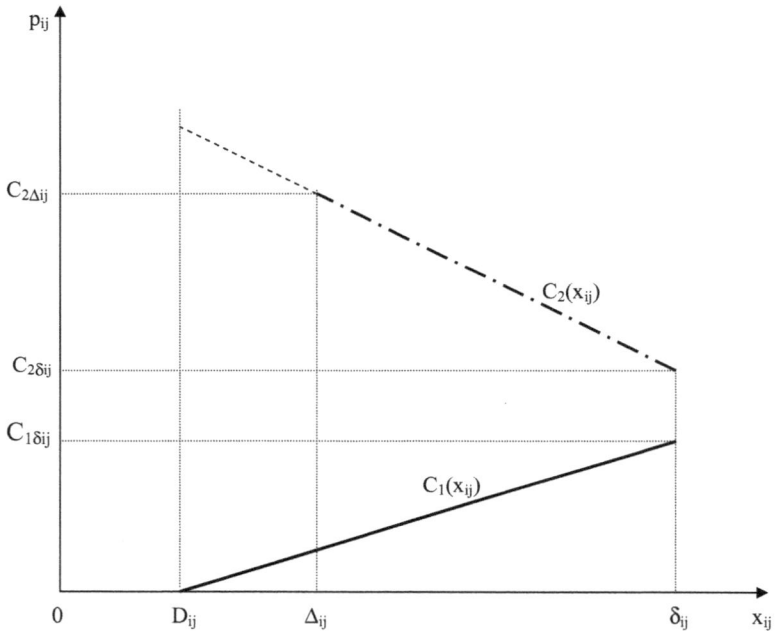

Figure 4-4: *Courbes représentant les coûts des pénalités et/ou des dégradations (C_1), et les coûts résultant de la compression (C_2), pour une* activité A_{ij} *dans un contexte hors délai.*

Légende:

p_{ij} = coût de l'activité A_{ij}

x_{ij} = temps opératoire de l'activité A_{ij}

D_{ij} = durée normale de l'activité A_{ij}

Δ_{ij} = durée accélérée de l'activité A_{ij} pour rattraper au mieux le retard

δ_{ij} = durée dérapée (retard maximum attendu) de l'activité A_{ij}

$C_{1\delta ij}$ = surcoût maximum de l'activité A_{ij} dû aux pénalités et/ou aux dégradations

$C_{2\delta ij}$ = surcoût attendu en l'absence de toute accélération de l'activité A_{ij}

$C_{2\Delta ij}$ = coût maximum résultant de l'accélération de l'activité A_{ij} pour une réduction

  maximum du retard.

Faisons la supposition que le coût des pénalités et/ou des dégradations relatif à l'activité A_{ij} évolue linéairement en fonction de la durée. Nous trouvons alors:

$$C_1(x_{ij}) = \left[C_{1\delta ij}/(\delta_{ij} - D_{ij}) \right].(x_{ij} - D_{ij}) \qquad (4\text{-}25)$$

Signalons toutefois que d'autres méthodes de calcul de pénalités de retard préconisent des critères de pénalisation non linéaire avec un renforcement de jour en jour, au fur et à mesure que le projet s'éloigne de la durée initialement planifiée [Al-Tabtabai *et al.*, 1998].

L'accélération de l'activité A_{ij} afin de minimiser le retard provoque une augmentation du coût de l'activité A_{ij} suivant une équation de la forme:

$$C_2(x_{ij}) = C_{2\delta ij} + \left[(C_{2\Delta ij} - C_{2\delta ij})/(\delta_{ij} - \Delta_{ij}) \right].(\delta_{ij} - x_{ij}) \qquad (4\text{-}26)$$

291

D'où le coût global du projet, donné par l'expression:

$$C_t = \sum_{(i,j)} C_1(x_{ij}) + \sum_{(i,j)} C_2(x_{ij}) \qquad (4\text{-}27)$$

où la sommation couvre toutes les activités A_{ij}.

Maintenant, nous pouvons poser le problème comme suit. Soit un certain programme dont la durée totale d'exécution est T_n, l'étape finale étant toujours E_n. Comment choisir les x_{ij} afin de minimiser le coût total pour l'ensemble du projet dans un contexte hors délai?

4.3.2.3. Modélisation mathématique du problème
Si nous nous proposons de minimiser le coût total du programme ci-dessus, alors cela se traduira par le programme linéaire paramétrique suivant:

$$\begin{cases}
\text{Minimiser } C_t = \sum_{(i,j)\,\in\,U} C_1(x_{ij}) + \sum_{(i,j)\,\in\,U} C_2(x_{ij}) \qquad (4\text{-}28)\\[2mm]
C_1(x_{ij}) = \left[C_{1\delta ij}\,/(\delta_{ij} - D_{ij})\right].(x_{ij} - D_{ij})\\[2mm]
C_2(x_{ij}) = C_{2\delta ij} + \left[(C_{2\Delta ij} - C_{2\delta ij})/(\delta_{ij} - \Delta_{ij})\right].(\delta_{ij} - x_{ij})\\[2mm]
C_{1\delta ij} = \omega_{ij}\,(\delta_{ij} - D_{ij}) \qquad (4\text{-}29)\\[2mm]
C_{2\Delta ij} = C_{2\delta ij} + (C_{Dij}/2D_{ij}).(\delta_{ij} - \Delta_{ij}) \qquad (4\text{-}30)
\end{cases}$$

Sujet aux contraintes:

$$T_j - T_i - x_{ij} \geq 0 \,, \qquad \forall\, j \in S_i$$
$$D_{ij} \leq x_{ij} \leq \delta_{ij}$$
$$T_n = \lambda$$

Où:

λ = temps fixé pour la fin du projet;

S_i = ensemble des successeurs de l'étape E_i;

T_i, T_j = dates de début au plus tôt des étapes E_i et E_j respectivement;

T_n = durée minimum totale imposée après dérapage du projet;

U = ensemble des arcs constituant le graphe du programme (ensemble des

activités);

ω_{ij} = coût par unité de temps, des pénalités et/ou des dégradations, relatif à

l'activité A_{ij};

L'expression (4-30) traduit l'augmentation du coût de l'activité A_{ij} résultant de l'injection des ressources en vue de rattraper le retard. Nous devrions nous attendre à ce qu'une ressource supplémentaire coûte un certain nombre de fois plus cher que la ressource initiale [Que, 2002; LINDO Sys., 2003]. Dans notre cas, nous avons supposé que la ressource supplémentaire coûte 1,5 fois plus cher par unité de temps que la ressource initiale.

Compte tenu des expressions de $C_{1\delta ij}$ (4-29) et $C_{2\Delta ij}$ (4-30), la formulation du programme linéaire ci-dessus devient plus simple, nous avons maintenant:

$$\text{Minimiser } C_t = \sum_{(i,j)\,\in\,U} C_1(x_{ij}) + \sum_{(i,j)\,\in\,U} C_2(x_{ij}) \qquad (4\text{-}28)$$

$$C_1(x_{ij}) = \omega_{ij}.(x_{ij} - D_{ij}) \qquad (4\text{-}31)$$

$$C_2(x_{ij}) = C_{2\delta ij} + (C_{Dij}/2D_{ij}).(\,\delta_{ij} - x_{ij}) \qquad (4\text{-}32)$$

Sujet aux contraintes:

$$T_j - T_i - x_{ij} \geq 0\,, \qquad \forall\, j \in S_i \qquad (4\text{-}33)$$

$$D_{ij} \leq x_{ij} \leq \delta_{ij} \qquad (4\text{-}34)$$

$$\sum_{(i,j)\,\in\,\mu} x_{ij} = T_n \qquad (4\text{-}35)$$

$$T_n = \lambda \qquad (4\text{-}36)$$

$$D_n \leq \lambda \leq \delta_n \qquad (4\text{-}37)$$

Légende:

D_n = délai initial du projet;

δ_n = retard maximum pour l'ensemble du projet;

λ = temps fixé pour la fin du projet;

μ = sous-ensemble des activités accélérées sur le chemin critique;

S_i = ensemble des successeurs de l'étape E_i;

T_i, T_j = dates de début au plus tôt des étapes E_i et E_j respectivement;

T_n = durée minimum totale imposée après dérapage du projet;

U = ensemble des arcs constituant le graphe du programme (ensemble des activités);

ω_{ij} = coût par unité de temps, des pénalités et/ou des dégradations, relatif à l'activité A_{ij};

Les contraintes (4-33) expriment les relations de dépendance dans le programme, c'est-à-dire l'enchaînement entre les tâches. Les contraintes (4-34) indiquent la limitation de la durée de chaque activité, autrement dit, elles indiquent les dates limites des opérations. La contrainte (4-35) indique que la durée totale des tâches se trouvant sur le chemin critique doit être égale T_n. La contrainte (4-36) signifie que la date d'achèvement du projet ne doit pas dépasser une date limite bien déterminée. Cette date est imposée par le paramètre λ, qui doit être en plus limité entre D_n et δ_n (4-37). Les variables décisionnelles sont représentées par les x_{ij}.

Le modèle mathématique que nous venons d'élaborer pour la résolution de certains problèmes liés aux dépassements de coûts et de délais sera appelé *MO3CHD* (Modèle d'Optimisation du Coût de la Construction dans un Contexte Hors Délai).

Nous pouvons ajouter le fait que $T_1 = 0$ pour le début du projet, l'étape correspondante étant E_1. La date d'achèvement du projet, T_n, est actuellement inconnue, et λ, le temps requis, est fixé. Cependant, une question se pose: comment connaître la valeur qui devrait être attribuée à λ dans la formulation du programme linéaire? Dans une pareille situation, la décision sur λ est de savoir quelle est la *meilleure compensation* entre le *coût total* et la *durée totale* pour le projet de construction [Hillier *et al.*, 1984]. L'information principale qu'il nous faut pour examiner cette question est de voir comment varie le coût total minimum lorsque nous modifions λ dans la formulation ci-dessus. En faisant varier la durée totale d'exécution du programme, nous obtenons le programme linéaire paramétrique où λ est le paramètre à faire varier [Kaufmann *et al*, 1974 ; Hillier *et al.*, 1984]. La résolution du problème de programmation linéaire devrait alors produire la solution de coût le plus bas avec une durée totale en dessous du temps limite.

Si nous nous référons aux résultats obtenus avec la technique CPM sur le crashing [Kaufmann *et al*, 1974 ; Hillier *et al.*, 1984 ; Leu *et al.*, 1999; Beasley, 2003; LINDO Sys., 2003], nous devrions nous attendre à ce que la courbe coût-durée (encore appelée courbe TCT), dans le contexte spécifique hors délai que nous étudions, soit une courbe convexe formée de segments de droites, symétrique au type de courbes habituellement rencontrées (voir Fig. 4-5).

296

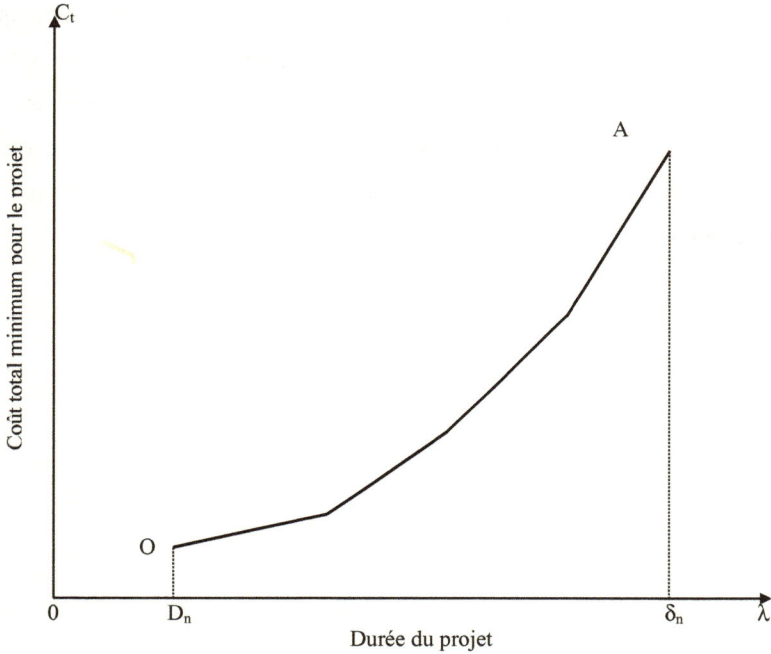

Figure 4-5: *Allure attendue de la courbe coût-durée (courbe TCT) pour le projet global dans un contexte hors délai*

Légende:

D_n = délai normal du projet ; δ_n = retard maximum pour l'ensemble du projet.

A titre de comparaison, nous donnons ci-dessous deux courbes TCT obtenues dans le contexte habituel où le projet devrait être livré avant la date initiale d'achèvement [Leu *et al.*, 1999; Beasley, 2003]. Dans un tel contexte les pénalités sont absentes, contrairement à la situation qui nous concerne dans ce travail. En partant du délai initial, nous remarquons que le coût total de construction augmente lorsqu'on raccourcit la durée totale du projet. Par contre dans un contexte hors délai, ayant déterminé la nouvelle date d'achèvement en tenant compte du retard, la réduction de la durée totale devrait concourir à la réduction du surcoût engendré par le dépassement du délai.

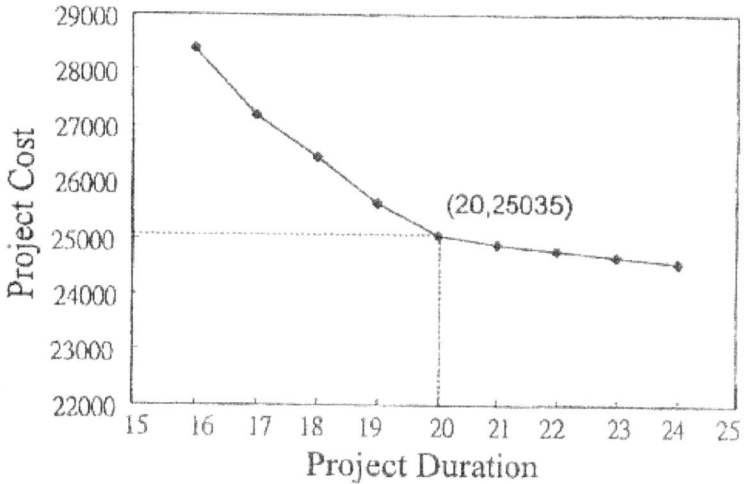

Figure 4-6. *Courbe TCT obtenue avec LINDO* [Leu *et al.*, 1999]

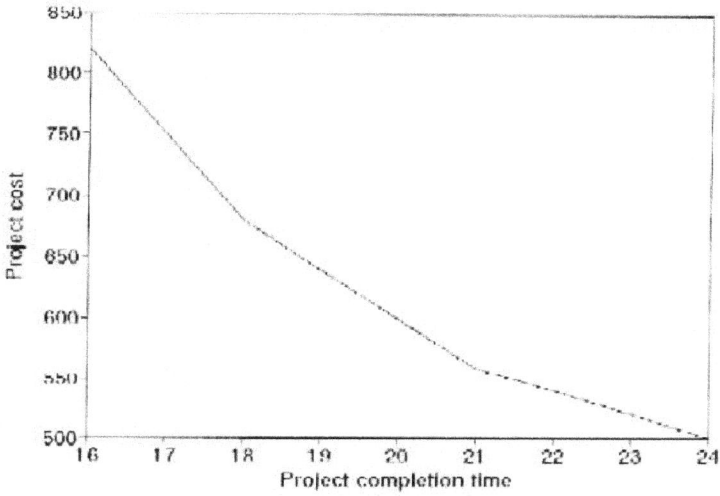

Figure 4-7. *Courbe TCT* [Beasley, 2003]

Dans un contexte hors délai, il paraît toutefois utile de noter qu'au cas où les pénalités seraient trop faibles, la courbe TCT pourrait présenter une allure semblable à celle de la Fig. 4-8 ci-dessous.

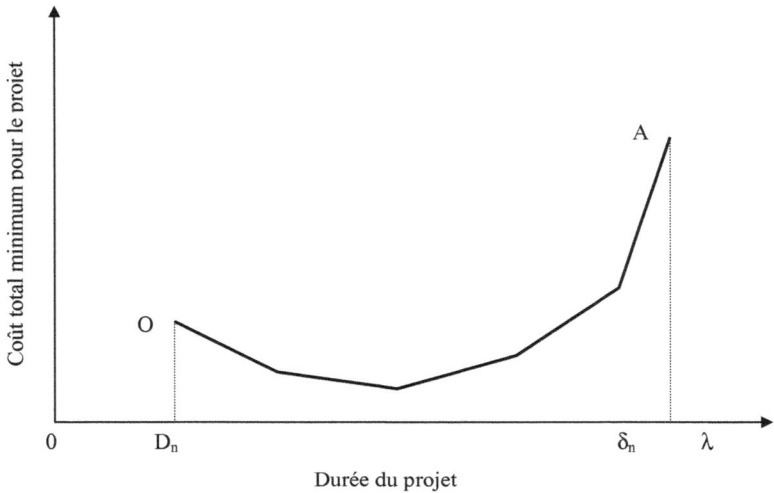

Figure 4-8: *Allure attendue de la courbe TCT pour de faibles pénalités*

La courbe décroît au début, avant de se redresser. Cette décroissance signifierait qu'il serait préférable dans ce cas précis, de garder le retard plutôt que de chercher à se rapprocher de la date initiale d'achèvement du projet en comprimant les tâches.

La courbe OA (Fig. 4-5 et 4-8) est le lieu des solutions optimales. Elle pourrait permettre au planificateur de projet de prendre une décision relativement à la valeur de λ, et donc retenir la solution optimale correspondante pour les x_{ij}. Pour cela, le planificateur devrait connaître au

300

préalable, pour chacune des activités constituant le projet, les quantités D_{ij}, C_{Dij}, δ_{ij}, $C_{2\delta ij}$ et ω_{ij}.

4.3.3. Mise en œuvre automatique de la procédure de réduction des surcoûts dans un contexte hors délai

Nous avons basé la modélisation du problème d'optimisation du coût de la construction sur la programmation linéaire en tant qu'outil mathématique. Nous avons donc besoin d'un solveur (logiciel avec codes algorithmiques de résolution) spécialisé pour la recherche de la solution optimale. Notre préférence s'est portée sur le logiciel Visual XPress version 3.0, précédemment connu sous le nom de XPress-MP pour Windows [Dash, 2002]. XPress-MP est un logiciel développé par la société *Dash Optimization*. Il propose une gamme complète d'outils de modélisation et d'optimisation numérique [Artel., 2003]. Les codes de programmation linéaire et programmation en nombres entiers de XPress-MP sont à la fois d'une grande fiabilité et d'une extrême rapidité. L'efficacité des algorithmes mis en œuvre par Xpress-MP est remarquable. Grâce à son modeleur (langage de modélisation), la réalisation d'une application se trouve considérablement facilitée. Ce langage extrêmement synthétique, proche du langage mathématique, autorise une capacité d'expression qui réduit fortement les temps de développement [Guéret *et* al., 2003]. Nous avons écrit le programme grâce à son langage de modélisation "mp-model" (voir Annexe 5).

Notre objectif est de minimiser le coût total de la construction dans un contexte de dépassement de délai initial. Ayant anticipé le dérapage du temps d'achèvement du projet et le surcoût que cela engendrera, il va falloir ramener le retard prévisible à des proportions moindres, avec une juste connaissance du coût le plus bas possible que cela entraînera. Pour y parvenir, le programme exige comme inputs:

- L'ordre des étapes encadrant chaque activité;
- La durée normale de chaque activité;
- Le coût normal de chaque activité;
- La durée dérapée de chaque activité;
- Le coût relatif au dérapage de chaque activité;
- Le coût des pénalités par unité de temps pour chaque activité.

On fixe le temps total minimum auquel l'on voudrait ramener le retard et on exécute le programme. Nous obtenons alors comme outputs:

- La durée optimale de chaque activité;
- Le coût optimal de chaque activité;
- La nouvelle date de début au plus tôt de chaque activité;
- Le coût total minimum de l'ensemble du projet.

La sortie d'imprimante nous donne aussi les renseignements suivants:

- La statistique du problème, comprenant:
    o Le nombre de rangées;
    o Le nombre de colonnes structurales;
    o Le nombre d'éléments non nuls.
- La statistique globale
- La statistique de la solution, comprenant:
    o Le résultat de l'exécution du programme;
    o Le type de problème;
    o Le nombre d'itérations exécutées;
    o La valeur de la fonction objectif.

302

- Les tableaux des données
- Les valeurs des variables, comprenant:
  o Les durées;
  o Les coûts;
  o Les dates de début au plus tôt des activités.

On trouvera les détails de la sortie d'imprimante aux annexes 6-a-b-c-d et 7-a-b.   .

La procédure de simulation consistera à faire varier le temps total minimum requis. On obtient alors différentes valeurs du coût total minimum pour l'ensemble du projet. Il est dès lors possible de représenter, sur un graphique, la variation du coût total minimum en fonction de la durée totale du projet. Une illustration de l'utilisation du MO3CHD (Modèle d'Optimisation du Coût de la Construction dans un Contexte Hors Délai) est présentée dans la section 4.3.4 ci-après.

4.3.4. Etablissement d'un programme de projet de construction dans un contexte hors délai

4.3.4.1.   Etude de cas n°1

Nous établirons au préalable un programme normal de projet de construction. Ensuite nous traiterons le cas particulier d'un programme hors délai.

Considérons une construction à usage de logement, en rez-de-chaussée, à base de matériaux conventionnels (ciment, parpaings, béton armé, tôle aluminium, etc.). L'ouvrage sera décomposé en douze sous-ouvrages dont les principaux corps d'état sont:

303

- SO_1: Terrassement et implantation (décapage, nivellement, compactage, fouilles)
- SO_2: Béton armé et maçonnerie (fondation, longrine, dallage, chaînage, poteaux, murs, etc.)
- SO_3: Toiture (charpente, couverture, étanchéité)
- SO_4: Menuiseries (portes, fenêtres, grilles métalliques, etc.)
- SO_5: Electricité (équipements électriques)
- SO_6: Plomberie et viabilité sanitaires (tuyauterie, sanitaires, etc.)
- SO_7: Plafonnage
- SO_8: Enduits (intérieur et extérieur)
- SO_9: Revêtement et carrelage
- SO_{10}: Vitrerie
- SO_{11}: Peinture (intérieure et extérieure)
- SO_{12}: Aménagement et VRD

Une décomposition plus détaillée permettrait de dégager les différentes opérations contenues dans chaque sous-ouvrage. Cependant un scénario trop détaillé rendrait difficile le tracé du réseau PERT et le suivi ultérieur des activités. Le choix de la désignation des différents sous-ouvrages est fait de sorte que les opérations relatives à un sous-ouvrage donné soient effectuées par le même entrepreneur si possible. Cet arrangement a l'avantage de permettre à l'entrepreneur d'organiser son travail de telle façon que l'effectif du personnel sur le chantier soit aussi régulier que possible.

Dans la suite, les tâches seront assimilées aux sous-ouvrages.

a) Etablissement d'un programme normal de projet de construction

a1) Construction du réseau PERT

Pour la construction du réseau PERT, nous nous servons du tableau 4-10 ci-dessous.

Tableau 4-10: *Données pour la construction du réseau PERT et pour la détermination de la probabilité P_R (exemple n°1)*

Code	Libellé des tâches	Tâches précédentes	Tâches immédiatement précédentes	Etapes antécédentes	Etapes subséquentes	a	m	b	t_e	T_E	T_L	Battement	σ^2	T_S	Z	P_R
A	SO_1	-	-	1	2	10	12	15	13	13	13	0	0,69			
B	SO_2	A	A	2	3	50	56	65	57	70	70	0	6,25			
C	SO_3	AB	B	3	4	7	9	13	10	80	$80^{(*)}$	0	1,00			
D	SO_4	ABC	C	4	5	7	9	12	10	90	$97^{(**)}$	+7	0,69			
E	SO_5	ABC	C	4	6	5	6	9	7	87	87	0	0,44			
F	SO_6	ABC	C	4	7	8	10	13	11	91	$97^{(**)}$	+6	0,69			
G	SO_7	CE	E	6	8	8	9	12	10	97	97	0	0,44			
H	SO_8	DEFG	G	8	9	7	8	10	9	106	106	0	0,25	112	1,99	98%
I	SO_9	H	H	9	10	7	8	11	9	115	115	0	0,44			
J	SO_{10}	HI	I	10	11	4	6	9	7	122	122	0	0,69			
K	SO_{11}	HIJ	J	11	12	6	8	9	8	130	130	0	0,25	123	-2,17	2%
L	SO_{12}	F	F	7	12	12	15	20	16	$130^{(*)}$	130	0	1,78			

N.B.: les temps a, m, b, t_e, T_E, T_L et T_S sont exprimés en jours.

(*) On considère ici: $T_E(12) = Max[T_E(11) + t_e(K); T_E(7) + t_e(L)]$

$T_L(4) = Min[T_L(7) - t_e(F); T_L(6) - t_e(E); T_L(5) - t_e(D)]$

$T_L(7) = Min[T_L(12) - t_e(L); T_L(8) - t_e(\beta)]$

(**) Les étapes 5 et 7 sont respectivement reliées à l'étape 8 par des contraintes fictives, donc les durées des tâches α et β sont nulles. Ainsi, pour trouver les T_L des étapes 5 et 7, on soustrait 0 du T_L de l'étape 8, autrement dit on reporte directement le T_L de l'étape 8 aux étapes 5 et 7.

a11) Construction des graphes partiels

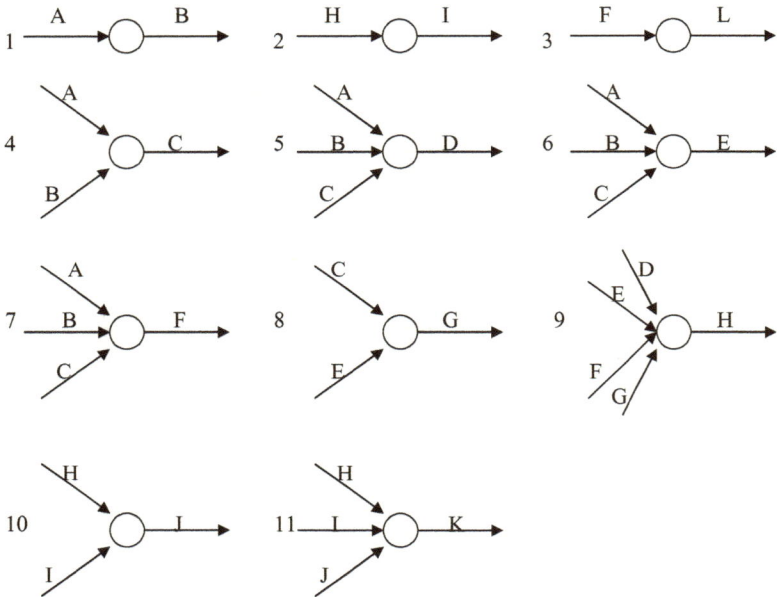

Figure 4-9: *Graphes partiels*

a12) Graphes contradictoires

Les graphes 1, 4, 5, 6 et 7 sont contradictoires. On devrait avoir:

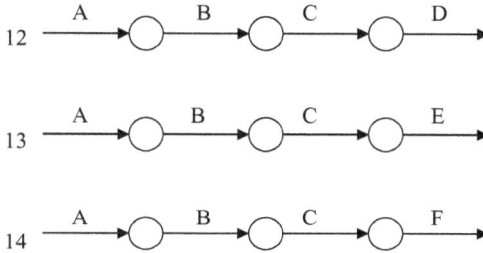

Figure 4-10: *Tâches immédiatement précédentes respectivement à C, D, E et F*

Dans les graphes partiels 12, 13 et 14, les tâches immédiatement précédentes respectivement à C, D, E et F sont B, C, C et C.

Les graphes 2, 10 et 11 sont également contradictoires. On devrait avoir:

Figure 4-11: *Tâches immédiatement précédentes respectivement à I, J et K*

Les tâches H, I et J sont immédiatement précédentes respectivement à I, J et K

a13) Regroupement des graphes partiels

Les graphes partiels à regrouper sont: 3, 8, 9, 12, 13, 14 et 15. Les graphes 12, 13 et 14 ont pour tâches communes les tâches successives A, B et C, donc:

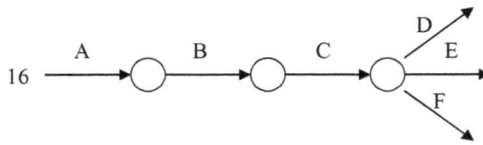

Figure 4-12: *Tâches communes à D, E et F*

Or, d'après le graphe 8, C et E convergent alors que le graphe 16 indique que C est précédente à E. Il y a contradiction. Le graphe 8 se transforme donc:

Figure 4-13: *Transformation du graphe 8*

Les graphes 9 et 17 sont à leur tour contradictoires. En effet, E et G convergent dans 9 alors que 17 montre que E est antérieure à G. Le graphe 9 devient alors:

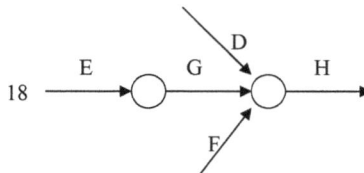

Figure 4-14: *Transformation du graphe 9*

Les graphes 16, 17 et 18 peuvent être regroupés. Nous avons:

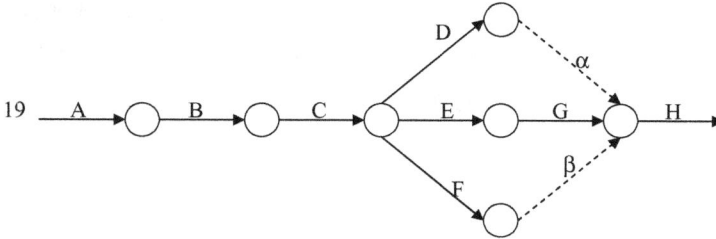

Figure 4-15: *Regroupement des graphes 16, 17 et 18*

où α et β représentent des contraintes fictives (ou tâches virtuelles).

Les graphes 3 et 15 ne peuvent se regrouper avec aucun graphe. Nous reproduisons ci-dessous les trois graphes qui restent.

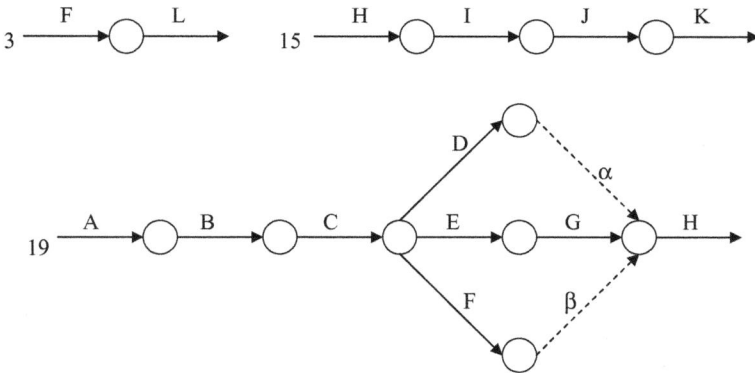

Figure 4-16: *Graphes restant après les regroupements partiels*

a14) Détermination des tâches de début et de fin de l'ouvrage

La tâche A n'ayant pas de tâche précédente est une tâche de début (voir tableau 4-10). Les tâches K et L n'étant pas citées dans la colonne "tâches précédentes", sont des tâches de fin.

a15) Construction du réseau PERT

Nous plaçons l'étape 1 de laquelle partira le graphe partiel 19 commençant par la tâche A. Ensuite nous raccordons le graphe partiel 15. Nous terminons en raccordant le graphe partiel 3. Soit (voir Fig. 4-17):

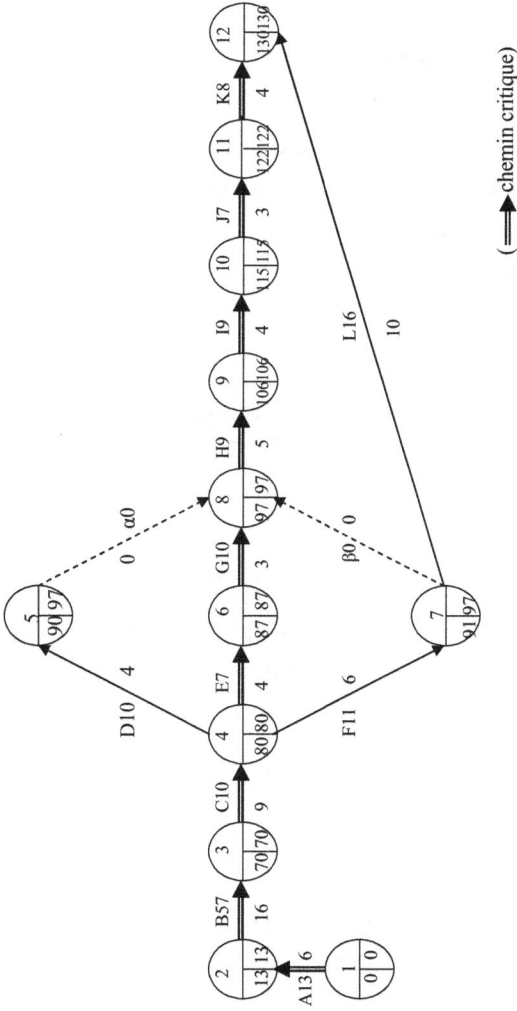

Figure 4-17: *Réseau PERT correspondant à une construction en rez-de-chaussée (exemple n°1)*

311

Ainsi, la construction du réseau PERT étant réalisée, on vérifie bien qu'il commence par la tâche A et qu'il se termine par les tâches K et L.

a2) Détermination des durées des tâches

Les durées se rapportent à un logement urbain de type T4, développé sur une surface utile de 110 m^2, avec trois chambres à coucher (voir Fig. 4-23). Notons que pour un même sous-ouvrage, l'intervention d'un personnel comprenant des spécialités différentes sur le chantier est tout à fait admise. Les temps estimés t_e sont portés à côté de chaque tâche dans le réseau PERT (voir Fig. 4-17).

Tableau 4-11 : *Valeurs de T_E, T_L et R pour chaque étape*

Etape n°	T_E	T_L	R
1	0	0	0
2	13	13	0
3	70	70	0
4	80	80	0
5	90	97	+7
6	87	87	0
7	91	97	+6
8	97	97	0
9	106	106	0
10	115	115	0
11	122	122	0
12	130	130	0

Le chemin critique étant celui qui totalise le minimum de battement, il correspond donc à celui jalonné par les étapes 1, 2, 3, 4, 6, 8, 9, 10, 11 et 12, dans cet ordre.

Supposons que le délai convenu pour atteindre l'étape 12 après le commencement des travaux, en suivant le chemin critique, soit ramené à 123 jours. Il s'agit de calculer la probabilité P_R de respecter ce délai. D'après la formule (2-45), nous avons:

$$Z = \frac{123 - 130}{\left[0,69 + 6,25 + 1,00 + 0,44 + 0,44 + 0,25 + 0,44 + 0,69 + 0,25\right]^{1/2}}$$
$$= -2,17$$

La table de l'annexe 2 donne pour $Z = 2,17$, une probabilité de 0,98500. Donc pour $Z = -2,17$ la probabilité est de 0,01500, soit $P_R \cong 2\ \%$. En d'autres termes, il n'y a que 2 chances sur 100 que le délai de 123 jours soit respecté en ce qui concerne l'achèvement de l'ouvrage.

Admettons maintenant qu'on décide que l'étape 9 devrait être atteinte en 112 jours après le début des travaux. Quelle serait la probabilité que ce délai soit respecté?

Calculons Z d'après la formule (2-45). Nous avons:

$$Z = \frac{112 - 106}{\left[0,69 + 6,25 + 1,00 + 0,44 + 0,44 + 0,25\right]^{1/2}} = 1,99$$

D'après la table de l'annexe 2, on trouve pour Z = 1,99 une probabilité de 0,97670. Par conséquent, P_R = 0,98 ou 98%. Nous pouvons donc dire qu'il y a pratiquement une certitude que le délai de 112 jours soit respecté pour atteindre l'étape 9 après le lancement des travaux.

a3) Répartition des moyens

Le nombre d'exécutants nécessaires pour accomplir les tâches prévues sur le réseau PERT (Fig. 4-17) est donné dans le tableau 4-12 suivant:

Tableau 4-12: *Répartition des moyens en personnel (voir Annexe 7)*

Tâches	Temps (j)	Effectif
A	13	6
B	57	16
C	10	9
D	10	4
E	7	4
F	11	6
G	10	3
H	9	5
I	9	4
J	7	3
K	8	4
L	16	10

Sur le réseau PERT (Fig. 4-17), on ajoute sous chacune des tâches le nombre représentant l'effectif du personnel engagé.

Nous supposons que l'entreprise impose les conditions suivantes:

1- Respect des délais d'achèvement découlant du chemin critique.

2- Niveau d'effectif à ne pas dépasser: 16 ouvriers par jour, étant entendu qu'il n'y a aucune possibilité de faire passer un ouvrier d'un poste à un autre.

En nous basant sur le réseau PERT de la figure 4-17, établissons un tableau à double entrée où nous indiquons en abscisses les jours, et en ordonnées les tâches (voir tableau 4-13).

Nous commencerons par porter les tâches du chemin critique, que nous ne pouvons pas déplacer (première contrainte), dans ce tableau en suivant l'ordre chronologique d'exécution. Le nombre d'effectif est placé devant chacune des tâches.

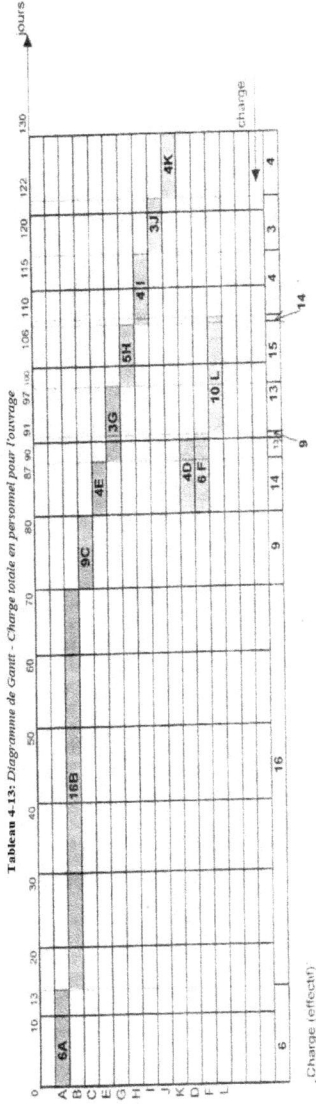

Tableau 4-13: Diagramme de Gantt - Charge totale en personnel pour l'ouvrage

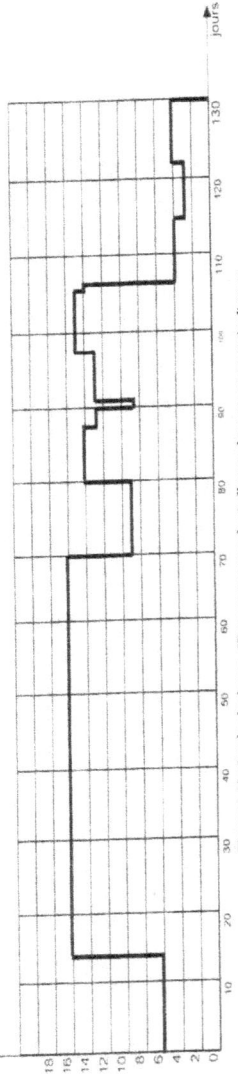

Figure 4-18: Courbe de charge - Histogramme pour le nivellement de ressource en main-d'œuvre

316

Le tableau 4-13 peut être transformé en graphique, ainsi que le montre la figure 4-18. Il ressort de la courbe de charge (Fig. 4-18) que la deuxième contrainte, maintien du niveau d'effectif à 16 ouvriers ou moins, est respectée. Il n'y a donc pas lieu d'adapter le réseau PERT aux contraintes dans le cas spécifique étudié, sinon on aurait procédé au nivellement de la ressource en main-d'oeuvre.

b) Procédure de réduction des surcoûts dans un contexte hors délai (exemple n°1)

Supposons maintenant que, pour des causes quelconques, le délai d'achèvement initial de 130 jours ne puisse plus être respecté. Assignons à chaque opération un certain retard maximum ainsi que le montre le tableau 4-14 ci-après. Dans le présent exemple (n°1), le planificateur prévoit un dérapage de 63 jours sur le délai initial, soit un dépassement du temps de 48%. Le coût de la main-d'œuvre passera de 2 977 000 F CFA (voir les détails de calculs aux Annexes 8 et 9) à 4 295 000 F CFA, ce qui correspond à une dépense supplémentaire en main-d'œuvre évaluée à 21 000 F CFA en moyenne par jour de retard. Si l'ensemble des pénalités pour causes de retard s'élève à 30 000 F CFA par jour, alors le surcoût atteindra 51 000 F CFA par jour en moyenne. En fait, compte tenu des pénalités, le coût total atteindra 6 185 000 F CFA au bout de 193 jours (voir Annexe 6-d), soit une augmentation de 108%.

N.B.: Les pénalités ne concernent que les tâches qui se situent sur le chemin critique, puisque le délai d'exécution est déterminé à partir dudit chemin. Donc les tâches D, F et L ne sont pas pénalisées.

Le rattrapage du retard nécessite une injection de ressources et/ou du travail en heures supplémentaires. Cela se traduira par un coût supplémentaire pour chaque jour rattrapé. Dans notre cas, nous avons estimé que la ressource supplémentaire injectée pour rattraper le retard coûte 1,5 fois plus cher par jour que la ressource initiale.

Si nous souhaitons ramener le dérapage du délai d'achèvement de 193 jours (par rapport aux prévisions faites à partir de l'allure actuelle de l'avancement des travaux) à 150 jours (voir tableau 4-14), le coût total le plus favorable chutera alors à 5 185 000 F CFA. Cela ne représente plus qu'un dépassement du coût total initial de 74%. La réduction du surcoût par rapport aux prévisions pessimistes initiales est donc de 34%, soit un gain de 1 000 000 F CFA. En fixant le délai à 150 jours, nous obtenons un nouveau planning des travaux (voir tableau 4-14) donnant la durée optimale de chaque activité, ainsi que le coût optimal correspondant.

Tableau 4-14: *Exemple n°1: simulation d'une réduction de surcoûts dans un contexte hors délai($\lambda = 150$ jours)*

Activités	Étapes précédentes i	Étapes subséquentes j	Durée normale (jour) D_{ij}	Durée dérapée (jour) δ_{ij}	Coût normal (10^3 F CFA) C_{Dij}	Coût dérapé sans pénalités (10^3 F CFA) $C_{2\delta ij}$	Coût des pénalités et/ou dégradations (10^3 F CFA/jour) ω_{ij}	Nouvelle date de début au plus tôt	Solution optimale Durée optimale (jour) x_{ij}	Solution optimale Coût optimal (10^3 F CFA) $C(x_{ij})$
A	1	2	13	18	130	180	30	0	13	205
B	2	3	57	72	1 427	1 802,5	30	13^e	72	2 252,5
C	3	4	10	18	158	284,4	30	85^e	10	347,6
D	4	5	10	14	146	204,4	0	95^e	14	204,4
E	4	6	7	10	84	120	30	95^e	7	138
F	4	7	11	20	160,5	292	0	95^e	20	292
G	6	8	10	22	130	286	30	102^e	10	364
H	8	9	9	15	112,5	187,5	30	112^e	9	225
I	9	10	9	16	207	368	30	121^e	14	541
J	10	11	7	10	91	130	30	135^e	7	149,5
K	11	12	8	12	104	156	30	142^e	8	182
L	7	12	16	20	227	283,75	0	130^e	20	283,75
			D_n (jour)	δ_n (jour)	Total (10^3 FCFA)	Total (10^3 FCFA)			T_n Durée totale imposée (jour)	Coût total minimum (10^3 FCFA)
			130	193	2 977	4294,550			150	5 184,75

D_n: délai initial; δ_n: dérapage total; T_n: durée totale imposée

Nous pouvons étendre la simulation à d'autres valeurs relatives au délai d'achèvement du projet. Les résultats de la simulation sont résumés dans le tableau 4-15 ci-dessous, où le coût total minimum du projet est rapporté à la durée totale correspondante.

Tableau 4-15: *Résultats synthétiques de la simulation d'une réduction de surcoûts dans un contexte hors délai (exemple n°1)*

λ (jour)	130	140	150	160	170	180	193
C_t (10^3 F CFA)	4830,01	5004,84	5184,75	5398,55	5633,55	5868,80	6184,55

La courbe coût total minimum-durée totale, $C_t(\lambda)$, est représentée sur la Fig. 4-19.

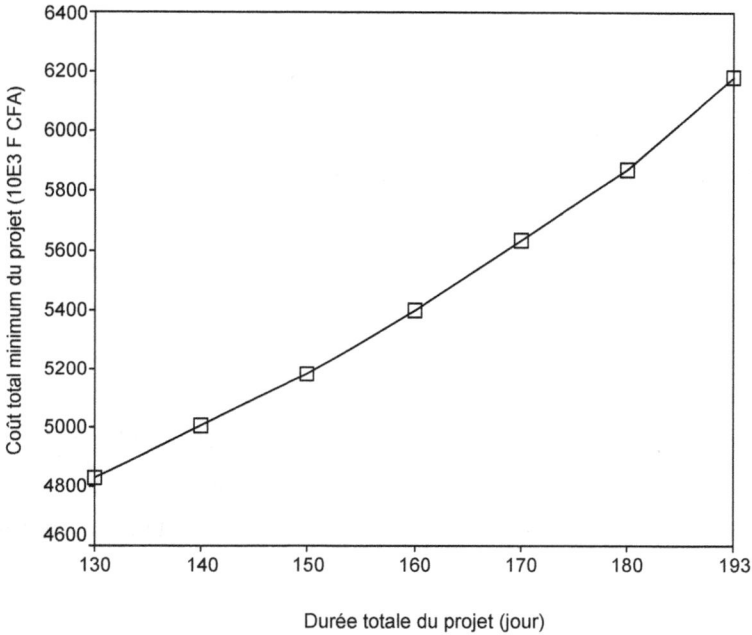

Figure 4-19: *Exemple n°1: Courbe coût-durée (courbe TCT) pour l'ensemble du projet dans un contexte hors délai (courbe tracée avec le logiciel SPSS)*

Il apparaît nettement sur la Fig. 4-19 que le coût total du projet augmente assez vite lorsque le retard prend de l'importance. Lorsqu'on fixe la durée totale du projet, la recherche du coût total minimum impose une réorganisation du planning des travaux. Dans le tableau 4-15, nous constatons que les durées optimales des activités sont prises tantôt du côté des durées normales, tantôt du côté des durées dérapées. Mais il arrive aussi qu'une durée intermédiaire soit attribuée à une activité, c'est le cas de

321

l'activité I avec 14 jours, compris entre 9 jours (durée normale) et 16 jours (durée dérapée). Nous remarquons cependant que pour les activités se situant en dehors du chemin critique (D, F et L), ce sont les durées dérapées qui sont automatiquement attribuées. Ceci s'explique du fait que l'impact du retard ne se ressent en priorité que sur le chemin critique où les pénalités sont appliquées alors qu'en dehors, un relâchement n'aura quasiment pas d'influence sur le délai imposé. Soulignons que si une activité se voit assigner la durée normale, cela voudra dire qu'on aura affaire à une compression de tâche et que le coût des pénalités est nul pour cette activité. Dans ce cas, il faudra obligatoirement envisager une injection de ressources. Par contre, si c'est la durée dérapée qui est considérée, il faudra se résoudre à payer les pénalités en plus de la main-d'œuvre prévue pour cette durée. Les nouvelles dates de début au plus tôt, sur la sortie d'imprimante, sont disposées dans l'ordre suivant: T_1, T_2, …, T_n (voir Annexes 6-a-b-c-d, 7-a-b). Les indices 1, 2, …, n correspondent aux étapes précédentes E_1, E_2, …, E_n. Notons que l'indice de la dernière étape est (n − 1) et non n. Nous avons introduit cet artifice pour les besoins du programme informatique.

L'importance de la Fig. 4-19 est manifeste. En effet la courbe $C_t(\lambda)$, où C_t désigne le coût total minimum du projet et λ le paramètre variable permettant de fixer la durée totale du projet, peut être exploitée de deux manières. Soit on choisit la date à laquelle on voudrait voir le projet s'achever, et on déduit le coût total correspondant par extrapolation. Soit on a une idée du coût total du projet, et on détermine la durée totale correspondante. La courbe $C_t(\lambda)$ pourrait donc constituer un outil en vue d'aider le planificateur de projet à anticiper sur le coût d'un retard éventuel que prendrait l'ensemble du projet, dans un contexte où le dérapage serait inévitable.

4.3.4.2. Etude de cas n°2

a) Etablissement d'un programme de projet de construction (exemple n°2)

Soit le tableau 4-16 ci-après comprenant la liste des activités requises dans le projet de construction d'une maison. Le réseau PERT correspondant au tableau 4-16 est présenté sur la Fig. 4-20.

Tableau 4-16: *Données pour la construction du réseau PERT (exemple n°2)*

Code	Appellation	Tâches immédiatement précédentes	Etapes antécédentes	Etapes subséquentes	Durée normale de la tâche (jour)	Date de début au plus tôt de la tâche (jour)
A	Fouilles	-	1	2	12	0
B	Fondation	A	2	3	16	12^e
C	Soubassement	B	3	4	12	28^e
D	Poutrelles	B	3	5	16	28^e
E	Murs	B	3	6	20	28^e
F	Combles	E	6	7	12	48^e
G	Plancher	D	5	8	16	44^e
H	Crépissage	G	8	9	24	60^e
I	Toit	F	7	9	28	60^e
J	Finition	H, I	9	10	16	88^e
K	Paysage	E	6	10	36	48^e

323

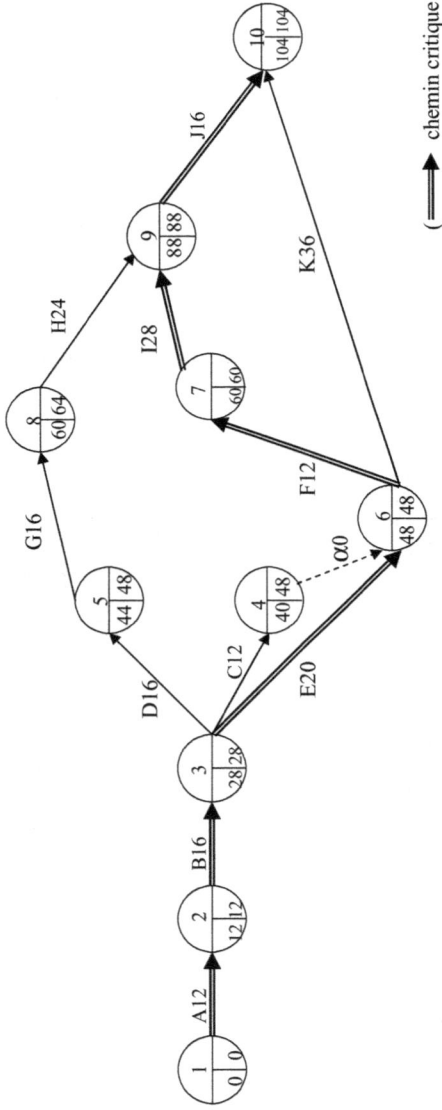

Figure 4-20: *Réseau PERT/CPM d'un projet de construction de maison (exemple n°2)* [LINDO Sys., 2003]

(⟶ chemin critique)

b) Réduction des surcoûts dans un contexte hors délai (exemple n°2)

Les données essentielles pour la simulation sont consignées dans le tableau 4-17 ci-après.

Dans cet exemple, le planificateur prévoit un dérapage qui fera passer le délai initial de 104 jours à 245 jours, soit un dépassement du temps d'achèvement du projet de 136%. Concomitamment, le coût total passera de 4 170 000 F CFA à 14 100 000 F CFA (voir Annexe 7-a), soit une augmentation de 238%. Supposons qu'on veuille ramener le retard à 160 jours. La simulation informatique nous permet d'obtenir le coût total minimum. Celui-ci est évalué à 12 166 000 F CFA (voir tableau 4-17 et annexe 7-b). Ainsi le dépassement du coût total pourra être ramené à 192%, ce qui correspond à une réduction du surcoût de 46% par rapport aux prévisions initiales sur le dérapage. Parallèlement, un planning optimum est proposé pour ce nouveau délai.

Tableau 4-17: *Exemple n°2: simulation d'une réduction de surcoûts dans un contexte hors délai*

(λ = 160 jours)

Activités	Étapes précédentes i	Étapes subséquentes j	Durée normale (jour) D_{ij}	Durée dérapée (jour) δ_{ij}	Coût normal (10³ F CFA) C_{Dij}	Coût dérapé sans pénalités (10³ F CFA) C_{28ij}	Coût des pénalités (10³ F CFA/jour) ω_{ij}	Nouvelle date de début au plus tôt	Durée optimale (jour) x_{ij}	Coût optimal (10³ F CFA) $C(x_{ij})$
A	1	2	12	35	120	350	15	0	19	535
B	2	3	16	40	400	1000	37,5	19ᵉ	16	1 300
C	3	4	12	38	276	874	0	35ᵉ	38	874
D	3	5	16	39	432	1053	0	35ᵉ	39	1 053
E	3	6	20	43	460	989	34,5	35ᵉ	20	1 253,5
F	6	7	12	35	190	554,1	24	55ᵉ	35	1 106,1
G	5	8	16	43	480	1290	0	74ᵉ	43	1 290
H	8	9	24	47	300	587,5	0	117ᵉ	27	712,5
I	7	9	28	54	442	852,4	24	90ᵉ	54	1 476,4
J	9	10	16	38	560	1330	52,5	144ᵉ	16	1 715
K	6	10	36	60	510	850	0	55ᵉ	60	850
			D_n (jour)	δ_n (jour)	Total (10³ FCFA)	Total (10³ FCFA)		T_n Durée totale imposée (jour)		Coût total minimum (10³ FCFA)
			104	245	4 170	9 730		160		12 165,5

D_n: délai initial; δ_n: dérapage total; T_n: durée totale imposée

En procédant à la simulation pour différents délais d'achèvement, nous pouvons dresser le tableau 4-18 suivant:

Tableau 4-18: *Résultats synthétiques de la simulation d'une réduction de surcoûts dans un contexte hors délai (exemple n°2)*

λ (jour)	104	120	140	160	180	200	220	245
C_t (10^3 F CFA)	12009,4	11998,4	12039,9	12165,5	12392,5	12754,5	13254,5	14099,5

A partir du tableau 4-18 nous représentons la courbe $C_t(\lambda)$, c'est-à-dire le coût total minimum en fonction du paramètre variable λ qui fixe le temps d'achèvement du projet (voir Fig. 4-21).

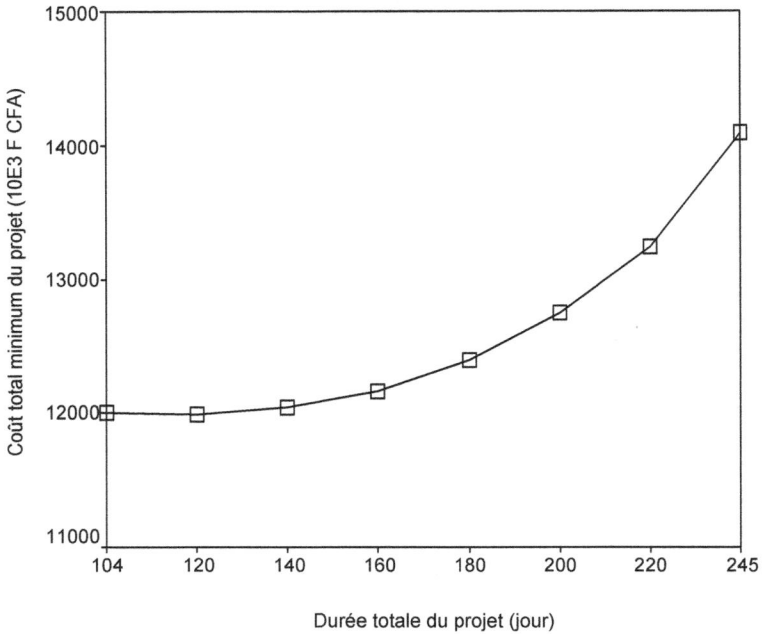

Figure 4-21: *Exemple n°2: Courbe coût-durée (courbe TCT) pour l'ensemble du projet dans un contexte hors délai (courbe tracée avec le logiciel SPSS)*

La courbe $C_t(\lambda)$ ci-dessus montre que le surcoût augmente très peu jusqu'à 140 jours, et qu'au-delà d'un dérapage à 160 jours, l'accroissement devient rapide.

Dès lors que la perspective d'un dépassement du délai initial se précise, en dépit des efforts que l'on pourrait déployer pour satisfaire ce délai, l'apparition du surcoût devient inévitable. C'est ce que révèlent les deux études de cas qui ont servi d'illustration à notre modèle. Dans le premier cas, on est passé de 2 977 000 F CFA à 4 830 000 F CFA, soit une augmentation de 62% quand bien même le délai puisse être respecté. Dans le deuxième cas, on passe de 4 170 000 F CFA à 12 009 000 F CFA, soit un accroissement de 188% en maintenant le délai initial. L'explication vient simplement du fait que toutes les tâches doivent être comprimées au maximum afin de rentrer dans le délai initial, le retard étant déjà fortement prévisible, du moins si on se fiait aux tendances actuelles de l'avancement des travaux.

Remarque: Il est intéressant de noter sur la Fig. 4-21 (obtenue à partir du tableau 4-18) qu'en passant du délai de 104 jours à 120 jours, le coût total subit un léger fléchissement alors que le retard augmente. Cette situation survient lorsque les pénalités appliquées sont trop faibles. Ceci illustre parfaitement le cas que nous avons décrit précédemment et représenté sur la Fig. 4-8.

4.3.5. Conclusion partielle

Nous venons de traiter le problème qui se rapporte aux dépassements des coûts liés aux dépassements de temps. Il s'est agi pour nous de trouver une compensation optimum entre le temps d'achèvement du projet de construction et son coût total. En nous situant dans un contexte hors délai, nous avons cherché le moyen par lequel nous pouvions réduire au mieux les surcoûts qui surviennent dans une telle situation. Nous sommes parvenus à modéliser le problème en utilisant comme outil mathématique la programmation linéaire. Le modèle est appelé MO3CHD. Grâce au langage spécialisé du logiciel Visual Xpress, nous avons réussi à automatiser la procédure permettant de calculer le coût total minimum dans un contexte hors délai. Au moyen d'un tableau comprenant les données essentielles pour l'établissement d'un programme de construction, on arrive, par un jeu de simulations, à dégager la solution la meilleure possible en terme de coût et de délai. Deux études de cas ont été présentées pour illustrer le modèle proposé. Il en ressort que la réduction du surcoût est tout à fait réalisable lorsqu'on s'organise efficacement pour rattraper le retard. Nous pensons ainsi avoir mis à la disposition des acteurs impliqués dans le domaine de la construction, notamment les planificateurs et les projeteurs, un outil qui pourrait les aider à sélectionner les solutions les plus convenables lorsqu'ils rencontrent des difficultés particulières à cause du dérapage du délai contractuel initial.

4.4. Nouvelle méthode de planification d'un programme de projet de construction dans un contexte de ressources rares

4.4.1. Introduction

Dans cette section, nous présentons une nouvelle méthode de planification d'un programme de projet de construction dans un contexte de ressources rares. Cette méthode, adaptée essentiellement pour le secteur informel où domine l'auto-production, se fonde sur le fait que le projet de construction ne peut être réalisé dans sa globalité d'un trait, dans un intervalle de temps précis. La cause en est la difficulté à réunir des ressources financières suffisantes dans un laps de temps relativement court. Il s'agira alors d'adopter une approche séquentielle schématisée par un diagramme que nous avons baptisé *DESO*[5]. Cette approche essaie d'indiquer la manière dont on pourrait gérer au mieux des ressources très limitées dans la construction, afin d'atteindre le seuil d'habitabilité le plus vite possible.

4.4.2. L'approche séquentielle: le Diagramme d'Enchaînement des Sous-Ouvrages (DESO)

Par rapport au cycle de vie d'un projet de construction (voir Fig. 2-12), nous supposons que les étapes préliminaires sont déjà achevées et nous nous situons au niveau de l'exécution, moment où le maximum d'effort doit être consenti.

Deux grands problèmes sont régulièrement rencontrés dans le processus de construction dans les P.E.D., notamment au niveau du secteur informel où domine l'auto-production:

---

[5] Diagramme d'Enchaînement des Sous-Ouvrages

331

- le premier problème révèle la difficulté de disposer d'un budget suffisant pouvant permettre de conduire, de façon continue, un projet de construction du début à la fin.
- le deuxième problème est le non respect du délai de réalisation de l'ouvrage projeté; d'ailleurs le non respect du délai pourrait être une conséquence du manque d'argent à un moment donné dans l'exécution des travaux.

Notre objectif est de proposer une démarche tendant à améliorer la gestion des ressources financières disponibles et à mieux respecter le délai de réalisation pour chaque opération.

L'estimation du coût de la construction à partir de la formule (4-22) permet d'établir le budget prévisionnel global (voir Fig. 4-1) assorti d'une précision quantifiable. L'approche matricielle favorise une estimation détaillée du coût en suivant un découpage rigoureux tel que chaque élément de dépense peut être aisément identifiable.

Cependant, compte tenu de la difficulté pour un auto-producteur de réunir le budget global prévu et par conséquent de conduire le projet à terme et dans le délai fixé initialement, nous allons décomposer le projet en sous-projets, chacun correspondant à un sous-ouvrage. Grâce à l'approche matricielle, nous pouvons estimer le coût de chaque sous-ouvrage et déterminer son délai de réalisation.

Pour maximiser les chances de réussite dans la conduite d'un sous-projet, il faudra remplir au préalable une condition essentielle: disposer d'un budget couvrant totalement le sous-projet.

En s'inspirant du modèle de Midler sur la convergence des projets (voir Fig. 2-10), on devrait soigneusement étudier le moment où l'on engagera le sous-projet [Midler, 1993]. En effet, pour optimiser la convergence, on considère que l'accélération des projets s'opère en prenant son temps au départ, pour explorer et préparer de manière la plus complète possible les options du projet avant de les geler et de s'engager dans la réalisation [Ben Mahmoud Jouini *et al*, 2002]. Ensuite, il s'agit de "verrouiller" le plus complètement possible des paramètres pour basculer dans une exécution quasi automatique.

L'ordre de programmation des sous-projets est imposé pour certains sous-ouvrages. Le *diagramme d'enchaînement des sous-ouvrages* ou DESO (voir Fig. 4-22 ci-dessous) simplifie la procédure de programmation, d'autant plus qu'il fait apparaître les sous-budgets correspondants [Louzolo, 2003; Louzolo *et al.*, 2004]. Le diagramme montre des sous-ouvrages *dégénérés*.

Par définition on dira qu'un sous-ouvrage est dégénéré lorsque l'on dispose de plus d'un choix pour programmer le sous-ouvrage suivant. La sélection du prochain sous-ouvrage sera dictée par la disponibilité budgétaire. Le *degré de dégénérescence* d'un sous-ouvrage est donné par le nombre de choix possibles pour la programmation du sous-ouvrage suivant. Lorsque le choix est unique, on parlera d'un sous-ouvrage *non dégénéré*. Par exemple, sur la figure 4-22, les sous-ouvrages SO_1, SO_{2a} et SO_{2b} sont non dégénérés, ce qui signifie qu'il y a une séquence de construction obligatoire à suivre; le sous-ouvrage SO_3 est 4 fois dégénéré, tandis que SO_4 est 3 fois dégénéré. Notons que pour un sous-ouvrage dégénéré, il est possible d'engager simultanément l'exécution d'autant de prochains sous-ouvrages que l'indique le degré de dégénérescence. A partir du diagramme d'enchaînement, on peut définir le *chemin de programmation* qui est imposé à la fois par la séquence de construction et par le budget disponible. Le chemin de programmation suivra toujours l'enchaînement le moins coûteux tel que les ressources financières affectées au sous-ouvrage "*chaîné*" soient suffisantes pour sa réalisation complète. *L'approche séquentielle impose donc l'achèvement de chaque sous-ouvrage, autrement dit de chaque sous-projet qui est entamé.* En effet, un projet ayant un début et une fin, il faudra arriver à la réalisation totale de chaque sous-ouvrage commencé en respectant les règles de gestion de projet.

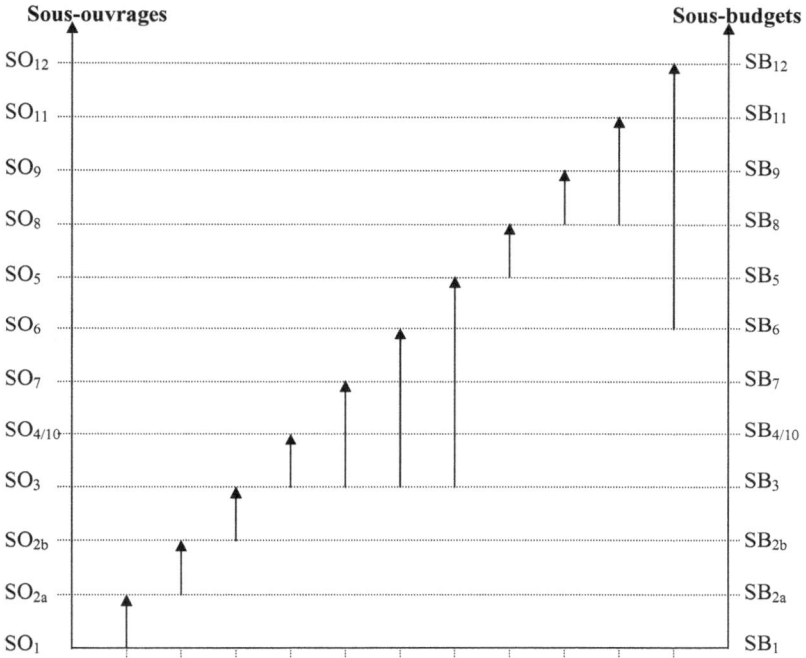

Figure 4-22 : *Diagramme d'enchaînement des sous-ouvrages (DESO)*
pour une construction en rez-de-chaussée.

Légende:

SO$_1$: Terrassement et implantation   SO$_6$: Plomberie et viabilité sanitaires
SO$_{2a}$: Fondation (sous-bassement)   SO$_5$: Installation électrique
SO$_{2b}$: Maçonnerie et béton à élévation   SO$_8$: Enduits intérieurs et extérieurs
SO$_3$: Charpente et couverture   SO$_9$: Revêtement et carrelage
SO$_{4/10}$: Menuiseries et vitrerie   SO$_{11}$: Peinture intérieure et extérieure
SO$_7$: Plafonnage   SO$_{12}$: Aménagement et VRD
                                                       Alimentation eau / électricité

335

Cette procédure présente un double avantage:

- Le délai de réalisation d'un sous-ouvrage étant relativement court, on évite la dispersion des ressources financières dans des dépenses autres que celles prévues pour les travaux;
- Le logement peut déjà être habitable à un niveau donné de réalisation, par exemple jusqu'à l'achèvement du sous-ouvrage SO_4. Etant dans son propre logement, même encore inachevé, le propriétaire pourra renforcer le budget alloué à la construction. En effet, s'étant débarrassé de son statut de locataire, il lui sera possible d'accroître son épargne.

Cet aspect est très important dans le cas des P.E.D. où la grande majorité de la population ne dispose que d'un revenu modeste ne lui permettant pas de conduire un projet de construction, sans interruption, jusqu'à son achèvement complet.

4.4.3. Etude de cas: application de l'approche séquentielle

4.4.3.1. Introduction

Dans cette étude, nous allons considérer un logement urbain de type T4 (voir Fig. 4-23). Ce choix est motivé par les considérations qui suivent. D'après une étude fondée sur 52 villes et établissant les indicateurs du logement par rapport à la qualité des logements (voir tableau 4-19), il est possible d'obtenir, pour chaque groupe de revenu, le nombre de personnes par chambre [DINU1, 1996].

Tableau 4-19: *Qualité des logements*

Indicateurs de logement Groupe de revenu	Surface habitable par personne (en m²)	Nombre de personnes par chambre	Pourcentage de structures permanentes	Pourcentage de logements disposant de l'eau courante
I. Villes de pays à faible revenu (exemple: Dar es Salaam, Dhaka, Ibadan, Karachi, Accra, etc.)	6,1	2,47	67	56
II. Villes des pays à revenu intermédiaire, tranche inférieure (exemple: Harare, Manille, Abidjan, Rabat, Bogota, etc.)	8,8	2,24	86	74
III. Villes des pays à revenu intermédiaire (exemple: Bangkok, Tunis, Istanbul, Varsovie, Monterrey, Johannesburg, etc.)	15,1	1,69	94	94
IV. Villes des pays à revenu élevé, tranche inférieure (exemple: Caracas, Rio de Janeiro, Budapest, Séoul, Singapour, etc.)	22,0	1,03	99	99
V. Villes des pays à revenu élevé (exemple: Londres, Melbourne, Paris, Washington, Tokyo, etc.)	35,0	0,66	100	100

(Source: Rapport sur la situation des établissements humains dans le monde, 1995)

Nous pouvons donc déterminer la taille moyenne du ménage selon le groupe de revenu en fonction du nombre de chambres (voir tableau 4-20).

Tableau 4-20: *Taille moyenne des ménages suivant le groupe de revenu des villes*

Nombre de personnes / Groupe de revenu	Nombre de personnes par chambre	Nombre de personnes pour un logement de 3 chambres	Nombre de personnes pour un logement de 4 chambres
I. Villes de pays à faible revenu	2,47	7,41	9,88
II. Villes de pays à revenu intermédiaire, tranche inférieure	2,24	6,72	8,96
III. Villes de pays à revenu intermédiaire	1,69	5,07	6,76
IV. Villes de pays à revenu élevé, tranche inférieure	1,03	3,09	4,12
V. Villes de pays à revenu élevé	0,66	1,98	2,64

Dans la liste des 52 centres urbains, les P.I. n'apparaissent qu'à partir du groupe III, tandis que les groupes I et II sont essentiellement composés par les P.E.D. On estime que dans ces derniers pays, la taille moyenne des ménages dans les grandes villes est de six personnes [Pettang, 1999]. En nous référant au tableau 4-20, nous pensons nous situer dans le groupe II, avec un logement de trois chambres. Nous pouvons ainsi opter pour un logement-type urbain (voir esquisse, Fig. 4-23) de quatre pièces comprenant: 1 séjour, 1 cuisine, 2 salles de toilette, 2 chambres pour enfants, 1 chambre pour parents.

En tenant compte des surfaces minimales recommandées par les normes architecturales, le logement-type urbain pourra se développer sur une

338

surface utile de 110 m^2 [Kamgang *et al.*, 1999]. Ce chiffre est conforme aux résultats d'une enquête menée dans la ville de Yaoundé (Cameroun), qui donne la répartition suivante en terme de surface utile des logements [Mogue, 1993]:

- Surface utile inférieure à 50 m^2: 13% des maisons;
- Surface utile comprise entre 50 et 100 m^2: 44% des maisons;
- Surface utile comprise entre 100 et 150 m^2: 43% des maisons.

Cependant, en nous reportant au tableau 4-20, pour le groupe II, on trouve une surface habitable totale de 53 m^2 environ pour un ménage de six personnes. Cette surface représente pratiquement la moitié de celle préconisée pour le logement-type urbain. Cela pourrait s'expliquer pour des raisons de non-respect des normes architecturales.

N.B. Il est utile de rappeler que le fait de travailler sur un logement-type T4 simplifie les applications, mais ne change rien à leur sens fondamental.

Chambre 2   Chambre 3   Toilette 2   Terrasse 2

Cuisine

Toilette 1   Couloir

Dressing

Séjour

Chambre 1

Terrasse 1

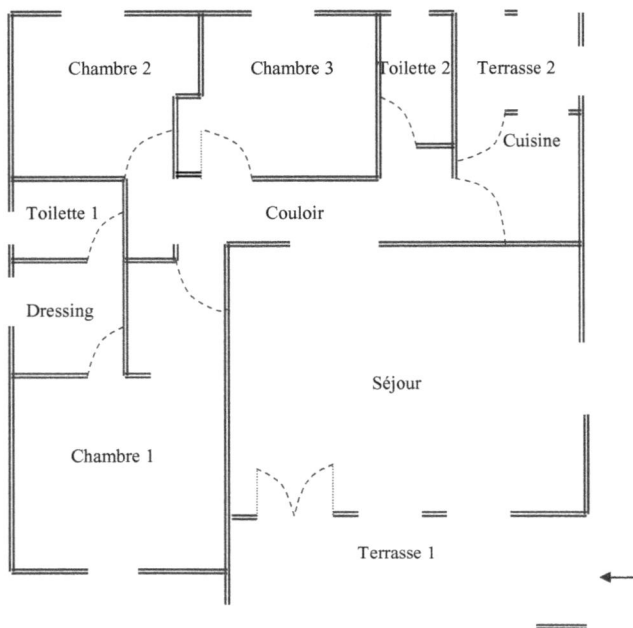

Figure 4-23: *Esquisse de plan d'un logement de type T4*
[Kamgang *et al*., 1999]

***Légende*:**

Séjour: 33.8 m^2 Dressing: 4.1 m^2

Chambre 1: 16.7 m^2 Cuisine: 6.2 m^2

Chambre 2: 10.1 m^2 Couloir: 8.5 m^2

Chambre 3: 10.1 m^2 Terrasse 1: 10.9 m^2

Toilette 1:   3.5 m^2 Terrasse 2: 2.3 m^2

Toilette 2:   3.8 m^2

Total: **110 m^2**

Un devis quantitatif et estimatif d'une construction à base de matériaux conventionnels (ciment, parpaings, béton armé, mortier de ciment, tôle aluminium de 5/10) est inséré à l'annexe 10. Le devis relatif à la main d'œuvre se trouve à l'annexe 14.

4.4.3.2. Calcul des coûts

Nous utilisons l'approche matricielle simple car il s'agit de calculer les coûts dans la Phase de Définition Détaillée (PDD).

a) Coûts des matériaux

Le coût des matériaux se calcule à partir de la matrice Q des quantités de matériaux et de la matrice diagonale U des prix unitaires. Ainsi la matrice M représentant les coûts des matériaux s'écrit:

$$\mathbf{M} = \mathbf{QU}$$
$$= \{q^j_k\, u^j_j\} = \{m^j_k\} \qquad (4\text{-}38)$$

Soit, en explicitant M:

$$M = \begin{array}{r} \text{Matériaux} \rightarrow \\ \\ SO_1 \rightarrow \\ SO_2 \rightarrow \\ \\ \\ \\ SO_k \rightarrow \\ \\ \\ SO_{12} \rightarrow \end{array}
\begin{pmatrix}
mat_1 & mat_2 & \ldots & mat_p \\
q^1{}_1 & q^2{}_1 & \ldots & q^p{}_1 \\
q^1{}_2 & q^2{}_2 & \ldots & q^p{}_2 \\
\vdots & \vdots & & \vdots \\
q^1{}_k & q^2{}_k & \ldots & q^p{}_k \\
\vdots & \vdots & & \vdots \\
q^1{}_{12} & q^2{}_{12} & \ldots & q^p{}_{12}
\end{pmatrix}
\begin{pmatrix}
mat_1 & mat_2 & \ldots & mat_p \\
u^1{}_1 & \ldots\ldots\ldots \\
& u^2{}_2 \\
& & \ddots \\
& & & \ddots \\
\ldots\ldots & & u^p{}_p
\end{pmatrix}$$

Sous-ouvrages

$$(4\text{-}39)$$

$$M = \begin{array}{r} SO_1 \rightarrow \\ SO_2 \rightarrow \\ \\ SO_k \rightarrow \\ \\ SO_{12} \rightarrow \end{array}
\begin{pmatrix}
m^1{}_1 & m^2{}_1 & \ldots & m^p{}_1 \\
m^1{}_2 & m^2{}_2 & \ldots & m^p{}_2 \\
\vdots & \vdots & & \vdots \\
m^1{}_k & m^2{}_k & \ldots & m^p{}_k \\
\vdots & \vdots & & \vdots \\
m^1{}_{12} & m^2{}_{12} & \ldots & m^p{}_{12}
\end{pmatrix}$$

$$(4\text{-}40)$$

A partir de la matrice M, on peut déterminer le coût total de tous les matériaux utilisés pour la réalisation de chaque sous-ouvrage SO_k en effectuant la somme des éléments d'une ligne k donnée, autrement dit on a:

$$M_{SOk} = \sum_{j=1}^{p} (m_k^j) \qquad (4\text{-}41)$$

De même, le coût total du matériau mat$_j$ pour la réalisation de tout l'ouvrage est obtenu en sommant tous les éléments de la colonne j. On a:

$$M_{matj} = \sum_{k=1}^{12} (m_k^j) \qquad (4\text{-}42)$$

Les calculs se font aisément à l'aide d'un tableur comme Excel.

A partir des annexes 11 et 12, nous avons calculé les coûts des matériaux par sous-ouvrages (voir la synthèse au tableau 4-21). Les détails des calculs se trouvent à l'annexe 12.

Tableau 4-21: *Coûts des matériaux par sous-ouvrage*

Sous-ouvrages	Coûts des matériaux (F CFA)
SO$_1$	375 575
SO$_{2a}$	1 279 000
SO$_{2b}$	2 471 275
SO$_3$	1 232 750
SO$_{4/10}$	1 357 080
SO$_7$	840 000
SO$_6$	1 255 200
SO$_5$	450 700
SO$_8$	568 000
SO$_9$	814 780
SO$_{11}$	1 218 800
SO$_{12}$	745 000
Total	**12 608 160**

Remarque: Le calcul matriciel pourrait se faire avec un logiciel spécialisé comme *MATLAB* [Matlab, 2005]. L'expression (4-39) traduit la multiplication de deux matrices Q et U, définies respectivement par:

343

$Q(12, p) = [q^1_1, q^2_1, ..., q^p_1; q^1_2, q^2_2, ..., q^p_2; ...; q^1_k, q^2_k, ..., q^p_k; ...; q^1_{12}, q^2_{12}, ..., q^p_{12}]$ et

$U(p,p) = [u^1_1, 0, ..., 0; 0, u^2_2, ..., 0; ...; 0, 0, ..., u^p_p]$

Le résultat $M = Q*U$, donné sous la forme (4-40), permet de trouver les coûts des matériaux par sous-ouvrages, en utilisant l'expression (4-41).

b) Coût de la main-d'œuvre

Le coût de la main d'œuvre est obtenu en considérant les catégories de corps de métiers, les effectifs par corps de métiers, le revenu journalier des intervenants par corps de métiers et la durée de réalisation des sous-ouvrages.

Si on suppose qu'un même corps de métier perçoit un revenu journalier uniforme quel que soit le sous-ouvrage où il intervient, alors la matrice R des revenus journaliers sera diagonale. Le produit de la matrice N des effectifs par corps de métiers avec la matrice R donne la matrice V des revenus journaliers de tous les intervenants d'un corps de métier donné par sous-ouvrage, soit:

$$\begin{aligned} \mathbf{V} &= \mathbf{NR} \\ &= \{n^h_k r^h_h\} = \{v^h_k\} \end{aligned} \qquad (4\text{-}43)$$

La matrice W de coût de la main d'œuvre est obtenue, non pas en faisant directement le produit de la matrice V avec la matrice D des durées de réalisation des sous-ouvrages, mais en écrivant une matrice dont le terme général est le produit des termes généraux des matrices V et D. On écrit alors:

$$\mathbf{W} = \{v^h_k \, d^h_k\} = \{w^h_k\} \qquad (4\text{-}44)$$

En développant la matrice W, il vient:

Corps de $\rightarrow$ com_1 com_2 . . . com_q com_1 com_2 . . . com_q
métiers

$$W = \begin{matrix} SO_1 \rightarrow \\ SO_2 \rightarrow \\ \vdots \\ SO_k \rightarrow \\ \vdots \\ SO_{12} \rightarrow \end{matrix} \begin{pmatrix} v^1_1 d^1_1 & v^2_1 d^2_1 & . & . & . & v^q_1 d^q_1 \\ v^1_2 d^1_2 & v^2_2 d^2_2 & . & . & . & v^q_2 d^q_2 \\ . & . & . & & & . \\ v^1_k d^1_k & v^2_k d^2_k & . & . & . & v^q_k d^q_k \\ . & . & . & & & . \\ v^1_{12} d^1_{12} & v^2_{12} d^2_{12} & . & . & . & v^q_{12} d^q_{12} \end{pmatrix} = \begin{pmatrix} w^1_1 & w^2_1 & . & . & . & w^q_1 \\ w^1_2 & w^2_2 & . & . & . & w^q_2 \\ . & . & . & & & . \\ w^1_k & w^2_k & . & . & . & w^q_k \\ . & . & . & & & . \\ w^1_{12} & w^2_{12} & . & . & . & w^q_{12} \end{pmatrix}$$

Sous-ouvrages   (4-45)

Le coût total de la main d'œuvre de tous les corps de métiers intervenant sur un sous-ouvrage SO_k est donné par l'expression:

$$W_{SOk} = \sum^q_{h=1} (w^h_k) \qquad\qquad (4\text{-}46)$$

De même, le coût total de la main d'œuvre lié au corps de métier com_h pour l'ensemble de l'ouvrage s'écrit:

$$W_{com,h} = \sum^{12}_{k=1} (w^h_k) \qquad\qquad (4\text{-}47)$$

Le tableau ci-dessous récapitule les coûts de la main d'œuvre par sous-ouvrage (voir les détails aux annexes 13 et 14).

Tableau 4-22: *Coûts de la main-d'œuvre par sous-ouvrage*

Sous-ouvrages	Coûts de la main d'œuvre (F CFA)
SO_1	78 000
SO_{2a}	499 500
SO_{2b}	1 366 000
SO_3	250 000
$SO_{4/10}$	162 000
SO_7	130 000
SO_6	160 500
SO_5	72 000
SO_8	165 000
SO_9	230 000
SO_{11}	65 000
SO_{12}	165 000
Total	**3 343 000**

Le coût de la main d'œuvre représente ici 27% du coût total des matériaux. Ce pourcentage est bien de l'ordre de grandeur de ce qui est habituellement rencontré dans la littérature spécialisée (Kamgang *et al.* par exemple le fixent à 25%).

c) *Coût des frais généraux*

En l'absence de données précises et détaillées, nous admettrons que le coût des frais généraux représente 10% du coût total de la construction, ou encore 20% du coût total des matériaux [Pettang *et al.*, 1994]. Nous retiendrons pour les calculs le pourcentage de 20% par rapport aux matériaux pour chaque sous-ouvrage, bien qu'il ne soit pas formellement établi que ce chiffre soit uniforme au niveau de tous les sous-ouvrages.

Tableau 4-23: *Coûts des frais généraux par sous-ouvrage*

Sous-ouvrages	Coûts des frais généraux (F CFA)
SO_1	75 115
SO_{2a}	255 800
SO_{2b}	494 255
SO_3	246 550
$SO_{4/10}$	271 416
SO_7	168 000
SO_6	251 040
SO_5	90 140
SO_8	113 600
SO_9	162 956
SO_{11}	243 760
SO_{12}	149 000
Total	**2 521 632**

d) Coût total de la construction par sous-ouvrage

La relation (3-37) nous permet de calculer le coût de la construction par sous-ouvrage. Le tableau 4-24 ci-dessous fait la synthèse des résultats des tableaux 4-21, 4-22 et 4-23.

Tableau 4-24: *Coût total de la construction par sous-ouvrage*

Sous-ouvrages	Coût total de la construction (F CFA)
SO_1	528 690
SO_{2a}	2 034 300
SO_{2b}	4 331 530
SO_3	1 729 300
$SO_{4/10}$	1 790 496
SO_7	1 138 000
SO_6	1 666 740
SO_5	612 840
SO_8	846 600
SO_9	1 207 736
SO_{11}	1 527 560
SO_{12}	1 059 000
Total	**18 472 792**

Le poids de chacun des trois éléments fondamentaux constituant le coût total de la construction se répartit de la manière suivante:

- Coût total des matériaux: 68%;
- Coût total de la main-d'œuvre: 18%;
- Coût total des frais de gestion: 14%.

Ces chiffres sont effectivement proches de ceux rencontrés dans la littérature spécialisée. Par exemple, Lelièvre estime à 12% du coût des travaux de construction les honoraires professionnels [Lelièvre, 1995], tandis que Lachambre pense que le coût des matériaux peuvent représenter jusqu'à 70% du coût total de la construction [Lachambre, 2002].

e) Vérification du modèle statistico-matriciel d'estimation du coût de la construction

Nous voulons profiter de cette étude pour tester la justesse du MSMECC (modèle statistico-matriciel d'estimation du coût de la construction).

Rappelons que l'expression du coût total de la construction s'écrit (voir formule 4-22):

$$\check{K} = -5.10^5 + 5 \, [\text{momccf}] + 3 \, [\text{matcovet}] + 0,7 \, [\text{matmaco}]$$
$$+ 0,6 \, [\text{matchmen}] + 2 \, [\text{matplomb}] \pm M$$

Or les cinq variables contenues dans la formule ci-dessus sont obtenues à partir du modèle matriciel simple. En effet, nous avons:

- momccf = coût de la main-d'œuvre (maçon; coffreur; carreleur; ferrailleur)
- matcovet = coût des matériaux (SO_3-partie)
- matmaco = coût des matériaux (SO_{2a}; SO_{2b}; SO_6-partie; SO_8)
- matchmen = coût des matériaux (SO_3-partie; SO_4-partie; SO_7)
- matplomb = coût des matériaux (SO_6-partie)

avec:

- momccf = 408 000 F + 21 000 F + 200 000 F + 21 000 F
  = 650 000 F
- matcovet = 917 750 F
- matmaco = 1 279 000 F + 2 471 275 F + 500 000 F + 568 000 F
  = 4 818 275 F
- matchmen = 315 000 F + 1 218 000 F + 840 000 F = 2 373 000 F
- matplomb = 755 000F

D'où:

$\check{K} = 11\ 809\ 842\ F$

Le calcul de la marge M (formule 4-21) donne:

$M = 5\ 131\ 917\ F$

Finalement, le coût total estimé devient:

$\check{K} = 12\ 000\ 000\ F \pm 5\ 000\ 000\ F$

Notons que le MSMECC a été établi en omettant les corps d'état "terrassement" et "VRD", et les frais généraux. Pour des fins de comparaison, nous allons ajuster le coût total réel de la construction, que nous désignerons par C_a.

Ainsi, nous avons:

$C_a = $ Coût total réel $- [(C_{SO1} + C_{SO12})_{/Ma\text{-}MO} + C_{FG}]$

$= 18\ 472\ 792\ F - (453\ 575\ F + 910\ 000\ F + 2\ 521\ 632\ F)$

$= 14\ 587\ 585\ F$

Nous constatons que C_a est bien contenu à l'intérieur des limites prévues par l'estimation!

4.4.3.3. Construction du DESO

Nous reprenons le diagramme de la figure 4-22, mais en inscrivant le coût de chaque sous-ouvrage (voir Fig. 4-24 ci-dessous).

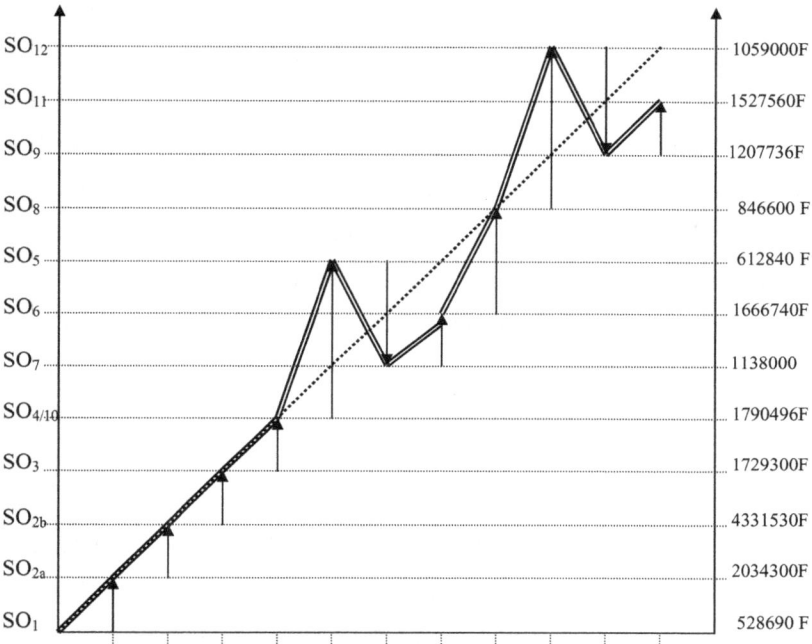

Sous-ouvrages ... **Sous-budgets**

Sous-ouvrages	Sous-budgets
SO_{12}	1059000F
SO_{11}	1527560F
SO_9	1207736F
SO_8	846600 F
SO_5	612840 F
SO_6	1666740F
SO_7	1138000
$SO_{4/10}$	1790496F
SO_3	1729300F
SO_{2b}	4331530F
SO_{2a}	2034300F
SO_1	528690 F

Figure 4-24: *Diagramme d'enchaînement des sous-ouvrages avec le chemin de programmation*

(················) *chemin idéal ;* (⟹ *chemin programmé*

Les quatre premiers sous-ouvrages (SO_1, SO_{2a}, SO_{2b}, SO_3) suivent une exécution séquentielle obligatoire. Après la réalisation du sous-ouvrage SO_3, qui est 4 fois dégénéré, il se présente donc 4 continuations possibles. C'est le sous-ouvrages SO_5 (installation électrique) qui a le coût le plus bas, on pourrait théoriquement passer à l'exécution de ce sous-ouvrage au cas où les ressources disponibles seraient très limitées. Cependant, dans la pratique, il paraît plus recommandable de réaliser directement le sous-ouvrage SO_4 (menuiseries en bois et métallique) afin de rendre le logement déjà habitable. Cela signifie qu'à ce stade de la construction (réalisation des sous-ouvrages SO_1, SO_{2a}, SO_{2b}, SO_3 et SO_4), il faudra investir environ 60% du budget total du projet (soit 10 414 316 F sur 18 472 792 F). Dans son étude, Abono avait trouvé un pourcentage comparable à celui que nous avons obtenu [Abono, 1992]. En effet, celui-ci pense que, par la méthode d'évolution améliorative, la maison est déjà habitable dès la première phase de réalisation (tous les murs extérieurs et intérieurs réalisés, les portes et les fenêtres confectionnées, toiture, matériaux bruts), pour un investissement estimé à 63% du coût total du logement.

Après le sous-ouvrage SO_4, il est souhaitable de suivre le chemin de moindre coût. Toutefois, le bon sens est fortement conseillé. Par exemple, après SO_5, on devrait normalement passer à SO_8 (enduits). Seulement, réaliser les enduits avant la plomberie (SO_6) signifie qu'il faudrait les reprendre par endroit, ce qui entraînerait une reprise des travaux.

Le chemin de programmation indique au promoteur les étapes possibles du processus de construction. Les séquences sont déterminées à la fois par des contraintes techniques et des contraintes budgétaires. Ainsi, chaque auto-producteur peut choisir le chemin qui lui convient en cas de dégénérescence d'un sous-ouvrage et compte tenu de la disponibilité des ressources financières.

Nous présentons ci-après trois images de constructions différentes qui illustrent parfaitement ce que pourrait être l'approche séquentielle. L'application de la méthode d'évolution améliorative apparaît clairement sur ces images. Sur la Fig. 4-25, le sous-ouvrage SO_{2a} (fondation) est déjà achevé. Les travaux sont arrêtés depuis quelques mois, ils redémarreront par le sous-ouvrage SO_{2b} (maçonnerie et béton à l'élévation) dès que les moyens financiers seront à nouveau disponibles. Sur la Fig. 4-26, les travaux sont bloqués juste après la réalisation du sous-ouvrage SO_{2b}. La Fig. 4-27 montre une maison habitable et déjà habitée; le pourcentage de réalisation dépasse 80% par rapport au nombre de sous-ouvrages achevés. En effet, sur les douze sous-ouvrages prévus, dix sont réalisés. Seuls restent les sous-ouvrages SO_9 (revêtement et carrelage) et SO_{11} (peinture intérieur et extérieur). Ce dernier exemple correspond idéalement au diagramme dressé sur la Fig. 4-24, où, après l'exécution du sous-ouvrage SO_{12}, on revient au sous-ouvrage SO_9, pour terminer par SO_{11}.

4.4.4. Conclusion partielle

L'acte de construire est d'une exigence telle que la maîtrise du management de projet s'avère nécessaire pour éviter les dérapages qui engendrent des surcoûts importants.

Sachant que la grande majorité de la population en milieu urbain dans les P.E.D. ne dispose que d'un revenu modeste, le problème de la production de logements, éventuellement par auto-production, devient quasi insurmontable, en regard du prix de revient extrêmement élevé d'un logement individuel décent. Dans ce cas, une utilisation parcimonieuse et méthodique des maigres ressources disponibles est une question vitale, d'autant plus que les mécanismes classiques de financement de l'habitat, d'après Lachambre, n'offrent pas des conditions favorables pour obtenir des prêts pour le logement à cause des taux d'intérêt prohibitifs, des durées de remboursement trop courtes et des garanties proposées par le demandeur jugées insuffisantes [Lachambre, 2002].

L'approche séquentielle permet une organisation du processus de la construction par étapes. Elle est plus adaptée au budget des ménages à revenu modeste, qui ne peuvent réussir à épargner une certaine somme d'argent qu'au prix d'énormes sacrifices. Le budget ne pouvant être rassemblé dans sa totalité dans un délai déterminé, il est alors indiqué de cibler les sous-ouvrages les plus abordables et de les réaliser en utilisant au mieux les techniques de gestion de projet pour chaque opération.

Il est vrai que la durée de réalisation de tout l'ouvrage se trouve allongée. Néanmoins, le principal avantage de l'approche séquentielle réside en ce que tout sous-ouvrage dont on a amorcé la réalisation pourra connaître son achèvement, puisque le budget qui lui est alloué sera disponible au moment de son lancement. En plus, le délai de réalisation d'un sous-ouvrage étant généralement court, il sera plus facile de se concentrer sur une seule tâche et éviter la dispersion des ressources. A un certain niveau de réalisation de l'ouvrage, que l'on pourrait appelé *niveau d'accueil* ou seuil d'habitabilité minimale, particulièrement à la fin du gros-œuvre (comprenant les sous-ouvrages SO_1, SO_{2a}, SO_{2b} et SO_3) et en ajoutant les menuiseries (bois et métallique), le logement pourrait être habitable.

L'un des inconvénients de l'approche séquentielle fait apparaître la non prise en compte de l'exécution simultanée de plusieurs sous-ouvrages. En fait, cette simultanéité n'est pas implicitement exclue. Si le budget permet de réaliser plus d'un sous-ouvrage en même temps, pour autant que cela soit techniquement possible, rien ne s'y oppose. Cependant, *l'essence de l'approche séquentielle repose sur l'art d'optimiser la gestion des ressources rares*. En effet, souvent, le budget disponible pour les ménages à faible revenu n'autorise pas la réalisation de plusieurs sous-ouvrages simultanément.

Figure 4-25: Construction réalisée jusqu'au sous-ouvrage SO_{2a}

Figure 4-26: Construction réalisée jusqu'au sous-ouvrage SO_{2b}

Figure 4-27: Maison déjà habitable. Il reste les sous-ouvrages SO_9 et SO_{11}

4.5. Conclusion

Les dépassements de coûts sont fréquents dans le domaine de la construction. Ils prennent d'autant plus d'importance que le projet a du mal à respecter le délai prévu. Dans les P.E.D., cette situation est habituelle et constitue un véritable problème sur le plan financier. En nous plaçant dans un contexte hors délai, notre objectif a été de trouver une méthode pouvant nous permettre de réduire le retard tout en minimisant les dépassements de coûts subséquents. Nous avons pu modéliser ce problème en utilisant la programmation linéaire paramétrique comme outil mathématique. Le modèle que nous avons mis au point est baptisé MO3CHD (Modèle d'Optimisation du Coût de la Construction dans un Contexte Hors Délai). Grâce au langage spécialisé du logiciel XPress-MP, nous avons réussi à automatiser la procédure permettant la détermination du coût total minimum dans le cas spécifique de dépassement du temps d'achèvement d'un projet de construction. A partir d'un tableau où figurent les données nécessaires à l'établissement d'un programme de projet de construction, nous obtenons la solution optimale dans laquelle sont indiqués les durées optimales des différentes activités et les coûts respectifs correspondants. Sachant que la réduction du temps d'une activité entraîne l'élévation de son coût, il a donc fallu tenir compte de ce facteur antagonique. Notons que pour trouver le coût relatif à chaque activité après dérapage, on additionne le coût propre de l'activité avec le coût induit par le retard. Ce dernier est constitué des éléments tels que les pénalités, les taux supplémentaires de location, etc. Le planificateur de projet dispose ainsi d'une méthode capable de l'aider à recadrer son programme de façon optimale, avec l'avantage en

357

plus de parvenir à réduire le surcoût occasionné par le dérapage du délai initialement fixé. En procédant à la simulation de scénarios différents, qui se fait en modifiant le temps d'achèvement du projet auquel on s'attend après le dérapage, le planificateur pourrait choisir la combinaison qui lui semble la plus réalisable. Il est utile de rappeler que le modèle ne prend en compte que la partie du coût de la construction qui varie linéairement avec le temps. Par conséquent, les coûts relatifs aux matériaux ne sont pas concernés, car leur variation n'est pas linéaire et de surcroît leur évolution ne s'observe que sur une période assez longue. Toutefois, au cas où les coûts de certains matériaux connaîtraient un accroissement pour des causes telles que l'inflation, une révision des prix devrait être effectuée. Cette situation se produit surtout lorsque le projet enregistre un retard considérable dans sa phase d'exécution ou s'il se déroule sur une longue période, plusieurs années par exemple.

Remarquons que le modèle que nous proposons s'appuie sur un seul type de variables décisionnelles, à savoir la durée. En effet, notre problématique s'est particulièrement focalisée sur les dépassements de temps avec pour conséquence majeure la survenue des surcoûts relativement importants. Cela nous a conduit à regarder uniquement ce qui se passe au-delà du délai initial d'un projet de construction. Cependant, le modèle pourrait encore être enrichi en introduisant d'autres contraintes telles que les ressources (moyens financiers, effectif en main-d'œuvre), car il paraît nécessaire de tenir compte de leur limitation. Mais dans ce cas la taille du problème s'agrandirait rapidement, ce qui nécessiterait l'utilisation d'une autre technique d'optimisation, notamment les AGs.

Un autre fait à signaler c'est que le modèle ne semble pas considérer le cas où le programme est en cours d'exécution, et que la prévision de dépassement du délai initial total ne soit établie qu'à ce moment précis seulement. Le problème qui pourrait se poser se situe au niveau de la détermination des durées normales et des coûts normaux des activités en cours. Néanmoins, ce problème est résolu en considérant que les durées normales et les coûts normaux des activités en cours se transforment en durées et coûts restants pour atteindre leurs délais initiaux respectifs.

L'optimisation du coût de la construction, telle que nous l'avons décrite et traitée, concerne plus spécialement les secteurs structuré et semi-strucutré du bâtiment compte tenu de leur mode de fonctionnement. Par contre pour le secteur informel, où le souci de temps paraît loin d'être une préoccupation primordiale, la notion de délai d'exécution d'un ouvrage demeure futile. Il va de soi que notre modèle (MO3CHD), qui se base sur un paramètre essentiel, la durée, lui est difficilement applicable. C'est ainsi que nous avons proposé une autre approche pour aborder les pratiques de construction dans le secteur non structuré. Cette approche, qui est en réalité une traduction formalisée des habitudes rencontrées dans ce secteur, a été nommée *Diagramme d'enchaînement des sous-ouvrages*, en sigle DESO. La décomposition du projet en sous-projets, correspondant chacun à un sous-ouvrage avec un sous-budget propre, s'adapte parfaitement à la construction évolutive. Mais il y a lieu de distinguer les deux méthodes d'évolution de la construction: l'évolution améliorative et l'évolution constructive [Abono, 1992]. L'évolution constructive prône l'achèvement complet d'une partie du bâtiment avant d'entamer une autre, et ainsi de suite. A l'opposé, l'évolution améliorative préconise la réalisation, sous-ouvrage par sous-ouvrage, de tout le bâtiment. Le DESO s'applique particulièrement au cas de l'évolution améliorative qui est somme toute la plus répandue et la plus adoptée par les auto-producteurs. Cette méthode de planification impose l'achèvement de chaque sous-ouvrage, autrement dit, chaque sous-projet entamé devrait arriver à son terme. La notion de dégénérescence d'un sous-ouvrage renseigne sur le nombre de choix possibles dans la programmation du sous-ouvrage suivant. La logique voudrait dans ce cas que ce soit le sous-ouvrage le moins coûteux qui soit programmé avant les autres, pour autant que cela soit techniquement réalisable. Le chemin de programmation constitue l'enchaînement par lequel le choix des sous-ouvrages s'est effectué, par ordre d'antériorité. L'emploi du DESO rend possible une gestion méthodique de ressources très limitées. Il s'agit de concentrer le maximum d'effort sur un seul sous-ouvrage avec un minimum de ressources, en un temps relativement court. Cette procédure est intéressante car elle permet d'éviter la dispersion des ressources. Le leitmotiv ici pourrait être: il vaut mieux achever un seul sous-ouvrage que de se retrouver avec plusieurs sous-ouvrages non achevés. Lorsqu'on atteint un certain stade de réalisation de l'ouvrage, comprenant un nombre déterminé de sous-ouvrages, le bâtiment aura déjà été rendu habitable. Il pourrait alors accueillir un ménage dont la taille serait plus importante qu'on ne le ferait avec la méthode d'évolution constructive, pour un niveau de dépense équivalent. Cependant, l'approche séquentielle que nous proposons ne prend pas explicitement le temps en compte pour l'ensemble de l'ouvrage, ni l'exécution simultanée de plusieurs sous-ouvrages. Cela vient simplement du fait que les ressources étant rares, on est obligé d'attendre longtemps pour que le financement soit à nouveau disponible, afin de poursuivre les travaux. Les moyens financiers étant en plus très limités, il est difficile dans ce cas d'engager plusieurs sous-ouvrages simultanément, bien que cela soit techniquement possible. Le rythme avec lequel se fait l'enchaînement des sous-ouvrages dépend de la capacité financière de l'auto-producteur. Plus ce dernier aura du mal à rassembler les ressources nécessaires, plus la réalisation des sous-ouvrages successifs attendra longtemps. Dans certains cas cette attente peut prendre plusieurs mois, voire des années. Cela explique souvent le caractère inachevé de beaucoup de constructions réalisées par les auto-producteurs au niveau du secteur informel. Toutefois, la raison fondamentale de l'approche séquentielle, sous-tendue par le DESO, est d'indiquer la manière par laquelle l'on pourrait répartir au mieux des moyens très limités dans la construction évolutive de type amélioratif.

Perspectives et Conclusion générale

1. Perspectives

Le modèle statistico-matriciel d'estimation du coût de la construction (*MSMECC*) est un modèle de portée générale. Toutefois, il conviendra de l'adapter à chaque type de constructions, surtout en ce qui concerne les coefficients de régression. Pour cela, la nécessité de disposer d'une base de données (brutes) sur les coûts des constructions est une étape capitale pour asseoir la robustesse du modèle proposé.

Le modèle d'optimisation du coût de la construction dans le contexte hors délai (*MO3CHD*) n'a pris en compte qu'un seul type de variables décisionnelles, notamment le temps. Nous pouvons aussi envisager la prise en considération, de manière simultanée, des variables telles que l'effectif de la main-d'œuvre et la disponibilité des ressources, par exemple. On pourrait encore imaginer d'autres types de variables ayant un impact certain sur un programme de projet de construction. Cependant, il paraît impossible de construire des modèles complexes qui tiennent compte de toutes les dimensions du projet au fil du temps, surtout si l'on souhaitait associer des variables liées aux comportements sociaux. Toutefois, au cas où l'on introduirait plusieurs types de variables décisionnelles simultanément, on pourrait se retrouver avec à une fonction objectif et/ou des contraintes qui ne seraient pas forcément linéaires. En outre le problème pouvant, de ce fait, présenter une grande taille, il y aurait alors nécessité de recourir à l'utilisation des Algorithmes Génétiques afin de le résoudre plus efficacement.

Il serait intéressant de parvenir à l'automatisation complète du *MO3CHD* pour faciliter son utilisation. Ce faisant, le modèle deviendrait un outil d'aide à la décision très précieux pour les entrepreneurs dans le domaine de la construction des bâtiments.

Le diagramme d'enchaînement des sous-ouvrages (***DESO***) pourrait être amélioré si l'on parvenait à introduire la variable temps. En remarquant que les coûts de certains matériaux (comme le sable) varient au cours de l'année avec une alternance de coûts élevés et de coûts bas selon les saisons, il serait tentant d'introduire le concept de "matériaux saisonniers". La variation du coût de ces matériaux avec le temps prendrait l'allure d'une fonction de type créneau. Ainsi les périodes de bas coûts seraient mises à profit dans l'approvisionnement en matériaux de construction. L'idée de base ici est d'exploiter toutes les opportunités qui contribueraient à baisser le coût total de la construction.

2. Conclusion générale

La maîtrise des coûts de la construction dans les P.E.D. ne peut être efficace que si les causes qui engendrent les dépassements substantiels des coûts initiaux sont combattues et résorbées.

Dans notre travail, nous avons abordé la maîtrise des coûts de la construction sous deux angles: l'estimation des coûts et l'optimisation des coûts, particulièrement dans la phase d'exécution du projet de construction, qui est la phase où le maximum d'effort est consenti.

L'estimation des coûts constitue la première étape conduisant à l'élaboration du budget prévisionnel d'un projet. Par conséquent, la justesse et la crédibilité d'une estimation sont une garantie essentielle pour la suite du projet dans son ensemble. Le modèle d'estimation des coûts (*MSMECC*) que nous avons proposé fait recours à l'outil statistique. Il est donc clair que la qualité du modèle dépend fortement de la source des données, notamment pour la détermination des coefficients de régression. En plus, les données statistiques doivent être disponibles pour couvrir les différents types de constructions. Cependant, la principale difficulté a été justement l'accès aux données. Aussi, pour la mise en œuvre du modèle, nous sommes-nous limités aux constructions à usage de logements, en rez-de-chaussée. Le modèle proposé a montré son efficacité dans l'estimation prévisionnelle. Il se caractérise par sa marge d'incertitude, information très importante dans le domaine de la maîtrise du coût de la construction.

S'agissant de l'optimisation du coût de la construction, nous nous sommes singulièrement intéressés à la réduction des surcoûts. Dans les P.E.D., le problème majeur rencontré dans le domaine de la construction demeure les dépassements récurrents des coûts. Nous avons lié ce problème aux dépassements du délai de réalisation du projet, qui sont très courants. Pour la modélisation du problème d'optimisation, nous nous sommes servis de la programmation linéaire paramétrique. Il s'est agi de minimiser le coût total de la construction dans un contexte hors délai. En effet, il arrive souvent que les acteurs, clients et/ou entrepreneurs, face à la perspective de dépassement du délai contractuel initial, ne sachent plus exactement comment se réorganiser pour amoindrir les surcoûts à venir. Le risque de tomber dans l'improvisation devient alors important, avec pour conséquence possible l'aggravation de la situation, notamment par l'accentuation du dérapage financier. L'élaboration d'un modèle d'aide à la décision (*MO3CHD*) est en droit de permettre aux acteurs de corriger rapidement une situation compromise en jouant efficacement sur la compensation optimum entre les coûts et la durée. La mise en œuvre automatique (implémentation) du modèle a facilité la simulation d'une réduction des surcoûts dans un contexte hors délai. En effet, la simulation informatique se révèle précieuse car elle favorise non seulement le choix de la solution réalisable donnant le coût total minimum pour un délai fixé, mais elle permet aussi de réorganiser le planning avec un nouvel ordonnancement lié à la solution obtenue. Le modèle a été testé à travers deux cas pris comme hypothèse. Les résultats obtenus montrent nettement l'efficacité du modèle. La réduction des surcoûts apparaît clairement lorsqu'on fournit l'effort nécessaire dans le rattrapage du retard. Le modèle permet d'obtenir le coût total optimum pour une durée totale fixée dans le projet. Il établit en outre l'ordonnancement optimum des activités du projet pour que soit respecté le nouveau délai imposé. Cependant, il convient de signaler que, dans l'attribution des nouvelles durées aux différentes activités, il est possible que le chemin critique change. Il revient donc au projeteur de vérifier sur le réseau PERT l'effet de la modification des durées. Ensuite, faisons remarquer que l'aspect dynamique du projet n'apparaît pas de manière évidente. En d'autres termes, la durée normale et le coût normal de référence pour une activité en cours d'exécution devraient sans doute être redéfinis dès l'instant où l'on envisage l'éventualité d'un dérapage de la durée totale du projet.

Nous tenons à signaler que l'optimisation est comprise ici comme la recherche de l'optimum de la fonction coût. Par conséquent, seule la solution donnant le coût total optimal, assujetti aux différentes contraintes, a été retenue. Autrement dit, la solution optimale est la solution réalisable (c'est-à-dire celle qui satisfait simultanément toutes les contraintes du problème) ayant la valeur de la fonction objectif la plus favorable. Toutefois, nous demeurons conscients du caractère théorique de l'optimisation qui s'intéresse à rechercher de manière précise le minimum d'une fonction mathématique, sachant que celle-ci n'est qu'une représentation simplifiée de la réalité. Néanmoins, la solution optimale devrait être l'idéal vers lequel le manager de projet chercherait à se rapprocher dans le but de réduire au mieux les surcoûts induits par les dépassements de délais. Notons toutefois que, quelle que soit la justesse des solutions générées par le modèle que nous proposons, il restera toujours le problème de leur traduction dans le monde réel. Et c'est précisément ici qu'intervient la notion fondamentale de l'organisation, sans laquelle il serait vain de parler de maîtrise du coût de la construction.

Dans notre étude, nous avons essentiellement considéré le développement de l'optimisation d'un projet et de ses méthodes de construction dans un cadre approprié qui est celui de l'entreprise. Bien qu'il soit possible de réduire et même de rattraper un retard prévisible, il faut toujours au départ se donner les moyens d'éviter que ce retard soit trop grand, compte tenu de l'allure actuelle de l'avancement des travaux. Plus le retard à rattraper sera important et plus il faudra injecter des ressources supplémentaires, ce qui pourrait maintenir les dépassements de coûts à un niveau relativement élevé. Il serait aussi intéressant de voir comment le *MO3CHD* pourrait être mis à profit par le client. En effet, nous avons constaté que des pénalités pour retard trop faibles n'incitent pas l'entrepreneur à accélérer son rythme d'exécution. Notre modèle pourrait donc aider le client, en procédant par simulation, à fixer des taux de pénalité convenables en cas de retard pris par l'entrepreneur.

Nous n'avons pas oublié le cas du secteur informel, secteur auquel s'adresse la plus grande majorité de la population dans les P.E.D. Face à la difficulté pour la plupart des ménages de réunir un budget suffisant pour conduire d'un trait un projet de construction, il nous a paru utile d'imaginer une approche formalisée capable d'améliorer la gestion du processus de construction dans un contexte de ressources rares. Nous avons ainsi proposé le Diagramme d'enchaînement des sous-ouvrages (**DESO**) afin de permettre aux auto-producteurs de planifier leur projet de manière plus rationnelle. Insistons néanmoins pour dire que le souci du temps n'est pas l'élément primordial ici, ce qui est essentiel dans cette approche c'est l'art d'utiliser au mieux une ressource très limitée.

Pour terminer, citons cet adage provenant du Congo (Brazzaville): *"Une maison se construit avant tout par terre"*. Cela signifie qu'il faut s'assurer d'avoir rassemblé les ressources nécessaires, notamment les matériaux de construction, avant d'engager l'exécution d'un ouvrage. Une sagesse populaire qui révèle parfaitement le souci de conduire un projet de construction sans rupture de ressources.

ANNEXES

La distribution β est une distribution concernant une variable aléatoire t comprise dans l'intervalle [A, B] où A > 0 et B > 0, et telle que la densité de probabilité est:

$$f(t) = 0, \qquad -\infty < t < A$$

$$= \frac{(t - A)^{\alpha} \, (B - t)^{\gamma}}{(B - A)^{\alpha + \gamma + 1} \, \beta \, (\alpha + 1, \gamma + 1)} \, , \qquad A \leq t \leq B \qquad \text{(a-1)}$$

$$= 0, \qquad B < t < \infty$$

où

$$\beta(m, n) = \int_0^1 x^{m-1} \cdot (1 - x)^{n-1} \, dx = \left[\Gamma(m). \, \Gamma(n) \right] \Big/ \left[\Gamma(m + n) \right] \qquad \text{(a-2)}$$

est la fonction eulérienne de première espèce et

$$\Gamma(r) = \int_0^{\infty} x^{r-1} \, e^{-x} \, dx \qquad \text{(a-3)}$$

est la fonction eulérienne de seconde espèce.

La Fig. a-1 donne l'aspect de cette distribution pour des valeurs données des paramètres.

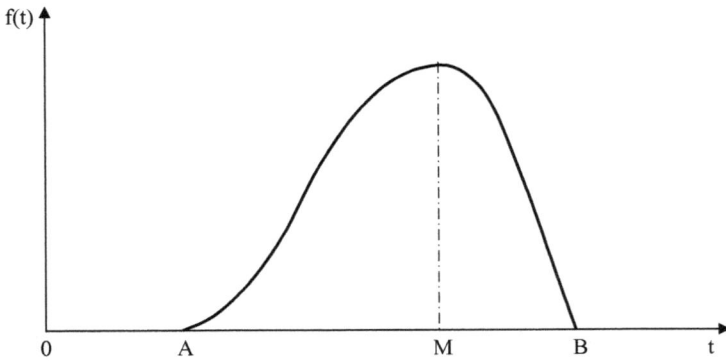

Figure a-1: *Courbe représentant la distribution* β

Dans la méthode PERT, on choisit généralement:

$$\alpha = 2 + \sqrt{2}, \qquad \gamma = 2 - \sqrt{2}$$

ou

$$\alpha = 2 - \sqrt{2}, \qquad \gamma = 2 + \sqrt{2}$$

$$\Phi(u) = \int_{-\infty}^{u} \frac{1}{\sqrt{2\pi}} e^{-u^2/2} \, du \quad \text{pour} \quad u = 0(0,01)3,99.$$

u	0,00	0,01	0,02	0,03	0,04	0,05	0,06	0,07	0,08	0,09
0,0	0,5000	0,5040	0,5080	0,5120	0,5160	0,5199	0,5239	0,5279	0,5319	0,5359
0,1	0,5398	0,5438	0,5478	0,5517	0,5557	0,5596	0,5636	0,5675	0,5714	0,5753
0,2	0,5793	0,5832	0,5871	0,5910	0,5948	0,5987	0,6026	0,6064	0,6103	0,6141
0,3	0,6179	0,6217	0,6255	0,6293	0,6331	0,6368	0,6406	0,6443	0,6480	0,6517
0,4	0,6554	0,6591	0,6628	0,6664	0,6700	0,6736	0,6772	0,6808	0,6844	0,6879
0,5	0,6915	0,6950	0,6985	0,7019	0,7054	0,7088	0,7123	0,7157	0,7190	0,7224
0,6	0,7257	0,7291	0,7324	0,7357	0,7389	0,7422	0,7454	0,7486	0,7517	0,7549
0,7	0,7580	0,7611	0,7642	0,7673	0,7703	0,7734	0,7764	0,7794	0,7823	0,7852
0,8	0,7881	0,7910	0,7939	0,7967	0,7995	0,8023	0,8051	0,8078	0,8106	0,8133
0,9	0,8159	0,8186	0,8212	0,8238	0,8264	0,8289	0,8315	0,8340	0,8365	0,8389
1,0	0,8413	0,8438	0,8461	0,8485	0,8508	0,8531	0,8554	0,8577	0,8599	0,8621
1,1	0,8643	0,8665	0,8686	0,8708	0,8729	0,8749	0,8770	0,8790	0,8810	0,8830
1,2	0,8849	0,8869	0,8888	0,8907	0,8925	0,8944	0,8962	0,8980	0,8997	0,90147
1,3	0,90320	0,90490	0,90658	0,90824	0,90998	0,91149	0,91309	0,91466	0,91621	0,91774
1,4	0,91924	0,92073	0,92220	0,92364	0,92507	0,92647	0,92785	0,92922	0,93056	0,93189
1,5	0,93319	0,93448	0,93574	0,93699	0,93822	0,93943	0,94062	0,94179	0,94295	0,94408
1,6	0,94520	0,94630	0,94738	0,94845	0,94950	0,95053	0,95154	0,95254	0,95352	0,95449
1,7	0,95543	0,95637	0,95728	0,95818	0,95907	0,95994	0,96080	0,96164	0,96246	0,96327
1,8	0,96407	0,96485	0,96562	0,96638	0,96712	0,96784	0,96856	0,96926	0,96995	0,97062
1,9	0,97128	0,97193	0,97257	0,97320	0,97381	0,97441	0,97500	0,97558	0,97615	0,97670
2,0	0,97725	0,97778	0,97831	0,97882	0,97932	0,97982	0,98030	0,98077	0,98124	0,98169
2,1	0,98214	0,98257	0,98300	0,98341	0,98382	0,98422	0,98461	0,98500	0,98537	0,98574
2,2	0,98610	0,98645	0,98679	0,98713	0,98745	0,98778	0,98809	0,98840	0,98870	0,98899
2,3	0,98928	0,98956	0,98983	0,99010	0,99036	0,99061	0,99086	0,99111	0,99134	0,99158
2,4	0,99180	0,99202	0,99224	0,99245	0,99266	0,99286	0,99305	0,99324	0,99343	0,99361
2,5	0,99379	0,99396	0,99413	0,99430	0,99446	0,99461	0,99477	0,99492	0,99506	0,99520
2,6	0,99534	0,99547	0,99560	0,99573	0,99585	0,99598	0,99609	0,99621	0,99632	0,99643
2,7	0,99653	0,99664	0,99674	0,99683	0,99693	0,99702	0,99711	0,99720	0,99728	0,99736
2,8	0,99744	0,99752	0,99760	0,99767	0,99774	0,99781	0,99788	0,99795	0,99801	0,99807
2,9	0,99813	0,99819	0,99825	0,99831	0,99836	0,99841	0,99846	0,99851	0,99856	0,99861
3,0	0,99865	0,99869	0,99874	0,99878	0,99882	0,99886	0,99889	0,99893	0,99897	0,99900
3,1	0,99903	0,99906	0,99910	0,99913	0,99916	0,99918	0,99921	0,99924	0,99926	0,99929
3,2	0,99931	0,99934	0,99936	0,99938	0,99940	0,99942	0,99944	0,99946	0,99948	0,99950
3,3	0,99952	0,99953	0,99955	0,99957	0,99958	0,99960	0,99961	0,99962	0,99964	0,99965
3,4	0,99966	0,99968	0,99969	0,99970	0,99971	0,99972	0,99973	0,99974	0,99975	0,99976
3,5	0,99977	0,99978	0,99978	0,99979	0,99980	0,99981	0,99981	0,99982	0,99983	0,99983
3,6	0,99984	0,99985	0,99985	0,99986	0,99986	0,99987	0,99987	0,99988	0,99988	0,99989
3,7	0,99989	0,99990	0,99990	0,99990	0,99991	0,99991	0,99992	0,99992	0,99992	0,99992
3,8	0,99993	0,99993	0,99993	0,99994	0,99994	0,99994	0,99994	0,99995	0,99995	0,99995
3,9	0,99995	0,99995	0,99996	0,99996	0,99996	0,99996	0,99996	0,99996	0,99997	0,99997

Exemples : $\Phi(0,52) = 0,6985$; $\Phi(-1,93) = 1 - \Phi(1,93) = 1 - 0,97320 = 0,02680$.

Annexe 3: *Coefficients de corrélation*

Modèle			M.O.-MCCF	Mat-Couverture/Etanchéité	Mat-Maçonnerie	Mat-Charpenterie/Menuiserie	Mat-Plomberie	Mat-Peinture	Mat-Carrelage/Revêtement	Mat-Electricité
1	Correlations	M.O.-MCCF	1,000							
	Covariances	M.O.-MCCF	,123							
2	Correlations	M.O.-MCCF	1,000	-,906						
		Mat-Couverture/Etanchéité	-,906	1,000						
	Covariances	M.O.-MCCF	,387	-,588						
		Mat-Couverture/Etanchéité	-,588	1,091						
3	Correlations	M.O.-MCCF	1,000	-,492	-,776					
		Mat-Couverture/Etanchéité	-,492	1,000	-,099					
		Mat-Maçonnerie	-,776	-,099	1,000					
	Covariances	M.O.-MCCF	,415	-,217	-7,369E-02					
		Mat-Couverture/Etanchéité	-,217	,470	-9,989E-03					
		Mat-Maçonnerie	-7,369E-02	-9,989E-03	2,172E-02					
4	Correlations	M.O.-MCCF	1,000	-,441	-,731	-,448				
		Mat-Couverture/Etanchéité	-,441	1,000	-,098	,003				
		Mat-Maçonnerie	-,731	-,098	1,000	,089				
		Mat-Charpenterie/Menuiserie	-,448	,003	,089	1,000				
	Covariances	M.O.-MCCF	,308	-,129	-4,624E-02	-3,792E-02				
		Mat-Couverture/Etanchéité	-,129	,279	-5,907E-03	2,620E-04				
		Mat-Maçonnerie	-4,624E-02	-5,907E-03	1,299E-02	1,553E-03				
		Mat-Charpenterie/Menuiserie	-3,792E-02	2,620E-04	1,553E-03	2,324E-02				
5	Correlations	M.O.-MCCF	1,000	-,068	-,534	-,486	-,685			
		Mat-Couverture/Etanchéité	-,068	1,000	-,093	-,082	-,342			
		Mat-Maçonnerie	-,534	-,093	1,000	,087	,001			
		Mat-Charpenterie/Menuiserie	-,486	-,082	,087	1,000	,248			
		Mat-Plomberie	-,685	-,342	,001	,248	1,000			
	Covariances	M.O.-MCCF	,328	-1,639E-02	-2,619E-02	-3,297E-02	-,250			
		Mat-Couverture/Etanchéité	-1,639E-02	,178	-3,356E-03	-4,088E-03	-9,181E-02			
		Mat-Maçonnerie	-2,619E-02	-3,356E-03	7,346E-03	8,818E-04	6,810E-05			
		Mat-Charpenterie/Menuiserie	-3,297E-02	-4,088E-03	8,818E-04	1,401E-02	1,868E-02			
		Mat-Plomberie	-,250	-9,181E-02	6,810E-05	1,868E-02	,405			

Modèle			M.O.-MCCF	Mat-Couverture/Etanchéité	Mat-Maçonnerie	Mat-Charpenterie/Menuiserie	Mat-Plomberie	Mat-Peinture	Mat-Carrelage/Revêtement	Mat-Electricité
6	Correlations	M.O.-MCCF	1,000	,383	-,664	-,812	-,574	-,758		
		Mat-Couverture/Etanchéité	,383	1,000	-,329	-,509	-,378	-,554		
		Mat-Maçonnerie	-,664	-,329	1,000	,443	,085	,472		
		Mat-Charpenterie/Menuiserie	-,812	-,509	,443	1,000	,278	,855		
		Mat-Plomberie	-,574	-,378	,085	,278	1,000	,178		
		Mat-Peinture	-,758	-,554	,472	,855	,178	1,000		
	Covariances	M.O.-MCCF	,194	4,299E-02	-1,428E-02	-4,099E-02	-8,212E-02	-3,931E-02		
		Mat-Couverture/Etanchéité	4,299E-02	6,482E-02	-4,090E-03	-1,484E-02	-3,125E-02	-1,661E-02		
		Mat-Maçonnerie	-1,428E-02	-4,090E-03	2,379E-03	2,473E-03	1,342E-03	2,708E-03		
		Mat-Charpenterie/Menuiserie	-4,099E-02	-1,484E-02	2,473E-03	1,310E-02	1,034E-02	1,152E-02		
		Mat-Plomberie	-8,212E-02	-3,125E-02	1,342E-03	1,034E-02	,105	6,781E-03		
		Mat-Peinture	-3,931E-02	-1,661E-02	2,708E-03	1,152E-02	6,781E-03	1,386E-02		
7	Correlations	M.O.-MCCF	1,000	,166	-,671	-,535	-,477	-,562	-,527	
		Mat-Couverture/Etanchéité	,166	1,000	-,244	-,543	-,369	-,567	,278	
		Mat-Maçonnerie	-,671	-,244	1,000	,359	,078	,421	,230	
		Mat-Charpenterie/Menuiserie	-,535	-,543	,359	1,000	,275	,855	-,253	
		Mat-Plomberie	-,477	-,369	,078	,275	1,000	,179	-,022	
		Mat-Peinture	-,562	-,567	,421	,855	,179	1,000	-,143	
		Mat-Carrelage/Revêtement	-,527	,278	,230	-,253	-,022	-,143	1,000	
	Covariances	M.O.-MCCF	,142	1,204E-02	-9,182E-03	-1,729E-02	-4,223E-02	-1,825E-02	-2,673E-02	
		Mat-Couverture/Etanchéité	1,204E-02	3,700E-02	-1,706E-03	-8,973E-03	-1,673E-02	-9,408E-03	7,209E-03	
		Mat-Maçonnerie	-9,182E-03	-1,706E-03	1,323E-03	1,121E-03	6,639E-04	1,322E-03	1,130E-03	
		Mat-Charpenterie/Menuiserie	-1,729E-02	-8,973E-03	1,121E-03	7,372E-03	5,557E-03	6,335E-03	-2,923E-03	
		Mat-Plomberie	-4,223E-02	-1,673E-02	6,639E-04	5,557E-03	5,546E-02	3,635E-03	-6,909E-04	
		Mat-Peinture	-1,825E-02	-9,408E-03	1,322E-03	6,335E-03	3,635E-03	7,450E-03	-1,668E-03	
		Mat-Carrelage/Revêtement	-2,673E-02	7,209E-03	1,130E-03	-2,923E-03	-6,909E-04	-1,668E-03	1,817E-02	

Modèle			M.O.-MCCF	Mat-Couverture/Etanchéité	Mat-Maçonnerie	Mat-Charpenterie/Menuiserie	Mat-Plomberie	Mat-Peinture	Mat-Carrelage/Revêtement	Mat-Electricité
8	Correlations	M.O.-MCCF	1,000	,404	-,750	-,440	,060	-,663	-,650	-,456
		Mat-Couverture/Etanchéité	,404	1,000	-,554	-,369	,287	-,702	-,353	-,635
		Mat-Maçonnerie	-,750	-,554	1,000	,223	-,444	,607	,610	,645
		Mat-Charpenterie/Menuiserie	-,440	-,369	,223	1,000	,240	,692	-,220	-,077
		Mat-Plomberie	,060	,287	-,444	,240	1,000	-,283	-,587	-,749
		Mat-Peinture	-,663	-,702	,607	,692	-,283	1,000	,317	,513
		Mat-Carrelage/Revêtement	-,650	-,353	,610	-,220	-,587	,317	1,000	,771
		Mat-Electricité	-,456	-,635	,645	-,077	-,749	,513	,771	1,000
	Covariances	M.O.-MCCF	3,912E-02	9,303E-03	-3,306E-03	-3,503E-03	1,981E-03	-6,171E-03	-1,273E-02	-9,886E-03
		Mat-Couverture/Etanchéité	9,303E-03	1,357E-02	-1,437E-03	-1,734E-03	5,550E-03	-3,846E-03	-4,068E-03	-8,113E-03
		Mat-Maçonnerie	-3,306E-03	-1,437E-03	4,963E-04	2,005E-04	-1,645E-03	6,365E-04	1,345E-03	1,577E-03
		Mat-Charpenterie/Menuiserie	-3,503E-03	-1,734E-03	2,005E-04	1,624E-03	1,605E-03	1,312E-03	-8,778E-04	-3,419E-04
		Mat-Plomberie	1,981E-03	5,550E-03	-1,645E-03	1,605E-03	2,765E-02	-2,211E-03	-9,657E-04	-1,366E-02
		Mat-Peinture	-6,171E-03	-3,846E-03	6,365E-04	1,312E-03	-2,211E-03	2,214E-03	1,477E-03	2,648E-03
		Mat-Carrelage/Revêtement	-1,273E-02	-4,068E-03	1,345E-03	-8,778E-04	-9,657E-04	1,477E-03	9,804E-03	8,371E-03
		Mat-Electricité	-9,886E-03	-8,113E-03	1,577E-03	-3,419E-04	-1,366E-02	2,648E-03	8,371E-03	1,203E-02

a Dependent Variable: Coût logement

Annexe 4: *Distribution de la variable dépendante –*
Courbe normale

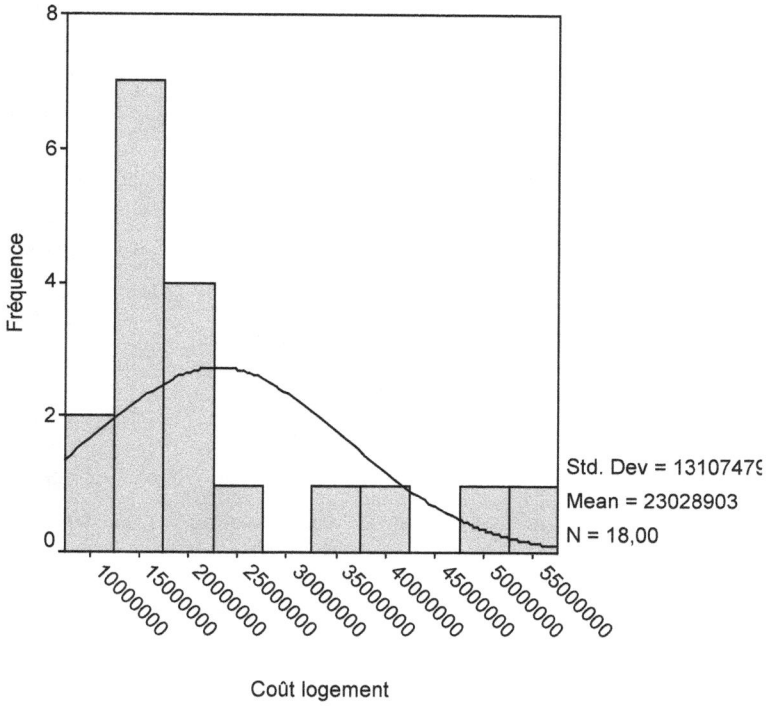

Figure a-2: *Superposition de l'histogramme de la variable*
dépendante (coût logement) et la courbe
gaussienne (courbe théorique de normalité)

MODEL OptimisationConstruction

LET

 n = 13 !nombre de tâches du problème + une tâche de fin

 Lambda = 170

TABLES

 E(n,n) ! Matrice des Etapes antécédentes et subséquentes

 D(n,n) ! Durée normale de chaque opération

 C1d(n,n)! Coût normal de chaque opération

 S(n,n) ! Retard maximal de chaque opération

 C2s(n,n)! Surcoût normal attendu dans l'accélération de chaque opération

 W(n,n) ! Coût par unité de temps, des pénalités et/ou des dégradations pour chaque opération Pij

 CC(n,n) ! Matrice constituant le chemin critique du graphe de la succession des opérations

 DISKDATA –S

 E = MatEtape1.dat

 D = DureeNormal1.dat

 C1d = CoutNormal1.dat

 S = RetardMax1.dat

C2s = SurCoutNor1.dat

W = Penalite1.dat

CC = MatCheminCritiq1.dat

VARIABLES

X(n,n)   ! durées opératoires optimisées

Cx(n,n) ! coût optimisé final de chaque opération

C1x(n,n) ! coût optimisé des pénalités et autres charges pour chaque opération

C2x(n,n) ! coût optimisé des dépenses entreprises pour l'accélération de chaque opération

T(n)   ! date de début de chaque opération

Ct   ! Coût total du projet

Ct1   ! Coût total optimisé des pénalités

Ct2   ! Coût total optimisé du dérapage

CONSTRAINTS ! objectif : minimiser le rapport coût-durée total
             ! dans un contexte de délai dépassé

CoutDureeOptimisee :   Ct $

!Coût Total du projet

CoutTotal: Ct = sum(i=1:n,j=1:n | E(i,j)=1) C1x(i,j) + sum(i=1:n,j=1:n | E(i,j)=1) C2x(i,j)

379

!vérification de la précédence des opérations
Precedence(i=1:n,j=1:n | E(i,j)=1): T(j)-T(i)- X(i,j) >= 0

!Vérification de la durée des opérations sur le chemin critique
DureeCheminCritiq: sum(i=1:n,j=1:n | CC(i,j)=1) X(i,j) = T(n)

!coût optimisé final de chaque opération
CoutOptimise(i=1:n,j=1:n |E(i,j)=1): Cx(i,j) = C1x(i,j) + C2x(i,j)
CoutPenalite: Ct1 = sum(i=1:n,j=1:n |E(i,j)=1) C1x(i,j)
CoutDerape: Ct2 = sum(i=1:n,j=1:n |E(i,j)=1) C2x(i,j)

!coût optimisé des pénalités de chaque opération
CoutOptimisePenalité (i=1:n,j=1:n |E(i,j)=1): C1x(i,j) - W(i,j)*X(i,j) +
W(i,j)*D(i,j) = 0

!coût optimisé des dépenses pour l'accélération de chaque opération
CoutOptimiseAccéleration (i=1:n,j=1:n |E(i,j)=1): C2x(i,j)*2*D(i,j) +
C1d(i,j)*X(i,j) = C2s(i,j)*2*D(i,j) + C1d(i,j)*S(i,j)

!Contrôle de la valeur de Lamda

!Valeur minimale du paramètre lamda (calculé à partir du chemin critique
en D)
LamdaMinimal: Lambda >= sum(i=1:n,j=1:n | CC(i,j)=1) D(i,j)

!Valeur maximale paramètre lamda (calculé à partir du chemin critique en S)

LamdaMaximal: Lambda <= sum(i=1:n,j=1:n | CC(i,j)=1) S(i,j)

BOUNDS

$T(1) = 0$

$T(n)$ = Lambda

$X(i=1:n,j=1:n |E(i,j)=1) < S(i,j)$

$X(i=1:n,j=1:n |E(i,j)=1) > D(i,j)$

END

Annexe 6-a*: Résultats de la simulation pour λ = 140 jours (étude de cas n°1)*

D:\Vxpress\OptimisationConstruction12.mod

Problem Statistics:
    56 rows
    68 structural columns
    191 non-zero elements
Global Statistics
    0 entities
    0 sets
    0 set members

Solution Statistics:
    Minimisation performed
    LP Optimal
    5 iteration(s) performed
    Objective function value is
5004,83771929825
------
n: 13
Lambda: 140
E:
    0, 1, 0, 0, 0, 0, 0, 0, 0, 0, 0, 0, 0
    0, 0, 1, 0, 0, 0, 0, 0, 0, 0, 0, 0, 0
    0, 0, 0, 1, 0, 0, 0, 0, 0, 0, 0, 0, 0
    0, 0, 0, 0, 1, 1, 1, 0, 0, 0, 0, 0, 0
    0, 0, 0, 0, 0, 0, 0, 0, 0, 0, 0, 0, 0
    0, 0, 0, 0, 0, 0, 0, 1, 0, 0, 0, 0, 0
    0, 0, 0, 0, 0, 0, 0, 0, 0, 0, 0, 1, 0
    0, 0, 0, 0, 0, 0, 0, 0, 1, 0, 0, 0, 0
    0, 0, 0, 0, 0, 0, 0, 0, 0, 1, 0, 0, 0
    0, 0, 0, 0, 0, 0, 0, 0, 0, 0, 1, 0, 0
    0, 0, 0, 0, 0, 0, 0, 0, 0, 0, 0, 1, 0
    0, 0, 0, 0, 0, 0, 0, 0, 0, 0, 0, 0, 1
    0, 0, 0, 0, 0, 0, 0, 0, 0, 0, 0, 0, 0
D:
    0, 13, 0, 0, 0, 0, 0, 0, 0, 0, 0, 0, 0
    0, 0, 57, 0, 0, 0, 0, 0, 0, 0, 0, 0, 0
    0, 0, 0, 10, 0, 0, 0, 0, 0, 0, 0, 0, 0
    0, 0, 0, 0, 10, 7, 11, 0, 0, 0, 0, 0, 0
    0, 0, 0, 0, 0, 0, 0, 0, 0, 0, 0, 0, 0

    0, 0, 0, 0, 0, 0, 0, 10, 0, 0, 0, 0, 0
    0, 0, 0, 0, 0, 0, 0, 0, 0, 0, 0, 16, 0
    0, 0, 0, 0, 0, 0, 0, 0, 9, 0, 0, 0, 0
    0, 0, 0, 0, 0, 0, 0, 0, 0, 9, 0, 0, 0
    0, 0, 0, 0, 0, 0, 0, 0, 0, 0, 7, 0, 0
    0, 0, 0, 0, 0, 0, 0, 0, 0, 0, 0, 8, 0
    0, 0, 0, 0, 0, 0, 0, 0, 0, 0, 0, 0, 0
    0, 0, 0, 0, 0, 0, 0, 0, 0, 0, 0, 0, 0

C1d:
    0, 130, 0, 0, 0, 0, 0, 0, 0, 0, 0, 0, 0
    0, 0, 1427, 0, 0, 0, 0, 0, 0, 0, 0, 0, 0
    0, 0, 0, 158, 0, 0, 0, 0, 0, 0, 0, 0, 0
    0, 0, 0, 0, 146, 84, 160,5, 0, 0, 0, 0, 0, 0
    0, 0, 0, 0, 0, 0, 0, 0, 0, 0, 0, 0, 0
    0, 0, 0, 0, 0, 0, 0, 130, 0, 0, 0, 0, 0
    0, 0, 0, 0, 0, 0, 0, 0, 0, 0, 0, 227, 0
    0, 0, 0, 0, 0, 0, 0, 0, 112,5, 0, 0, 0, 0
    0, 0, 0, 0, 0, 0, 0, 0, 0, 207, 0, 0, 0
    0, 0, 0, 0, 0, 0, 0, 0, 0, 0, 91, 0, 0
    0, 0, 0, 0, 0, 0, 0, 0, 0, 0, 0, 104, 0
    0, 0, 0, 0, 0, 0, 0, 0, 0, 0, 0, 0, 0
    0, 0, 0, 0, 0, 0, 0, 0, 0, 0, 0, 0, 0
S:
    0, 18, 0, 0, 0, 0, 0, 0, 0, 0, 0, 0, 0
    0, 0, 72, 0, 0, 0, 0, 0, 0, 0, 0, 0, 0
    0, 0, 0, 18, 0, 0, 0, 0, 0, 0, 0, 0, 0
    0, 0, 0, 0, 14, 10, 20, 0, 0, 0, 0, 0, 0
    0, 0, 0, 0, 0, 0, 0, 0, 0, 0, 0, 0, 0
    0, 0, 0, 0, 0, 0, 0, 22, 0, 0, 0, 0, 0
    0, 0, 0, 0, 0, 0, 0, 0, 0, 0, 0, 20, 0
    0, 0, 0, 0, 0, 0, 0, 0, 15, 0, 0, 0, 0
    0, 0, 0, 0, 0, 0, 0, 0, 0, 16, 0, 0, 0
    0, 0, 0, 0, 0, 0, 0, 0, 0, 0, 10, 0, 0
    0, 0, 0, 0, 0, 0, 0, 0, 0, 0, 0, 12, 0
    0, 0, 0, 0, 0, 0, 0, 0, 0, 0, 0, 0, 0
    0, 0, 0, 0, 0, 0, 0, 0, 0, 0, 0, 0, 0
C2s:
    0, 180, 0, 0, 0, 0, 0, 0, 0, 0, 0, 0, 0
    0, 0, 1802,5, 0, 0, 0, 0, 0, 0, 0, 0, 0, 0
    0, 0, 0, 284,4, 0, 0, 0, 0, 0, 0, 0, 0, 0
    0, 0, 0, 0, 204,4, 120, 292, 0, 0, 0, 0, 0, 0
    0, 0, 0, 0, 0, 0, 0, 0, 0, 0, 0, 0, 0
    0, 0, 0, 0, 0, 0, 0, 286, 0, 0, 0, 0, 0
    0, 0, 0, 0, 0, 0, 0, 0, 0, 0, 0, 283,75, 0
    0, 0, 0, 0, 0, 0, 0, 0, 187,5, 0, 0, 0, 0
    0, 0, 0, 0, 0, 0, 0, 0, 0, 368, 0, 0, 0

0, 0, 0, 0, 0, 0, 0, 0, 0, 0, 130, 0, 0
0, 0, 0, 0, 0, 0, 0, 0, 0, 0, 0, 0, 156, 0
0, 0, 0, 0, 0, 0, 0, 0, 0, 0, 0, 0, 0, 0
0, 0, 0, 0, 0, 0, 0, 0, 0, 0, 0, 0, 0, 0

W:
0, 30, 0, 0, 0, 0, 0, 0, 0, 0, 0, 0, 0, 0
0, 0, 30, 0, 0, 0, 0, 0, 0, 0, 0, 0, 0, 0
0, 0, 0, 30, 0, 0, 0, 0, 0, 0, 0, 0, 0, 0
0, 0, 0, 0, 0, 30, 0, 0, 0, 0, 0, 0, 0, 0
0, 0, 0, 0, 0, 0, 0, 0, 0, 0, 0, 0, 0, 0
0, 0, 0, 0, 0, 0, 0, 30, 0, 0, 0, 0, 0, 0
0, 0, 0, 0, 0, 0, 0, 0, 0, 0, 0, 0, 0, 0
0, 0, 0, 0, 0, 0, 0, 0, 30, 0, 0, 0, 0, 0
0, 0, 0, 0, 0, 0, 0, 0, 0, 30, 0, 0, 0, 0
0, 0, 0, 0, 0, 0, 0, 0, 0, 0, 30, 0, 0, 0
0, 0, 0, 0, 0, 0, 0, 0, 0, 0, 0, 30, 0
0, 0, 0, 0, 0, 0, 0, 0, 0, 0, 0, 0, 0, 0
0, 0, 0, 0, 0, 0, 0, 0, 0, 0, 0, 0, 0, 0
CC:
0, 1, 0, 0, 0, 0, 0, 0, 0, 0, 0, 0, 0, 0
0, 0, 1, 0, 0, 0, 0, 0, 0, 0, 0, 0, 0, 0
0, 0, 0, 1, 0, 0, 0, 0, 0, 0, 0, 0, 0, 0
0, 0, 0, 0, 0, 1, 0, 0, 0, 0, 0, 0, 0, 0
0, 0, 0, 0, 0, 0, 0, 0, 0, 0, 0, 0, 0, 0
0, 0, 0, 0, 0, 0, 0, 1, 0, 0, 0, 0, 0, 0
0, 0, 0, 0, 0, 0, 0, 0, 0, 0, 0, 0, 0, 0
0, 0, 0, 0, 0, 0, 0, 0, 1, 0, 0, 0, 0, 0
0, 0, 0, 0, 0, 0, 0, 0, 0, 1, 0, 0, 0, 0
0, 0, 0, 0, 0, 0, 0, 0, 0, 0, 1, 0, 0
0, 0, 0, 0, 0, 0, 0, 0, 0, 0, 0, 1, 0
0, 0, 0, 0, 0, 0, 0, 0, 0, 0, 0, 0, 0, 1
0, 0, 0, 0, 0, 0, 0, 0, 0, 0, 0, 0, 0, 0

VARIABLES (Values)

X:
0, 13, 0, 0, 0, 0, 0, 0, 0, 0, 0, 0, 0, 0
0, 0, 67, 0, 0, 0, 0, 0, 0, 0, 0, 0, 0, 0
0, 0, 0, 10, 0, 0, 0, 0, 0, 0, 0, 0, 0, 0
0, 0, 0, 0, 14, 7, 20, 0, 0, 0, 0, 0, 0, 0
0, 0, 0, 0, 0, 0, 0, 0, 0, 0, 0, 0, 0, 0
0, 0, 0, 0, 0, 0, 0, 0, 10, 0, 0, 0, 0, 0
0, 0, 0, 0, 0, 0, 0, 0, 0, 0, 0, 20, 0
0, 0, 0, 0, 0, 0, 0, 0, 0, 9, 0, 0, 0, 0
0, 0, 0, 0, 0, 0, 0, 0, 0, 9, 0, 0, 0, 0

0, 0, 0, 0, 0, 0, 0, 0, 0, 0, 7, 0, 0
0, 0, 0, 0, 0, 0, 0, 0, 0, 0, 0, 0, 8, 0
0, 0, 0, 0, 0, 0, 0, 0, 0, 0, 0, 0, 0, 0
0, 0, 0, 0, 0, 0, 0, 0, 0, 0, 0, 0, 0, 0
Cx:
0, 205, 0, 0, 0, 0, 0, 0, 0, 0, 0, 0, 0
0, 0, 2165,087719, 0, 0, 0, 0, 0, 0, 0, 0, 0, 0, 0
0, 0, 0, 347,6, 0, 0, 0, 0, 0, 0, 0, 0, 0
0, 0, 0, 0, 204,4, 138, 292, 0, 0, 0, 0, 0, 0
0, 0, 0, 0, 0, 0, 0, 0, 0, 0, 0, 0, 0
0, 0, 0, 0, 0, 0, 0, 364, 0, 0, 0, 0, 0
0, 0, 0, 0, 0, 0, 0, 0, 0, 0, 0, 283,75, 0
0, 0, 0, 0, 0, 0, 0, 0, 225, 0, 0, 0, 0
0, 0, 0, 0, 0, 0, 0, 0, 0, 448,5, 0, 0, 0
0, 0, 0, 0, 0, 0, 0, 0, 0, 0, 149,5, 0, 0
0, 0, 0, 0, 0, 0, 0, 0, 0, 0, 0, 182, 0
0, 0, 0, 0, 0, 0, 0, 0, 0, 0, 0, 0, 0
0, 0, 0, 0, 0, 0, 0, 0, 0, 0, 0, 0, 0
C1x:
0, 0, 0, 0, 0, 0, 0, 0, 0, 0, 0, 0, 0
0, 0, 300, 0, 0, 0, 0, 0, 0, 0, 0, 0, 0, 0
0, 0, 0, 0, 0, 0, 0, 0, 0, 0, 0, 0, 0, 0
0, 0, 0, 0, 0, 0, 0, 0, 0, 0, 0, 0, 0, 0
0, 0, 0, 0, 0, 0, 0, 0, 0, 0, 0, 0, 0, 0
0, 0, 0, 0, 0, 0, 0, 0, 0, 0, 0, 0, 0, 0
0, 0, 0, 0, 0, 0, 0, 0, 0, 0, 0, 0, 0, 0
0, 0, 0, 0, 0, 0, 0, 0, 0, 0, 0, 0, 0, 0
0, 0, 0, 0, 0, 0, 0, 0, 0, 0, 0, 0, 0, 0
0, 0, 0, 0, 0, 0, 0, 0, 0, 0, 0, 0, 0, 0
0, 0, 0, 0, 0, 0, 0, 0, 0, 0, 0, 0, 0, 0
0, 0, 0, 0, 0, 0, 0, 0, 0, 0, 0, 0, 0, 0
0, 0, 0, 0, 0, 0, 0, 0, 0, 0, 0, 0, 0, 0
C2x:
0, 205, 0, 0, 0, 0, 0, 0, 0, 0, 0, 0, 0
0, 0, 1865,087719, 0, 0, 0, 0, 0, 0, 0, 0, 0, 0, 0
0, 0, 0, 347,6, 0, 0, 0, 0, 0, 0, 0, 0, 0
0, 0, 0, 0, 204,4, 138, 292, 0, 0, 0, 0, 0, 0
0, 0, 0, 0, 0, 0, 0, 0, 0, 0, 0, 0, 0
0, 0, 0, 0, 0, 0, 0, 364, 0, 0, 0, 0, 0
0, 0, 0, 0, 0, 0, 0, 0, 0, 0, 0, 283,75, 0
0, 0, 0, 0, 0, 0, 0, 0, 225, 0, 0, 0, 0
0, 0, 0, 0, 0, 0, 0, 0, 0, 448,5, 0, 0, 0
0, 0, 0, 0, 0, 0, 0, 0, 0, 0, 149,5, 0, 0
0, 0, 0, 0, 0, 0, 0, 0, 0, 0, 0, 182, 0
0, 0, 0, 0, 0, 0, 0, 0, 0, 0, 0, 0, 0
0, 0, 0, 0, 0, 0, 0, 0, 0, 0, 0, 0, 0

T:
0
13
80
90
104
97
120
107
116
125
132
140
140
Ct: 5004,837719
Ct1: 300
Ct2: 4704,837719

Légende:

E: matrice des étapes;

D: matrice des durées normales;

C1d: matrice des coûts normaux des activités;

S: matrice des durées dérapées;

C2s: matrice des coûts dérapés;

W: matrice des pénalités;

CC: matrice du chemin critique;

X: matrice des durées opératoires optimales;

Cx: matrice des coûts optimums totaux pour chaque activité;

C1x: matrice des coûts optimums des pénalités pour chaque activité;

C2x: matrice des coûts optimums relatifs à la compression des activités;

T: dates de début de chaque activité;

Ct: coût total minimum de l'ensemble du projet;

Ct1: coût total optimum des pénalités;

Ct2: coût total optimum de la compression des activités.

Annexe 6-b: *Résultats de la*

simulation pour λ = 150 jours (étude

de cas n°1)

Problem Statistics:

  56 rows
  68 structural columns
  191 non-zero elements
Global Statistics
  0 entities
  0 sets
  0 set members

Solution Statistics:
  Minimisation performed
  LP Optimal
  2 iteration(s) performed
  Objective function value is 5184,75
------
n: 13
Lambda: 150

VARIABLES (Values)

X:
  0, 13, 0, 0, 0, 0, 0, 0, 0, 0, 0, 0, 0, 0
  0, 0, 72, 0, 0, 0, 0, 0, 0, 0, 0, 0, 0, 0
  0, 0, 0, 10, 0, 0, 0, 0, 0, 0, 0, 0, 0, 0
  0, 0, 0, 0, 14, 7, 20, 0, 0, 0, 0, 0, 0, 0
  0, 0, 0, 0, 0, 0, 0, 0, 0, 0, 0, 0, 0, 0
  0, 0, 0, 0, 0, 0, 0, 10, 0, 0, 0, 0, 0, 0
  0, 0, 0, 0, 0, 0, 0, 0, 0, 0, 0, 20, 0
  0, 0, 0, 0, 0, 0, 0, 0, 9, 0, 0, 0, 0
  0, 0, 0, 0, 0, 0, 0, 0, 0, 14, 0, 0, 0
  0, 0, 0, 0, 0, 0, 0, 0, 0, 0, 0, 7, 0, 0
  0, 0, 0, 0, 0, 0, 0, 0, 0, 0, 0, 0, 8, 0
  0, 0, 0, 0, 0, 0, 0, 0, 0, 0, 0, 0, 0, 0
  0, 0, 0, 0, 0, 0, 0, 0, 0, 0, 0, 0, 0, 0
Cx:
  0, 205, 0, 0, 0, 0, 0, 0, 0, 0, 0, 0, 0, 0
  0, 0, 2252,5, 0, 0, 0, 0, 0, 0, 0, 0, 0, 0, 0
  0, 0, 0, 347,6, 0, 0, 0, 0, 0, 0, 0, 0, 0, 0
  0, 0, 0, 0, 204,4, 138, 292, 0, 0, 0, 0, 0, 0
  0, 0, 0, 0, 0, 0, 0, 0, 0, 0, 0, 0, 0, 0
  0, 0, 0, 0, 0, 0, 0, 364, 0, 0, 0, 0, 0, 0

0, 0, 0, 0, 0, 0, 0, 0, 0, 0, 0, 283,75, 0
0, 0, 0, 0, 0, 0, 0, 0, 225, 0, 0, 0, 0
0, 0, 0, 0, 0, 0, 0, 0, 0, 541, 0, 0, 0
0, 0, 0, 0, 0, 0, 0, 0, 0, 0, 149,5, 0, 0
0, 0, 0, 0, 0, 0, 0, 0, 0, 0, 0, 182, 0
0, 0, 0, 0, 0, 0, 0, 0, 0, 0, 0, 0, 0
0, 0, 0, 0, 0, 0, 0, 0, 0, 0, 0, 0, 0

C1x:
  0, 0, 0, 0, 0, 0, 0, 0, 0, 0, 0, 0, 0
  0, 0, 450, 0, 0, 0, 0, 0, 0, 0, 0, 0, 0
  0, 0, 0, 0, 0, 0, 0, 0, 0, 0, 0, 0, 0
  0, 0, 0, 0, 0, 0, 0, 0, 0, 0, 0, 0, 0
  0, 0, 0, 0, 0, 0, 0, 0, 0, 0, 0, 0, 0
  0, 0, 0, 0, 0, 0, 0, 0, 0, 0, 0, 0, 0
  0, 0, 0, 0, 0, 0, 0, 0, 0, 0, 0, 0, 0
  0, 0, 0, 0, 0, 0, 0, 0, 0, 0, 0, 0, 0
  0, 0, 0, 0, 0, 0, 0, 0, 0, 150, 0, 0, 0
  0, 0, 0, 0, 0, 0, 0, 0, 0, 0, 0, 0, 0
  0, 0, 0, 0, 0, 0, 0, 0, 0, 0, 0, 0, 0
  0, 0, 0, 0, 0, 0, 0, 0, 0, 0, 0, 0, 0
  0, 0, 0, 0, 0, 0, 0, 0, 0, 0, 0, 0, 0
C2x:
  0, 205, 0, 0, 0, 0, 0, 0, 0, 0, 0, 0, 0
  0, 0, 1802,5, 0, 0, 0, 0, 0, 0, 0, 0, 0, 0
  0, 0, 0, 347,6, 0, 0, 0, 0, 0, 0, 0, 0, 0
  0, 0, 0, 204,4, 138, 292, 0, 0, 0, 0, 0, 0
  0, 0, 0, 0, 0, 0, 0, 0, 0, 0, 0, 0, 0
  0, 0, 0, 0, 0, 0, 0, 364, 0, 0, 0, 0, 0
  0, 0, 0, 0, 0, 0, 0, 0, 0, 0, 283,75, 0
  0, 0, 0, 0, 0, 0, 0, 0, 225, 0, 0, 0, 0
  0, 0, 0, 0, 0, 0, 0, 0, 391, 0, 0, 0
  0, 0, 0, 0, 0, 0, 0, 0, 0, 0, 149,5, 0, 0
  0, 0, 0, 0, 0, 0, 0, 0, 0, 0, 0, 182, 0
  0, 0, 0, 0, 0, 0, 0, 0, 0, 0, 0, 0, 0
  0, 0, 0, 0, 0, 0, 0, 0, 0, 0, 0, 0, 0

T:
 0
 13
 85
 95
 109
 102
 130
 112
 121
 135
 142
 150
 150
Ct: 5184,75
Ct1: 600
Ct2: 4584,75

Annexe 6-c: *Résultats de la simulation pour λ = 180 jours (étude de cas n°1)*

Problem Statistics:

   56 rows
   68 structural columns
   191 non-zero elements
Global Statistics
   0 entities
   0 sets
   0 set members

Solution Statistics:
   Minimisation performed
   LP Optimal
   6 iteration(s) performed
   Objective function value is 5868,8
------
n: 13
Lambda: 180

VARIABLES (Values)

X:
 0, 13, 0, 0, 0, 0, 0, 0, 0, 0, 0, 0, 0
 0, 0, 72, 0, 0, 0, 0, 0, 0, 0, 0, 0, 0
 0, 0, 0, 18, 0, 0, 0, 0, 0, 0, 0, 0, 0
 0, 0, 0, 0, 14, 7, 20, 0, 0, 0, 0, 0, 0
 0, 0, 0, 0, 0, 0, 0, 0, 0, 0, 0, 0, 0
 0, 0, 0, 0, 0, 0, 0, 22, 0, 0, 0, 0, 0
 0, 0, 0, 0, 0, 0, 0, 0, 0, 0, 0, 20, 0
 0, 0, 0, 0, 0, 0, 0, 0, 10, 0, 0, 0, 0
 0, 0, 0, 0, 0, 0, 0, 0, 0, 16, 0, 0, 0
 0, 0, 0, 0, 0, 0, 0, 0, 0, 0, 10, 0, 0
 0, 0, 0, 0, 0, 0, 0, 0, 0, 0, 0, 12, 0
 0, 0, 0, 0, 0, 0, 0, 0, 0, 0, 0, 0, 0
 0, 0, 0, 0, 0, 0, 0, 0, 0, 0, 0, 0, 0
Cx:
 0, 205, 0, 0, 0, 0, 0, 0, 0, 0, 0, 0, 0
 0, 0, 2252,5, 0, 0, 0, 0, 0, 0, 0, 0, 0, 0
 0, 0, 0, 524,4, 0, 0, 0, 0, 0, 0, 0, 0, 0
 0, 0, 0, 0, 204,4, 138, 292, 0, 0, 0, 0, 0, 0
 0, 0, 0, 0, 0, 0, 0, 0, 0, 0, 0, 0, 0
 0, 0, 0, 0, 0, 0, 0, 646, 0, 0, 0, 0, 0
 0, 0, 0, 0, 0, 0, 0, 0, 0, 0, 0, 283,75, 0
 0, 0, 0, 0, 0, 0, 0, 0, 248,75, 0, 0, 0, 0
 0, 0, 0, 0, 0, 0, 0, 0, 0, 578, 0, 0, 0
 0, 0, 0, 0, 0, 0, 0, 0, 0, 0, 220, 0, 0
 0, 0, 0, 0, 0, 0, 0, 0, 0, 0, 0, 276, 0
 0, 0, 0, 0, 0, 0, 0, 0, 0, 0, 0, 0, 0
 0, 0, 0, 0, 0, 0, 0, 0, 0, 0, 0, 0, 0

C1x:
 0, 0, 0, 0, 0, 0, 0, 0, 0, 0, 0, 0, 0
 0, 0, 450, 0, 0, 0, 0, 0, 0, 0, 0, 0, 0
 0, 0, 0, 240, 0, 0, 0, 0, 0, 0, 0, 0, 0
 0, 0, 0, 0, 0, 0, 0, 0, 0, 0, 0, 0, 0
 0, 0, 0, 0, 0, 0, 0, 0, 0, 0, 0, 0, 0
 0, 0, 0, 0, 0, 0, 0, 360, 0, 0, 0, 0, 0
 0, 0, 0, 0, 0, 0, 0, 0, 0, 0, 0, 0, 0
 0, 0, 0, 0, 0, 0, 0, 0, 30, 0, 0, 0, 0
 0, 0, 0, 0, 0, 0, 0, 0, 0, 210, 0, 0, 0
 0, 0, 0, 0, 0, 0, 0, 0, 0, 0, 90, 0, 0
 0, 0, 0, 0, 0, 0, 0, 0, 0, 0, 0, 120, 0
 0, 0, 0, 0, 0, 0, 0, 0, 0, 0, 0, 0, 0
 0, 0, 0, 0, 0, 0, 0, 0, 0, 0, 0, 0, 0

C2x:
0, 205, 0, 0, 0, 0, 0, 0, 0, 0, 0, 0, 0
0, 0, 1802,5, 0, 0, 0, 0, 0, 0, 0, 0, 0, 0
0, 0, 0, 284,4, 0, 0, 0, 0, 0, 0, 0, 0, 0
0, 0, 0, 0, 204,4, 138, 292, 0, 0, 0, 0, 0, 0
0, 0, 0, 0, 0, 0, 0, 0, 0, 0, 0, 0, 0
0, 0, 0, 0, 0, 0, 0, 286, 0, 0, 0, 0, 0
0, 0, 0, 0, 0, 0, 0, 0, 0, 0, 0, 283,75, 0
0, 0, 0, 0, 0, 0, 0, 0, 218,75, 0, 0, 0, 0
0, 0, 0, 0, 0, 0, 0, 0, 0, 368, 0, 0, 0
0, 0, 0, 0, 0, 0, 0, 0, 0, 0, 130, 0, 0
0, 0, 0, 0, 0, 0, 0, 0, 0, 0, 0, 156, 0
0, 0, 0, 0, 0, 0, 0, 0, 0, 0, 0, 0, 0
0, 0, 0, 0, 0, 0, 0, 0, 0, 0, 0, 0, 0

T:
0
13
85
103
117
110
160
132
142
158
168
180
180
Ct: 5868,8
Ct1: 1500
Ct2: 4368,8

Annexe 6-d: *Résultats de la simulation pour $\lambda = 193$ jours (étude de cas n°1)*

Problem Statistics:
    56 rows
    68 structural columns
    191 non-zero elements
Global Statistics
    0 entities
    0 sets

0 set members

Solution Statistics:
    Minimisation performed
    LP Optimal
    0 iteration(s) performed
    Objective function value is 6184,55
------
n: 13
Lambda: 193

VARIABLES (Values)

X:
    0, 18, 0, 0, 0, 0, 0, 0, 0, 0, 0, 0, 0
    0, 0, 72, 0, 0, 0, 0, 0, 0, 0, 0, 0, 0
    0, 0, 0, 18, 0, 0, 0, 0, 0, 0, 0, 0, 0
    0, 0, 0, 0, 14, 10, 20, 0, 0, 0, 0, 0, 0
    0, 0, 0, 0, 0, 0, 0, 0, 0, 0, 0, 0, 0
    0, 0, 0, 0, 0, 0, 0, 22, 0, 0, 0, 0, 0
    0, 0, 0, 0, 0, 0, 0, 0, 0, 0, 0, 20, 0
    0, 0, 0, 0, 0, 0, 0, 0, 15, 0, 0, 0, 0
    0, 0, 0, 0, 0, 0, 0, 0, 0, 16, 0, 0, 0
    0, 0, 0, 0, 0, 0, 0, 0, 0, 0, 10, 0, 0
    0, 0, 0, 0, 0, 0, 0, 0, 0, 0, 0, 12, 0
    0, 0, 0, 0, 0, 0, 0, 0, 0, 0, 0, 0, 0
    0, 0, 0, 0, 0, 0, 0, 0, 0, 0, 0, 0, 0
Cx:
    0, 330, 0, 0, 0, 0, 0, 0, 0, 0, 0, 0, 0
    0, 0, 2252,5, 0, 0, 0, 0, 0, 0, 0, 0, 0, 0
    0, 0, 0, 524,4, 0, 0, 0, 0, 0, 0, 0, 0, 0
    0, 0, 0, 0, 204,4, 210, 292, 0, 0, 0, 0, 0, 0
    0, 0, 0, 0, 0, 0, 0, 0, 0, 0, 0, 0, 0
    0, 0, 0, 0, 0, 0, 0, 646, 0, 0, 0, 0, 0
    0, 0, 0, 0, 0, 0, 0, 0, 0, 0, 0, 283,75, 0
    0, 0, 0, 0, 0, 0, 0, 0, 367,5, 0, 0, 0, 0
    0, 0, 0, 0, 0, 0, 0, 0, 0, 578, 0, 0, 0
    0, 0, 0, 0, 0, 0, 0, 0, 0, 0, 220, 0, 0
    0, 0, 0, 0, 0, 0, 0, 0, 0, 0, 0, 276, 0
    0, 0, 0, 0, 0, 0, 0, 0, 0, 0, 0, 0, 0
    0, 0, 0, 0, 0, 0, 0, 0, 0, 0, 0, 0, 0

C1x:
    0, 150, 0, 0, 0, 0, 0, 0, 0, 0, 0, 0, 0
    0, 0, 450, 0, 0, 0, 0, 0, 0, 0, 0, 0, 0
    0, 0, 0, 240, 0, 0, 0, 0, 0, 0, 0, 0, 0

0, 0, 0, 0, 0, 90, 0, 0, 0, 0, 0, 0, 0
0, 0, 0, 0, 0, 0, 0, 0, 0, 0, 0, 0, 0
0, 0, 0, 0, 0, 0, 0, 360, 0, 0, 0, 0, 0
0, 0, 0, 0, 0, 0, 0, 0, 0, 0, 0, 0, 0
0, 0, 0, 0, 0, 0, 0, 0, 180, 0, 0, 0, 0
0, 0, 0, 0, 0, 0, 0, 0, 0, 210, 0, 0, 0
0, 0, 0, 0, 0, 0, 0, 0, 0, 0, 90, 0, 0
0, 0, 0, 0, 0, 0, 0, 0, 0, 0, 0, 120, 0
0, 0, 0, 0, 0, 0, 0, 0, 0, 0, 0, 0, 0
0, 0, 0, 0, 0, 0, 0, 0, 0, 0, 0, 0, 0

C2x:
0, 180, 0, 0, 0, 0, 0, 0, 0, 0, 0, 0, 0
0, 0, 1802,5, 0, 0, 0, 0, 0, 0, 0, 0, 0, 0
0, 0, 0, 284,4, 0, 0, 0, 0, 0, 0, 0, 0, 0
0, 0, 0, 0, 204,4, 120, 292, 0, 0, 0, 0, 0, 0
0, 0, 0, 0, 0, 0, 0, 0, 0, 0, 0, 0, 0
0, 0, 0, 0, 0, 0, 0, 286, 0, 0, 0, 0, 0
0, 0, 0, 0, 0, 0, 0, 0, 0, 0, 283,75, 0
0, 0, 0, 0, 0, 0, 0, 0, 187,5, 0, 0, 0, 0
0, 0, 0, 0, 0, 0, 0, 0, 0, 368, 0, 0, 0
0, 0, 0, 0, 0, 0, 0, 0, 0, 0, 130, 0, 0
0, 0, 0, 0, 0, 0, 0, 0, 0, 0, 0, 156, 0
0, 0, 0, 0, 0, 0, 0, 0, 0, 0, 0, 0, 0
0, 0, 0, 0, 0, 0, 0, 0, 0, 0, 0, 0, 0

T:
0
18
90
108
122
118
128
140
155
171
181
193
193
Ct: 6184,55
Ct1: 1890
Ct2: 4294,55

Annexe 7-a: *Résultats de la simulation pour λ = 245 jours (étude de cas n°2)*

D:\Vxpress\OptimisationConstruction2.mod

Problem Statistics:
   52 rows
   62 structural columns
   172 non-zero elements
Global Statistics
   0 entities
   0 sets
   0 set members

Solution Statistics:
   Minimisation performed
   LP Optimal
   0 iteration(s) performed
   Objective function value is 14099,5

TABLES
------
n: 11
Lambda: 245
E:
   0, 1, 0, 0, 0, 0, 0, 0, 0, 0, 0
   0, 0, 1, 0, 0, 0, 0, 0, 0, 0, 0
   0, 0, 0, 1, 1, 1, 0, 0, 0, 0, 0
   0, 0, 0, 0, 0, 0, 0, 0, 0, 0, 0
   0, 0, 0, 0, 0, 0, 0, 1, 0, 0, 0
   0, 0, 0, 0, 0, 0, 1, 0, 0, 1, 0
   0, 0, 0, 0, 0, 0, 0, 0, 1, 0, 0
   0, 0, 0, 0, 0, 0, 0, 0, 1, 0, 0
   0, 0, 0, 0, 0, 0, 0, 0, 0, 1, 0
   0, 0, 0, 0, 0, 0, 0, 0, 0, 0, 1
   0, 0, 0, 0, 0, 0, 0, 0, 0, 0, 0
D:
   0, 12, 0, 0, 0, 0, 0, 0, 0, 0, 0
   0, 0, 16, 0, 0, 0, 0, 0, 0, 0, 0
   0, 0, 0, 12, 16, 20, 0, 0, 0, 0, 0
   0, 0, 0, 0, 0, 0, 0, 0, 0, 0, 0

0, 0, 0, 0, 0, 0, 0, 16, 0, 0, 0
0, 0, 0, 0, 0, 0, 12, 0, 0, 36, 0
0, 0, 0, 0, 0, 0, 0, 0, 28, 0, 0
0, 0, 0, 0, 0, 0, 0, 0, 24, 0, 0
0, 0, 0, 0, 0, 0, 0, 0, 0, 16, 0
0, 0, 0, 0, 0, 0, 0, 0, 0, 0, 0
0, 0, 0, 0, 0, 0, 0, 0, 0, 0, 0

C1d:
0, 120, 0, 0, 0, 0, 0, 0, 0, 0, 0
0, 0, 400, 0, 0, 0, 0, 0, 0, 0, 0
0, 0, 0, 276, 432, 460, 0, 0, 0, 0, 0
0, 0, 0, 0, 0, 0, 0, 0, 0, 0, 0
0, 0, 0, 0, 0, 0, 0, 480, 0, 0, 0
0, 0, 0, 0, 0, 0, 190, 0, 0, 510, 0
0, 0, 0, 0, 0, 0, 0, 0, 442, 0, 0
0, 0, 0, 0, 0, 0, 0, 0, 300, 0, 0
0, 0, 0, 0, 0, 0, 0, 0, 0, 560, 0
0, 0, 0, 0, 0, 0, 0, 0, 0, 0, 0
0, 0, 0, 0, 0, 0, 0, 0, 0, 0, 0

S:
0, 35, 0, 0, 0, 0, 0, 0, 0, 0, 0
0, 0, 40, 0, 0, 0, 0, 0, 0, 0, 0
0, 0, 0, 38, 39, 43, 0, 0, 0, 0, 0
0, 0, 0, 0, 0, 0, 0, 0, 0, 0, 0
0, 0, 0, 0, 0, 0, 0, 43, 0, 0, 0
0, 0, 0, 0, 0, 0, 35, 0, 0, 60, 0
0, 0, 0, 0, 0, 0, 0, 0, 54, 0, 0
0, 0, 0, 0, 0, 0, 0, 0, 47, 0, 0
0, 0, 0, 0, 0, 0, 0, 0, 0, 38, 0
0, 0, 0, 0, 0, 0, 0, 0, 0, 0, 0
0, 0, 0, 0, 0, 0, 0, 0, 0, 0, 0

C2s:
0, 350, 0, 0, 0, 0, 0, 0, 0, 0, 0
0, 0, 1000, 0, 0, 0, 0, 0, 0, 0, 0
0, 0, 0, 874, 1053, 989, 0, 0, 0, 0, 0
0, 0, 0, 0, 0, 0, 0, 0, 0, 0, 0
0, 0, 0, 0, 0, 0, 0, 1290, 0, 0, 0
0, 0, 0, 0, 0, 0, 554,1, 0, 0, 850, 0
0, 0, 0, 0, 0, 0, 0, 0, 852,4, 0, 0
0, 0, 0, 0, 0, 0, 0, 0, 587,5, 0, 0
0, 0, 0, 0, 0, 0, 0, 0, 0, 1330, 0
0, 0, 0, 0, 0, 0, 0, 0, 0, 0, 0
0, 0, 0, 0, 0, 0, 0, 0, 0, 0, 0

W:
0, 15, 0, 0, 0, 0, 0, 0, 0, 0, 0
0, 0, 37,5, 0, 0, 0, 0, 0, 0, 0, 0
0, 0, 0, 0, 0, 34,5, 0, 0, 0, 0, 0
0, 0, 0, 0, 0, 0, 0, 0, 0, 0, 0
0, 0, 0, 0, 0, 0, 0, 0, 0, 0, 0
0, 0, 0, 0, 0, 0, 24, 0, 0, 0, 0
0, 0, 0, 0, 0, 0, 0, 0, 24, 0, 0
0, 0, 0, 0, 0, 0, 0, 0, 0, 0, 0
0, 0, 0, 0, 0, 0, 0, 0, 0, 52,5, 0
0, 0, 0, 0, 0, 0, 0, 0, 0, 0, 0
0, 0, 0, 0, 0, 0, 0, 0, 0, 0, 0

CC:
0, 1, 0, 0, 0, 0, 0, 0, 0, 0, 0
0, 0, 1, 0, 0, 0, 0, 0, 0, 0, 0
0, 0, 0, 0, 0, 1, 0, 0, 0, 0, 0
0, 0, 0, 0, 0, 0, 0, 0, 0, 0, 0
0, 0, 0, 0, 0, 0, 0, 0, 0, 0, 0
0, 0, 0, 0, 0, 0, 1, 0, 0, 0, 0
0, 0, 0, 0, 0, 0, 0, 0, 1, 0, 0
0, 0, 0, 0, 0, 0, 0, 0, 0, 0, 0
0, 0, 0, 0, 0, 0, 0, 0, 0, 1, 0
0, 0, 0, 0, 0, 0, 0, 0, 0, 0, 1
0, 0, 0, 0, 0, 0, 0, 0, 0, 0, 0

VARIABLES (Values)

X:
0, 35, 0, 0, 0, 0, 0, 0, 0, 0, 0
0, 0, 40, 0, 0, 0, 0, 0, 0, 0, 0
0, 0, 0, 38, 39, 43, 0, 0, 0, 0, 0
0, 0, 0, 0, 0, 0, 0, 0, 0, 0, 0
0, 0, 0, 0, 0, 0, 0, 43, 0, 0, 0
0, 0, 0, 0, 0, 0, 35, 0, 0, 60, 0
0, 0, 0, 0, 0, 0, 0, 0, 54, 0, 0
0, 0, 0, 0, 0, 0, 0, 0, 47, 0, 0
0, 0, 0, 0, 0, 0, 0, 0, 0, 38, 0
0, 0, 0, 0, 0, 0, 0, 0, 0, 0, 0
0, 0, 0, 0, 0, 0, 0, 0, 0, 0, 0

Cx:
0, 695, 0, 0, 0, 0, 0, 0, 0, 0, 0
0, 0, 1900, 0, 0, 0, 0, 0, 0, 0, 0
0, 0, 0, 874, 1053, 1782,5, 0, 0, 0, 0, 0
0, 0, 0, 0, 0, 0, 0, 0, 0, 0, 0

0, 0, 0, 0, 0, 0, 0, 1290, 0, 0, 0
0, 0, 0, 0, 0, 0, 1106,1, 0, 0, 850, 0
0, 0, 0, 0, 0, 0, 0, 0, 1476,4, 0, 0
0, 0, 0, 0, 0, 0, 0, 0, 587,5, 0, 0
0, 0, 0, 0, 0, 0, 0, 0, 0, 2485, 0
0, 0, 0, 0, 0, 0, 0, 0, 0, 0, 0
0, 0, 0, 0, 0, 0, 0, 0, 0, 0, 0

C1x:
 0, 345, 0, 0, 0, 0, 0, 0, 0, 0, 0
 0, 0, 900, 0, 0, 0, 0, 0, 0, 0, 0
 0, 0, 0, 0, 0, 793,5, 0, 0, 0, 0, 0
 0, 0, 0, 0, 0, 0, 0, 0, 0, 0, 0
 0, 0, 0, 0, 0, 0, 0, 0, 0, 0, 0
 0, 0, 0, 0, 0, 0, 552, 0, 0, 0, 0
 0, 0, 0, 0, 0, 0, 0, 0, 624, 0, 0
 0, 0, 0, 0, 0, 0, 0, 0, 0, 0, 0
 0, 0, 0, 0, 0, 0, 0, 0, 0, 1155, 0
 0, 0, 0, 0, 0, 0, 0, 0, 0, 0, 0
 0, 0, 0, 0, 0, 0, 0, 0, 0, 0, 0
C2x:
 0, 350, 0, 0, 0, 0, 0, 0, 0, 0, 0
 0, 0, 1000, 0, 0, 0, 0, 0, 0, 0, 0
 0, 0, 0, 874, 1053, 989, 0, 0, 0, 0, 0
 0, 0, 0, 0, 0, 0, 0, 0, 0, 0, 0
 0, 0, 0, 0, 0, 0, 0, 1290, 0, 0, 0
 0, 0, 0, 0, 0, 0, 554,1, 0, 0, 850, 0
 0, 0, 0, 0, 0, 0, 0, 0, 852,4, 0, 0
 0, 0, 0, 0, 0, 0, 0, 0, 587,5, 0, 0
 0, 0, 0, 0, 0, 0, 0, 0, 0, 1330, 0
 0, 0, 0, 0, 0, 0, 0, 0, 0, 0, 0
 0, 0, 0, 0, 0, 0, 0, 0, 0, 0, 0

T:
 0
 35
 75
 113
 114
 118
 153
 160
 207
 245
 245
Ct: 14099,5

Ct1: 4369,5
Ct2: 9730

Annexe 7-b: *Résultats de la simulation pour λ = 160 jours (étude de cas n°2)*

Problem Statistics:
  52 rows
  62 structural columns
  172 non-zero elements
Global Statistics
  0 entities
  0 sets
  0 set members

Solution Statistics:
  Minimisation performed
  LP Optimal
  22 iteration(s) performed
  Objective function value is 12165,5

TABLES
------
n: 11
Lambda: 160

VARIABLES (Values)

X:
 0, 19, 0, 0, 0, 0, 0, 0, 0, 0, 0
 0, 0, 16, 0, 0, 0, 0, 0, 0, 0, 0
 0, 0, 0, 38, 39, 20, 0, 0, 0, 0, 0
 0, 0, 0, 0, 0, 0, 0, 0, 0, 0, 0
 0, 0, 0, 0, 0, 0, 0, 43, 0, 0, 0
 0, 0, 0, 0, 0, 0, 35, 0, 0, 60, 0
 0, 0, 0, 0, 0, 0, 0, 0, 54, 0, 0
 0, 0, 0, 0, 0, 0, 0, 0, 27, 0, 0
 0, 0, 0, 0, 0, 0, 0, 0, 0, 16, 0
 0, 0, 0, 0, 0, 0, 0, 0, 0, 0, 0

0, 0, 0, 0, 0, 0, 0, 0, 0, 0, 0   74

Cx: 55

0, 535, 0, 0, 0, 0, 0, 0, 0, 0, 0   90

0, 0, 1300, 0, 0, 0, 0, 0, 0, 0, 0   117

0, 0, 0, 874, 1053, 1253,5, 0, 0, 0, 0, 0   144

0, 0, 0, 0, 0, 0, 0, 0, 0, 0, 0   160

0, 0, 0, 0, 0, 0, 0, 1290, 0, 0, 0   160

0, 0, 0, 0, 0, 0, 1106,1, 0, 0, 850, 0 Ct: 12165,5

0, 0, 0, 0, 0, 0, 0, 0, 1476,4, 0, 0 Ct1: 1281

0, 0, 0, 0, 0, 0, 0, 0, 0, 712,5, 0, 0 Ct2: 10884,5

0, 0, 0, 0, 0, 0, 0, 0, 0, 0, 1715, 0

0, 0, 0, 0, 0, 0, 0, 0, 0, 0, 0, 0

0, 0, 0, 0, 0, 0, 0, 0, 0, 0, 0, 0

C1x:

0, 105, 0, 0, 0, 0, 0, 0, 0, 0, 0

0, 0, 0, 0, 0, 0, 0, 0, 0, 0, 0

0, 0, 0, 0, 0, 0, 0, 0, 0, 0, 0

0, 0, 0, 0, 0, 0, 0, 0, 0, 0, 0

0, 0, 0, 0, 0, 0, 0, 0, 0, 0, 0

0, 0, 0, 0, 0, 0, 552, 0, 0, 0, 0

0, 0, 0, 0, 0, 0, 0, 0, 624, 0, 0

0, 0, 0, 0, 0, 0, 0, 0, 0, 0, 0

0, 0, 0, 0, 0, 0, 0, 0, 0, 0, 0

0, 0, 0, 0, 0, 0, 0, 0, 0, 0, 0

0, 0, 0, 0, 0, 0, 0, 0, 0, 0, 0

C2x:

0, 430, 0, 0, 0, 0, 0, 0, 0, 0, 0

0, 0, 1300, 0, 0, 0, 0, 0, 0, 0, 0

0, 0, 0, 874, 1053, 1253,5, 0, 0, 0, 0, 0

0, 0, 0, 0, 0, 0, 0, 0, 0, 0, 0

0, 0, 0, 0, 0, 0, 0, 1290, 0, 0, 0

0, 0, 0, 0, 0, 0, 554,1, 0, 0, 850, 0

0, 0, 0, 0, 0, 0, 0, 0, 852,4, 0, 0

0, 0, 0, 0, 0, 0, 0, 0, 0, 712,5, 0, 0

0, 0, 0, 0, 0, 0, 0, 0, 0, 0, 1715, 0

0, 0, 0, 0, 0, 0, 0, 0, 0, 0, 0

0, 0, 0, 0, 0, 0, 0, 0, 0, 0, 0

T:

0

19

35

73

Annexe 8: *Matrices N, R, D (durée normale) – exemple n°1*

Corps de Métiers	Sous-Ouvrages																		
	SO1			SO2a			SO2b			SO3			SO4/10			SO7		
	N	R	D	N	R	D	N	R	D	N	R	D	N	R	D	N	R	D
1- Maçons				02	4 000 F	57	01	4 000 F	02	01	4 000 F	04				01	4 000 F	03
2- Coffreurs				01	3 000 F	14												
3- Ferrailleurs				01	3 000 F	14												
4- Charpentiers							02	3 000 F	10									
5- Menuisiers										01	10 000 F	10						
6- Electriciens				01	4 500 F	20							02	4 500 F	07			
7- Plombiers				01	4 500 F	18										02	4 500 F	11
8- Carreleurs																		
9- Peintres																		
10- Vitriers																		
11- Fouilleurs	02	2 000 F	13	02	2 000 F	08												
12- Manœuvres	04	1 500 F	13	08	1 500 F	57	06	1 500 F	10	02	1 500 F	10	02	1 500 F	07	03	1 500 F	11

Construction en parpaings de sable-ciment

Annexe 8 (suite): Matrices N, R, D (durée normale) – exemple n°1

Corps de Métiers	SO6			SO5			SO8			SO9			SO11			SO12		
	N	R	D	N	R	D	N	R	D	N	R	D	N	R	D	N	R	D
1- Maçons				02	4 000 F	09										01	4 000 F	12
2- Coffreurs																		
3- Ferrailleurs																		
4- Charpentiers																		
5- Menuisiers	01	10 000 F	10															
6- Electriciens																01	4 500 F	03
7- Plombiers																01	4 500 F	03
8- Carreleurs							02	10 000 F	09									
9- Peintres													02	5 000 F	08			
10- Vitriers										01	10 000 F	07						
11- Fouilleurs																01	2 000 F	04
12- Manoeuvres	02	1 500 F	10	03	1 500 F	09	02	1 500 F	09	02	1 500 F	07	02	1 500 F	08	06	1 500 F	16

Légende:

N: Effectif (nombre d'intervenants) par corps de métiers
R: Revenu journalier; D: nombre de jours d'intervention

SO1: Terrassement et implantation
SO2a: Fondation (sous-bassement)
SO2b: Maçonnerie et béton à l'élévation
SO3: Charpente et Couverture
SO4/10: Menuiseries (bois et métallique) et vitrerie
SO7: Plafonnage

SO6: Plomberie et viabilité sanitaires
SO5: Installation électrique
SO8: Enduits intérieurs et extérieur
SO9: Revêtement et Carrelage
SO11: Peinture intérieure et extérieure
SO12: Alimentation eau–électricité/Aménagement et VRD

393

Annexe 9: *Matrice des Coûts de la Main-d'Œuvre (durée normale) - exemple n° 1*

Corps de Métiers	Sous-ouvrages												Coûts M-Œuvre par Corps de Métiers
	SO1	SO2a	SO2b	SO3	SO4/10	SO7	SO6	SO5	SO8	SO9	SO11	SO12	Métiers
1- Maçons	0 F	456 000 F	8 000 F	16 000 F	0 F	12 000 F	0 F	72 000 F	0 F	0 F	0 F	48 000 F	612 000 F
2- Coffreurs	0 F	42 000 F	0 F	0 F	0 F	0 F	0 F	0 F	0 F	0 F	0 F	0 F	42 000 F
3- Ferrailleurs	0 F	42 000 F	0 F	0 F	0 F	0 F	0 F	0 F	0 F	0 F	0 F	0 F	42 000 F
4- Charpentiers	0 F		60 000 F										60 000 F
5- Menuisiers	0 F	0 F	0 F	100 000 F	0 F	0 F	100 000 F	0 F	0 F	0 F	0 F	0 F	200 000 F
6- Electriciens	0 F	90 000 F	0 F	0 F	63 000 F	0 F	0 F	0 F	0 F	0 F	0 F	13 500 F	166 500 F
7- Plombiers	0 F	81 000 F	0 F	0 F	0 F	99 000 F	0 F	0 F	0 F	0 F	0 F	13 500 F	193 500 F
8- Carreleurs	0 F	0 F	0 F	0 F	0 F	0 F	0 F	0 F	180 000 F	0 F	0 F	0 F	180 000 F
9- Peintres	0 F	0 F	0 F	0 F	0 F	0 F	0 F	0 F	0 F	0 F	80 000 F	0 F	80 000 F
10- Vitriers	0 F	0 F	0 F	0 F	0 F	0 F	0 F	0 F	0 F	70 000 F	0 F	0 F	70 000 F
11- Fouilleurs	52 000 F	32 000 F	0 F	0 F	0 F	0 F	0 F	0 F	0 F	0 F	0 F	8 000 F	92 000 F
12- Manoeuvres	78 000 F	684 000 F	90 000 F	30 000 F	21 000 F	49 500 F	30 000 F	40 500 F	27 000 F	21 000 F	24 000 F	144 000 F	1 239 000 F
Coûts de la Main d'Œuvre par Sous-ouvrage	130 000 F	1 427 00F	158 000 F	146 000 F	84 000 F	160 500 F	130 000 F	112 500 F	207 000 F	91 000 F	104 000 F	227 000 F	2 977 000 F

Légende:

SO1: Terrassement et implantation

SO2a: Fondation (sous-bassement)

SO2b: Maçonnerie et béton à l'élévation

SO3: Charpente et Couverture

SO4/10: Menuiseries (bois et métallique) et vitrerie

SO7: Plafonnage

SO6: Plomberie et viabilité sanitaires

SO5: Installation électrique

SO8: Enduits intérieurs et extérieur

SO9: Revêtement et Carrelage

SO11: Peinture intérieure et extérieure

SO12: Alimentation eau-électricité/Aménagement et VRD

Annexe 10: *Devis quantitatif et estimatif pour une construction en matériaux conventionnels (superficie 110 m^2) [Kamgang et al., 1999]*

Sous-ouvrages	Désignation	Unité	Quan-tité	P.U. (F CFA)	Prix Total (F CFA)
SO$_1$ Terrassement et implantation	- Nivellement du terrain	ft	1	60 000	60 000
	- Fouilles en rigoles pour fondations; s: 0.30x0.60	m^3	46.23	2 500	115 575
	- Remblai en latérite compactée par couche de 10cm	m^3	50	4 000	200 000
	Sous-total 1				**375 575**
SO$_{2a}$ Fondations (sous-bassement)	- Agglos de 20x20x40 pour élévation des fondations	U	1260	300	378 000
	- Sable moyen pour élévation sous-bassement	tonne	15	6 000	90 000
	- Gravier tout-venant pour bourrage agglo et béton de propreté	tonne	10	7 000	70 000
	- Ciment	tonne	3	72 000	216 000
	- Acier lisse de 6	barre	25	1 000	25 000
	- Acier Tor de 10 semelle amorce poteaux chaînage (longrine)	barre	60	1 600	96 000
	- Fil d'attache	rouleau	2	2 500	5 000
	- Bois de coffrage	m^3	5	45 000	225 000
	- Gravier 15/25	tonne	8	10 500	84 000
	- Gros sable	tonne	10	9 000	90 000
	Sous-total 2				**1 279 000**
SO$_{2b}$ Maçonnerie et béton à l'élévation	- Agglos de 15x20x40 pour les murs	U	3 240	250	810 000
	- Béton ordinaire pour dallage du sol 8 cm	m^3	8.8	70 000	616 000
	- Chape au mortier de ciment lissé dosé à 350 kg/m^3	m^2	96.51	2 500	241 275
	- Acier Tor de 8 pour poteaux, poutres et linteaux	barre	120	1 300	156 000
	- Acier lisse de 6 pour couture en bielle du béton ép. 20 cm	barre	60	1 000	60 000
	- Fil d'attache	rouleau	6	2 500	15 000
	- Sable moyen pour élévation agglos	tonne	15	6 000	90 000
	- Gravier 15/25	tonne	10	10 500	105 000
	- Ciment	tonne	4	72 000	288 000
	- Gros sable	tonne	10	9 000	90 000
	Sous-total 3				**2 471 275**

Lot	Section	Désignation	U	Qté	P.U.	P.T.
SO₃	Charpente et couverture	- Bastings de 0.03x0.15x5m pour fermes	m³	2	90 000	180 000
		- Lattes de 0.04x0.08x5m pour pannes	m³	1.5	90 000	135 000
		- Tôles faîtière	U	8	2 500	20 000
		- Tôles Bac 5/10ᵉ de 6 m pour bardage	U	7	11 250	78 750
		- Tôles Bac 6/10ᵉ de 6 m pour couverture	U	40	18 600	744 000
		- Autres accessoires (vis à tôles, rondelles feutres, etc.)	Ft	1	75 000	75 000
		Sous-total 4				**1 232 750**
SO₄/₁₀	Menuiseries et vitrerie	- Porte de 0.80x2.10	U	5	70 000	350 000
		- Porte de 0.70x2.10	U	3	65 000	195 000
		- Porte en panneau de bois semi-vitrée de 1.25x2.10	U	1	120000	120 000
		- Bois dur pour battants, montants et traverses de placards	U	3	90 000	270 000
		- Grilles antivol avec cadre de 1.80x1.10	U	3	45 000	135 000
		- Grilles antivol avec cadre de 1.20x1.10	U	2	35 000	70 000
		- Grilles antivol avec cadre de 0.80x1.10	U	2	25 000	50 000
		- Grilles antivol avec cadre de 0.80x0.60	U	2	14 000	28 000
		- Vitres imprimées d'épaisseur 4 mm	m²	16.54	7 000	115 780
		- Chassis naco	ml	7.6	1 750	13 300
		- Vis pour fixation	Ft	1	10 000	10 000
		Sous-total 5				**1 357 080**
SO₇	Plafonnage	- Contreplaqués pour plafond en panneaux de sapelli	feuille	60	8 000	480 000
		- Lattes de 0.04x0.08x5m pour solivage y compris toute sujétion de mise en œuvre	m³	4	90 000	360 000
		Sous-total 6				**840 000**
SO₆	Plomberie et viabilité sanitaires	- Tuyauterie	Ft	1	275000	275 000
		- WC chasse basse	U	2	70 000	140 000
		- Bidet	U	1	45 000	45 000
		- Lavabo	U	2	45 000	90 000
		- Colonne de douche	U	2	7 500	15 000
		- Receveur de douche	U	2	51 600	103 200
		- Porte-papier hygiénique	U	2	6 500	13 000
		- Porte-savon	U	2	5 500	11 000
		- Porte-serviette	U	2	4 500	9 000
		- Glace à lavabo	U	2	4 500	9 000
		- Evier de cuisine	U	1	45 000	45 000
		- Fosse sceptique en maçonnerie et B.A.	U	1	300000	300 000
		- Puisard d'absorption	U	1	140000	140 000
		- Regard de visite	U	6	10 000	60 000
		Sous-total 7				**1 255 200**

SO₅	Installation électrique	- Alimentation du bâtiment, distribution interne, installation des liaisons équipotentielles, y compris interrupteur et autres accessoires	Ft	1	350000	350 000
		- Hublot rond	U	1	4 500	4 500
		- Réglette de 1.20 m	U	7	7 500	52 500
		- Réglette de 0.60	U	2	6 500	13 000
		- Ampoule de 60 W	U	2	350	700
		- Appliques murales	U	2	10 000	20 000
		- Appliques sanitaires	U	2	5 000	10 000
		Sous-total 8				**450 700**
SO₈	Enduits intérieurs et extérieurs	- Sable moyen	tonne	25	6 000	150 000
		- Sable fin	tonne	20	6 500	130 000
		- Ciment	tonne	4	72 000	288 000
		Sous-total 9				**568 000**
SO₉	Revêtement et carrelage	- Carreaux grès cérame 2x2	m²	9.9	7 800	77 200
		- Carreaux faïences 15x15	m²	17.64	4 000	70 560
		- Carreaux grès cérame 30x30	m²	50.9	10 000	509 000
		- Ciment ordinaire	tonne	0.5	72 000	36 000
		- Ciment colle	sac	11	7 000	77 000
		- Gros sable	tonne	5	9 000	45 000
		Sous-total 10				**814 780**
SO₁₁	Peinture intérieure et extérieure	- Impression à la chaux sur maçonnerie et béton après égrenage des surfaces à peindre	m²	531	500	265 000
		- Peinture type pantex 1300	m²	531	1 300	690 000
		- Peinture type huile ou glycérophtalique (grille)	m²	50	1 300	65 000
		- Vernis avec finition satinée (plafond)	m²	110	1 800	198 000
		Sous-total 11				**1 218 800**
SO₁₂	Aménag' et VRD; Alimentation eau/électricité	- Abonnement électricité et eau	Ft	1	420000	420 000
		- Aménagement à 1 m du mur extérieur	Ft	1	100000	100 000
		- Construction des rigoles d'évacuation	m*lin.*	75	3 000	225 000
		Sous-total 12				**745 000**
		Total				**12 608 160**

397

Annexe 11 : *Matrice des Quantités de Matériaux*

Matériaux	Unité	P. U.	SO1	SO2a	SO2b	SO3	SO4/10	SO7	SO6	SO5	SO8	SO9	SO11	SO12	Qté totale du Matériau
Nivellement de terrain	ft	60 000 F	1												1
Remblai en latérite	m³	4 000 F	50												50
Fouilles en rigoles pour fondat.	m³	2 500 F	46,23												46,23
Agglos de 20x20x40	U	300 F		1260											1260
Sable moyen	tonne	6 000 F		15	15						25				55
Gravier tout-venant	tonne	7 000 F		10											10
Ciment ordinaire	tonne	72 000 F		3	4						4	0,5			11,5
Acier lisse de 6	barre	1 000 F		25											85
Acier Tor de 10	barre	1 600 F		60	60										60
Fil d'attache	rouleau	2 500 F		2	6										8
Bois de coffrage	m³	45 000 F		5											5
Gravier 15/25	tonne	10 500 F		8	10										18
Gros sable	tonne	9 000 F		10	10							5			25
Agglos de 15x20x40	U	250 F			3240										3240
Béton ordinaire	m³	70 000 F			8,8										8,8
Chape au mortier de ciment	m²	2 500 F			96,51										96,51
Acier Tor de 8	barre	1 300 F			120										120
Bastaings de 0.03x0.15x5m	m³	90 000 F				2									2
Lattes de 0.04x0.08x5m	m³	90 000 F				1,5		4							5,5
Tôles faîtière	U	2 500 F				8									8
Tôles Bac 5/10e de 6 m	U	11 250 F				7									7
Tôles Bac 6/10e de 6 m	U	18 600 F				40									40
Autres accessoires (vis,…)	ft	75 000 F				1									1
Porte de 0.80x2.10	U	70 000 F					5								5
Porte de 0.70x2.10	U	65 000 F					3								3
Porte en bois de 1.25x2.10	U	120 000 F					1								1
Bois dur pour battants, etc.	U	90 000 F					3								3
Grilles antivol 1.80x1.10	U	45 000 F					3								3
Grilles antivol 1.20x1.10	U	35 000 F					2								2

Annexe 11: Matrice des Quantités de Matériaux (suite)

Matériaux	Unité	P.U.	SO1	SO2a	SO2b	SO3	SO4/10	SO7	SO6	SO5	SO8	SO9	SO11	SO12	Qté totale du Matériau
Grilles antivol 0.80x1.10	U	25 000 F					2								2
Grilles antivol 0.80x0.60	U	14 000 F					2								2
Vitres imprimées ép. 4mm	m²	7 000 F					16,54								16,54
Chassies naco	ml	1 750 F					7,6								7,6
Vis pour fixation	ft	10 000 F					1								1
Sable fin	tonne	6 500 F									20				20
Contre-plaqués pour plafond	feuille	8 000 F						60							60
Alimentation bât., installation	ft	350 000 F								1					1
Hublot rond	U	4 500 F								1					1
Réglette de 1.20m	U	7 500 F								7					7
Réglette de 0.60m	U	6 500 F								2					2
Ampoule de 60W	U	350 F								2					2
Appliques murales	U	10 000 F								2					2
Appliques sanitaires	U	5 000 F								2					2
Tuyauterie	ft	275 000 F							1						1
WC chasse basse	U	70 000 F							2						2
Bidet	U	45 000 F							1						1
Lavabo	U	45 000 F							2						2
Colonne de douche	U	7 500 F							2						2
Receveur de douche	U	51 600 F							2						2
Porte-papier hygiénique	U	6 500 F							2						2
Porte-savon	U	5 500 F							2						2
Porte-serviettes	U	4 500 F							2						2
Glace à lavabo	U	4 500 F							2						2
Evier de cuisine	U	45 000 F							1						1
Fosse sceptique en maçonnerie	U	300 000 F							1						1
Puisard d'absorption	U	140 000 F							1						1
Regard de visite	U	10 000 F							6						6
Carreaux grés cerame 2x2	m²	7 800 F										9,9			9,9

Annexe 11: *Matrice des Quantités de Matériaux* (suite)

Matériaux	Unité	P. U.	Sous-Ouvrages												Qté totale du Matériau
			SO1	SO2a	SO2b	SO3	SO4/10	SO7	SO6	SO5	SO8	SO9	SO11	SO12	
Carreaux faïences 15x15	m²	4 000 F										17,64			17,64
Carreaux grés cer. 30x30	m²	10 000 F										50,9			50,9
Ciment colle	sac	7 000 F										11			11
Impression à la chaux	m²	500 F											531		531
Peinture type pantex 1300	m²	1 300 F											531		531
Peinture type huile (grille)	m²	1 300 F											50		50
Vernis avec finition satinée (pld)	m²	1 800 F											110		110
Abonnement électricité et eau	ft	420 000 F												1	1
Aménagement extérieur	ft	100 000 F												1	1
Rigoles d'évacuation	ml	3 000 F												75	75

(Source: African Journal of Building Materials - Vol. 03 N° 3, 1999; pages 12-24; C. Kamgang et R. Bidime Nouga)
Construction en parpaings de sable/ciment;;   Superficie: 110 m²

Légende:

SO1: Terrassement et implantation
SO2a: Fondation (sous-bassement)
SO2b: Maçonnerie et béton à l'élévation
SO3: Charpente et Couverture
SO4/10: Menuiseries (bois et métallique) et vitrerie
SO7: Plafonnage

SO6: Plomberie et viabilité sanitaires
SO5: Installation électrique
SO8: Enduits intérieurs et extérieur
SO9: Revêtement et Carrelage
SO11: Peinture intérieure et extérieure
SO12: Alimenteion eau-électricité / Aménagement et VRD

Annexe 12: *Matrice Coûts de Matériaux*

Matériaux	Sous-Ouvrages												Coût total du Matériau
	SO1	SO2a	SO2b	SO3	SO4/10	SO7	SO6	SO5	SO8	SO9	SO11	SO12	
Nivellement de terrain	60 000 F	0 F	0 F	0 F	0 F	0 F	0 F	0 F	0 F	0 F	0 F	0 F	60 000 F
Remblai en latérite	200 000 F	0 F	0 F	0 F	0 F	0 F	0 F	0 F	0 F	0 F	0 F	0 F	200 000 F
Fouilles en rigoles pour fondat.	115 575 F	0 F	0 F	0 F	0 F	0 F	0 F	0 F	0 F	0 F	0 F	0 F	115 575 F
Agglos de 20x20x40	0 F	378 000 F	0 F	0 F	0 F	0 F	0 F	0 F	0 F	0 F	0 F	0 F	378 000 F
Sable moyen	0 F	90 000 F	90 000 F	0 F	0 F	0 F	0 F	0 F	150 000 F	0 F	0 F	0 F	330 000 F
Gravier tout-venant	0 F	70 000 F	0 F	0 F	0 F	0 F	0 F	0 F	0 F	0 F	0 F	0 F	70 000 F
Ciment ordinaire	0 F	216 000 F	288 000 F	0 F	0 F	0 F	0 F	0 F	288 000 F	36 000 F	0 F	0 F	828 000 F
Acier lisse de 6	0 F	25 000 F	60 000 F	0 F	0 F	0 F	0 F	0 F	0 F	0 F	0 F	0 F	85 000 F
Acier Tor de 10	0 F	96 000 F	0 F	0 F	0 F	0 F	0 F	0 F	0 F	0 F	0 F	0 F	96 000 F
Fil d'attache	0 F	5 000 F	15 000 F	0 F	0 F	0 F	0 F	0 F	0 F	0 F	0 F	0 F	20 000 F
Bois de coffrage	0 F	225 000 F	0 F	0 F	0 F	0 F	0 F	0 F	0 F	0 F	0 F	0 F	225 000 F
Gravier 15/25	0 F	84 000 F	105 000 F	0 F	0 F	0 F	0 F	0 F	0 F	0 F	0 F	0 F	189 000 F
Gros sable	0 F	90 000 F	90 000 F	0 F	0 F	0 F	0 F	0 F	0 F	45 000 F	0 F	0 F	225 000 F
Agglos de 15x20x40	0 F	0 F	810 000 F	0 F	0 F	0 F	0 F	0 F	0 F	0 F	0 F	0 F	810 000 F
Béton ordinaire	0 F	0 F	616 000 F	0 F	0 F	0 F	0 F	0 F	0 F	0 F	0 F	0 F	616 000 F
Chape au mortier de ciment	0 F	0 F	241 275 F	0 F	0 F	0 F	0 F	0 F	0 F	0 F	0 F	0 F	241 275 F
Acier Tor de 8	0 F	0 F	156 000 F	0 F	0 F	0 F	0 F	0 F	0 F	0 F	0 F	0 F	156 000 F
Bastaings de 0.03x0.15x5m	0 F	0 F	0 F	180 000 F	0 F	0 F	0 F	0 F	0 F	0 F	0 F	0 F	180 000 F
Lattes de 0.04x0.08x5m	0 F	0 F	0 F	135 000 F	0 F	360 000 F	0 F	0 F	0 F	0 F	0 F	0 F	495 000 F
Tôles faitière	0 F	0 F	0 F	20 000 F	0 F	0 F	0 F	0 F	0 F	0 F	0 F	0 F	20 000 F
Tôles Bac 5/10e de 6 m	0 F	0 F	0 F	78 750 F	0 F	0 F	0 F	0 F	0 F	0 F	0 F	0 F	78 750 F
Tôles Bac 6/10e de 6 m	0 F	0 F	0 F	744 000 F	0 F	0 F	0 F	0 F	0 F	0 F	0 F	0 F	744 000 F
Autres accessoires (vis,….)	0 F	0 F	0 F	75 000 F	0 F	0 F	0 F	0 F	0 F	0 F	0 F	0 F	75 000 F
Porte de 0.80x2.10	0 F	0 F	0 F	0 F	350 000 F	0 F	0 F	0 F	0 F	0 F	0 F	0 F	350 000 F
Porte de 0.70x2.10	0 F	0 F	0 F	0 F	195 000 F	0 F	0 F	0 F	0 F	0 F	0 F	0 F	195 000 F
Porte en bois de 1.25x2.10	0 F	0 F	0 F	0 F	120 000 F	0 F	0 F	0 F	0 F	0 F	0 F	0 F	120 000 F
Bois dur pour battants, etc.	0 F	0 F	0 F	0 F	270 000 F	0 F	0 F	0 F	0 F	0 F	0 F	0 F	270 000 F
Grilles antivol 1.80x1.10	0 F	0 F	0 F	0 F	135 000 F	0 F	0 F	0 F	0 F	0 F	0 F	0 F	135 000 F
Grilles antivol 1.20x1.10	0 F	0 F	0 F	0 F	70 000 F	0 F	0 F	0 F	0 F	0 F	0 F	0 F	70 000 F

Annexe 12: *Matrice Coûts de Matériaux* (suite)

Matériaux	SO1	SO2a	SO2b	SO3	SO4/10	SO7	SO6	SO5	SO8	SO9	SO11	SO12	Coût total du Matériau
						Sous-Ouvrages							
Grilles antivol 0.80x1.10	0 F	0 F	0 F	0 F	50 000 F	0 F	0 F	0 F	0 F	0 F	0 F	0 F	50 000 F
Grilles antivol 0.80x0.60	0 F	0 F	0 F	0 F	28 000 F	0 F	0 F	0 F	0 F	0 F	0 F	0 F	28 000 F
Vitres imprimées ép. 4mm	0 F	0 F	0 F	0 F	115 780 F	0 F	0 F	0 F	0 F	0 F	0 F	0 F	115 780 F
Chassies naco	0 F	0 F	0 F	0 F	13 300 F	0 F	0 F	0 F	0 F	0 F	0 F	0 F	13 300 F
Vis pour fixation	0 F	0 F	0 F	0 F	10 000 F	0 F	0 F	0 F	0 F	0 F	0 F	0 F	10 000 F
Sable fin	0 F	0 F	0 F	0 F	0 F	0 F	0 F	0 F	130 000 F	0 F	0 F	0 F	130 000 F
Contre-plaqués pour plafond	0 F	0 F	0 F	0 F	0 F	480 000 F	0 F	0 F	0 F	0 F	0 F	0 F	480 000 F
Alimentation bât., installation	0 F	0 F	0 F	0 F	0 F	0 F	0 F	350 000 F	0 F	0 F	0 F	0 F	350 000 F
Hublot rond	0 F	0 F	0 F	0 F	0 F	0 F	0 F	4 500 F	0 F	0 F	0 F	0 F	4 500 F
Réglette de 1.20m	0 F	0 F	0 F	0 F	0 F	0 F	0 F	52 500 F	0 F	0 F	0 F	0 F	52 500 F
Réglette de 0.60m	0 F	0 F	0 F	0 F	0 F	0 F	0 F	13 000 F	0 F	0 F	0 F	0 F	13 000 F
Ampoule de 60W	0 F	0 F	0 F	0 F	0 F	0 F	0 F	700 F	0 F	0 F	0 F	0 F	700 F
Appliques murales	0 F	0 F	0 F	0 F	0 F	0 F	0 F	20 000 F	0 F	0 F	0 F	0 F	20 000 F
Appliques sanitaires	0 F	0 F	0 F	0 F	0 F	0 F	0 F	10 000 F	0 F	0 F	0 F	0 F	10 000 F
Tuyauterie	0 F	0 F	0 F	0 F	0 F	0 F	275 000 F	0 F	0 F	0 F	0 F	0 F	275 000 F
WC chasse basse	0 F	0 F	0 F	0 F	0 F	0 F	140 000 F	0 F	0 F	0 F	0 F	0 F	140 000 F
Bidet	0 F	0 F	0 F	0 F	0 F	0 F	45 000 F	0 F	0 F	0 F	0 F	0 F	45 000 F
Lavabo	0 F	0 F	0 F	0 F	0 F	0 F	90 000 F	0 F	0 F	0 F	0 F	0 F	90 000 F
Colonne de douche	0 F	0 F	0 F	0 F	0 F	0 F	15 000 F	0 F	0 F	0 F	0 F	0 F	15 000 F
Receveur de douche	0 F	0 F	0 F	0 F	0 F	0 F	103 200 F	0 F	0 F	0 F	0 F	0 F	103 200 F
Porte-papier hygiènique	0 F	0 F	0 F	0 F	0 F	0 F	13 000 F	0 F	0 F	0 F	0 F	0 F	13 000 F
Porte-savon	0 F	0 F	0 F	0 F	0 F	0 F	11 000 F	0 F	0 F	0 F	0 F	0 F	11 000 F
Porte-serviettes	0 F	0 F	0 F	0 F	0 F	0 F	9 000 F	0 F	0 F	0 F	0 F	0 F	9 000 F
Glace à lavabo	0 F	0 F	0 F	0 F	0 F	0 F	9 000 F	0 F	0 F	0 F	0 F	0 F	9 000 F
Evier de cuisine	0 F	0 F	0 F	0 F	0 F	0 F	45 000 F	0 F	0 F	0 F	0 F	0 F	45 000 F
Fosse sceptique en maçonnerie	0 F	0 F	0 F	0 F	0 F	0 F	300 000 F	0 F	0 F	0 F	0 F	0 F	300 000 F
Puisard d'absorption	0 F	0 F	0 F	0 F	0 F	0 F	140 000 F	0 F	0 F	0 F	0 F	0 F	140 000 F
Regard de visite	0 F	0 F	0 F	0 F	0 F	0 F	60 000 F	0 F	0 F	0 F	0 F	0 F	60 000 F
Carreaux grés cerame 2x2	0 F	0 F	0 F	0 F	0 F	0 F	0 F	0 F	0 F	77 220 F	0 F	0 F	77 220 F
Carreaux faïences 15x15	0 F	0 F	0 F	0 F	0 F	0 F	0 F	0 F	0 F	70 560 F	0 F	0 F	70 560 F

Annexe 12: *Matrice Coûts de Matériaux* (suite)

Matériaux	Sous-Ouvrages												Coût total du Matériau
	SO1	SO2a	SO2b	SO3	SO4/10	SO7	SO6	SO5	SO8	SO9	SO11	SO12	
Carreaux grès cer. 30x30	0 F	0 F	0 F	0 F	0 F	0 F	0 F	0 F	0 F	509 000 F	0 F	0 F	509 000 F
Ciment colle	0 F	0 F	0 F	0 F	0 F	0 F	0 F	0 F	0 F	77 000 F	0 F	0 F	77 000 F
Impression à la chaux	0 F	0 F	0 F	0 F	0 F	0 F	0 F	0 F	0 F	0 F	265 500 F	0 F	265 500 F
Peinture type pantex 1300	0 F	0 F	0 F	0 F	0 F	0 F	0 F	0 F	0 F	0 F	690 300 F	0 F	690 300 F
Peinture type huile (grille)	0 F	0 F	0 F	0 F	0 F	0 F	0 F	0 F	0 F	0 F	65 000 F	0 F	65 000 F
Vernis avec finition satinée (pld)	0 F	0 F	0 F	0 F	0 F	0 F	0 F	0 F	0 F	0 F	198 000 F	0 F	198 000 F
Abonnement électricité et eau	0 F	0 F	0 F	0 F	0 F	0 F	0 F	0 F	0 F	0 F	0 F	420 000 F	420 000 F
Aménagement extérieur	0 F	0 F	0 F	0 F	0 F	0 F	0 F	0 F	0 F	0 F	0 F	100 000 F	100 000 F
Rigoles d'évacuation	0 F	0 F	0 F	0 F	0 F	0 F	0 F	0 F	0 F	0 F	0 F	225 000 F	225 000 F
Coût des matériaux par Sous-Ouvrage	375 575 F	1 279 000 F	2 471 275 F	1 232 750 F	1 357 080 F	840 000 F	1 255 200 F	450 700 F	568 000 F	814 780 F	1 218 800 F	745 000 F	12 608 160 F

(Source: African Journal of Building Materials - Vol. 03 N° 3, 1999; pages 12-24;
C. Kamgang et R. Bidime Nouga)

Construction en parpaings de sable/ciment

Superficie: 110 m^2

Annexe 13: *Matrices N, R, D (DESO)*

Sous-Ouvrages

Corps de Métiers	SO1			SO2a			SO2b			SO3			SO4/10			SO7		
	N	R	D	N	R	D	N	R	D	N	R	D	N	R	D	N	R	D
1- Maçons				02	4 000 F	10	02	4 000 F	20	01	4 000 F	01	01	4 000 F	02			
2- Coffreurs				01	3 000 F	02	01	3 000 F	05									
3- Ferrailleurs				01	3 000 F	02	01	3 000 F	05									
4- Charpentiers										02	6 000 F	10						
5- Menuisiers													01	10 000 F	05	01	10 000 F	10
6- Electriciens							01	4 500 F	10									
7- Plombiers				01	4 500 F	03	01	4 500 F	06									
8- Carreleurs																		
9- Peintres																		
10- Vitriers													01	10 000 F	05			
11- Fouilleurs	02	2 000 F	06	02	2 000 F	04												
12- Manoeuvres	06	1 500 F	06	12	1 500 F	21	16	1 500 F	46	07	1 500 F	12	03	1 500 F	12	02	1 500 F	10

Annexe 13: *Matrices N, R, D (DESO), (suite)*

Sous-Ouvrages

Corps de Métiers	SO6			SO5			SO8			SO9			SO11			SO12		
	N	R	D	N	R	D	N	R	D	N	R	D	N	R	D	N	R	D
1- Maçons	01	4 000 F	03				03	4 000 F	10							01	4 000 F	06
2- Coffreurs																		
3- Ferrailleurs																		
4- Charpentiers																		
5- Menuisiers																		
6- Electriciens				02	4 500 F	06										01	4 500 F	02
7- Plombiers	02	4 500 F	10													01	4 500 F	02
8- Carreleurs										02	10 000 F	10						
9- Peintres													02	5 000 F	05			
10- Vitriers																		
11- Fouilleurs																01	2 000 F	03
12- Manœuvres	03	1 500 F	13	02	1 500 F	06	03	1 500 F	10	02	1 500 F	10	02	1 500 F	05	06	1 500 F	13

Annexe 14: *Matrice des Coûts de la Main-d'Œuvre (DESO)*

Corps de Métiers	Sous-ouvrages												Coûts M-Œuvre par Corps de Métiers
	SO1	SO2a	SO2b	SO3	SO4/10	SO7	SO6	SO5	SO8	SO9	SO11	SO12	Métiers
1- Maçons	0 F	80 000 F	160 000 F	4 000 F	8 000 F	0 F	12 000 F	0 F	120 000 F	0 F	0 F	24 000 F	408 000 F
2- Coffreurs	0 F	6 000 F	15 000 F	0 F	0 F	0 F	0 F	0 F	0 F	0 F	0 F	0 F	21 000 F
3- Ferrailleurs	0 F	6 000 F	15 000 F	0 F	0 F	0 F	0 F	0 F	0 F	0 F	0 F	0 F	21 000 F
4- Charpentiers	0 F	0 F	0 F	120 000 F	0 F	0 F	0 F	0 F	0 F	0 F	0 F	0 F	120 000 F
5- Menuisiers	0 F	0 F	0 F	0 F	50 000 F	100 000 F	0 F	0 F	0 F	0 F	0 F	0 F	150 000 F
6- Electriciens	0 F	0 F	45 000 F	0 F	0 F	0 F	0 F	54 000 F	0 F	0 F	0 F	9 000 F	108 000 F
7- Plombiers	0 F	13 500 F	27 000 F	0 F	0 F	0 F	90 000 F	0 F	0 F	0 F	0 F	9 000 F	139 500 F
8- Carreleurs	0 F	0 F	0 F	0 F	0 F	0 F	0 F	0 F	0 F	200 000 F	0 F	0 F	200 000 F
9- Peintres	0 F	0 F	0 F	0 F	0 F	0 F	0 F	0 F	0 F	0 F	50 000 F	0 F	50 000 F
10- Vitriers	0 F	0 F	0 F	0 F	50 000 F	0 F	0 F	0 F	0 F	0 F	0 F	0 F	50 000 F
11- Fouilleurs	24 000 F	16 000 F	0 F	0 F	0 F	0 F	0 F	0 F	0 F	0 F	0 F	6 000 F	46 000 F
12- Manœuvres	54 000 F	378 000 F	1 104 000 F	126 000 F	54 000 F	30 000 F	58 500 F	18 000 F	45 000 F	30 000 F	15 000 F	117 000 F	2 029 500 F
Coûts de la Main d'Œuvre par Sous-ouvrage	78 000 F	499 500 F	1 366 000 F	250 000 F	162 000 F	130 000 F	160 500 F	72 000 F	165 000 F	230 000 F	65 000 F	165 000 F	3 343 000 F

Légende:

SO1: Terrassement et implantation

SO6: Plomberie et viabilité sanitaires

SO2a: Fondation (sous-bassement)

SO5: Installation électrique

SO2b: Maçonnerie et béton à l'élévation

SO8: Enduits intérieurs et extérieur

SO3: Charpente et Couverture

SO9: Revêtement et Carrelage

SO4/10: Menuiseries (bois et métallique) et vitrerie

SO11: Peinture intérieure et extérieure

SO7: Plafonnage

SO12: Alimentation eau-électricité/Aménagement et VRD

Références bibliographiques

1. [Abdou, 2003]. ABDOU Alaa. Cost and Resources Management: Concept and Methods [en ligne]. Disponible sur: http://www.engg.uaeu.ac.ae/units/tra/gra/lect/CostandResourcesManagement .pdf.

2. [Abono, 1992]. ABONO Paulin Moampamb. *Problématique de l'habitat dans les Pays en Développement*, Mémoire de fin d'études d'ingénieur de conception de Génie Civil, Ecole Nationale Supérieure Polytechnique de Yaoundé, 1992, 96 p.

3. [Adeli *et al.*, 1998]. ADELI H., WU Minyand. Regularization Neural Network for Construction Cost Estimation, *Journal of Construction Engineering and Management*, Junuary/February 1998, Vol. 124, Issue 1, p. 18-20.

4. [Aibinu *et al.*, 2002]. AIBINU A.A., JAGBORO G.O. The effects of construction delays on project delivery in Nigeria construction industry, *International Journal of Project Management*, November 2002, Vol. 20, Issue 8, p. 593-599.

5. [Akpan *et al.*, 2001]. AKPAN Edem O.P. , IGWE Odina. Methodology for Determining Price Variation in Project Execution, *Journal of Construction Engineering and Management*, September/October 2001, p. 367-373.

6. [Al-Jibouri, 2003]. AL-JIBOURI Saad H. Monitoring systems and their effectiveness for project cost control in construction, *International Journal of Project Management*, Febuary 2003, Vol.21, Issue 2, p. 145-154.

408

7. [Al-Momani, 2000]. AL-MOMANI A. H. Construction delay: A quantitative analysis, *International Journal of Project Management.*, 2000, Vol. 18, p. 51-59.

8. [Al-Tabtabai *et al.*, 1998]. AL-TABTABAI Hashed, QUADUMI Nabil, AL-KHAIAT Husain, and ALEX Alex P. Delay penalty formulation for housing projects in Kuwait, *International Journal of Housing Science and its Applications*, 1998, Vol. 22, N°2, p. 109-124.

9. [Armand *et al.*, 1997]. ARMAND J., RAFFESTIN Y. *140 séquences pour mener une opération de construction*, Editions Le Moniteur, Paris, 1997, p. 87-258.

10. [Artel., 2003]. Artelys. Xpress – MP. Un solveur pour la programmation linéaire [en ligne]. Disponible sur: http://www.artelys.com/fr/produits/xpress-mp

11. [Assaf *et al.*, 1995]. ASSAF S. A., AL-KHALIL M. and AL-HAZMI M. Causes of delay in large building construction projects, *Journal of Management and Engineering, ASCE*, 1995, Vol. 11, p. 45-50.

12. [Atkison, 1999]. ATKISON R. Project management: cost time and quality, two best guesses and a phenomenon, its time to accept other success criteria, *International Journal of Project Management*, December 1999, Vol. 17, Issue 6, p. 337-342.

13. [Azaïs *et al.,* 2001]. AZAÏS J.M., BESSE P., CADOT H. et al. *SAS sous UNIX – Logiciel Hermétique pour Système ouvert*, Publications du Laboratoire de Statistique et Probabilités, Université Paul Sabatier, Toulouse [en ligne], 2001, 93 p. Disponible sur: http//www.lsp.ups-tlse.fr/Besse.

14. [Baccini *et al.*, 1999]. BACCINI Alain, BESSE Philippe. *Statistique Descriptive Multidimensionnelle*. Toulouse: Laboratoire de Statistique et Probabilités – UMR CNRS C5583, Université Paul Sabatier, 1999, 94 p.

15. [Balachandran, 1993]. BALACHANDRAN M. Knowledge-Based Optimum Design, Topics in Engineering, *Southampton: Computational Mechanics Publications*, 1993, Vol. 10.

16. [Beasley, 2003]. BEASLEY J. E. *Operation Research Notes*, Imperial College [en ligne]. Disponible sur: http://mscmga.ms.ic.ac.uk/jeb/or/netcpm.html.

17. [Beasley *et al.*, 1993]. BEASLEY D., BULL D.R. et MARTIN R. R. An Overview of Genetic Algorithms: Part 1, Fundamentals, *University Computing*, 1993, Vol. 15, No 2, p. 58-59.

18. [Bel Hadj Ali, 2003]. BEL HADJ ALI Nizar. *Une approche globale d'optimisation des structures métalliques avec les algorithmes génétiques*, XXIème Rencontres Universitaires de Génie Civil, Prix "René Houpert" [en ligne], 2003, p. 199-206. Disponible sur: http://augc03.univ-lr/doc/PrixReneHoupert

19. [Bellman, 1957]. BELLMAN R. *Dynamic programming*, Princeton University Press, 1957.

20. [Ben Mahmoud Jouini *et al*, 2002]. BEN MAHMOUD JOUINI S., GAREL G., MIDLER C. *Vitesse et performance économique des projets: le cas des projets à coûts « contrôlés »*, XIème Conférence Internationale ESCP-EAP [en ligne], Paris, 5-7 juin 2002. Disponible sur: http://www.escp-eap.net/conferences/aims/communications.html.

21. [Benzécri, 1984]. BENZECRI J.-P., BENZECRI F. *Pratique de l'Analyse des Données: 1. Analyse des correspondances et classification: Exposé élémentaire.* Paris: Bordas, 1984, 456 p.

22. [Besse, 2001]. BESSE P. *Pratique de la modélisation statistique,* Publications du Laboratoire de Statistique et Probabilités, Université Paul Sabatier, Toulouse [en ligne], 2001, 81 pages. Disponible sur: http://www.sv.cict.fr/lesp/Besse.

23. [Blondin *et al.*, 1988]. BLONDIN P., MOUNA KIGUE D., VOTHANH T. *Typologie et coût de construction à Douala,* Centre d'Edition et de Production pour l'Enseignement et la Recherche, 1988, Yaoundé, Cameroun.

24. [Blondin *et al.*, 1993]. BLONDIN P., FOKWA D., EMBOGO D. *Le Guide du tâcheron,* 1993, Imprimerie SOPECAM, Yaoundé.

25. [Bode, 1998]. BODE J. Decision support with neural networks in management of research and development: concepts and application to cost estimation, *Information & Management,* 1998, Vol. 34, p. 33-40.

26. [Brinke, 2002]. Ten BRINKE Erik. *Costing support and cost control in manufacturing: A cost estimation tool applied in the sheet metal domain,* Ph.D. thesis, Print Parteners Ipskamp, Enschede, The Netherlands, 2002, 161 p.

27. [Brittawni, 2001]. BRITTAWNI L. O. *Regression Analysis: Issues of Multicollinearity too often Overlooked* [en ligne]. Disponible sur http://www.iaca.net/resources/Articles/multicollinearity-article.pdf.

28. [Burleson *et al.*, 1998]. BURLESON Rebecca C., HAAS Carl T., TUCKER Richard L. *et al.* Multiskilled Labor Utilization Strategies in

Construction, *Journal of Construction Engineering and Management*, 1998, Vol. 124, N° 6, p. 480-489.

29. [Butcher, 1967]. BUTCHER W.S. Dynamic programming for project cost-time curve, *Jounal of Construction Div.*, ASCE, 1967, Vol. 93, N°1, p. 59-73.

30. [Carlier, 2001]. CARLIER André. *Analyse des Données Multidimensionnelles – Méthodes factorielles.* Toulouse: Laboratoire de Statistique et Probabilités, 2001, 107 p.

31. [Carr, 1989]. CARR Robert I. Cost Estimation Principles, *Journal of Construction Engineering and Management*, December, 1989, p. 545-551.

32. [Céa, 1971]. CEA J. *Optimisation: théorie et algorithmes*, Paris: Dunod, 1971, 227 p.

33. [Cemy, 1985]. CEMY V. Thermodynamical approach to the travelling salesman problem: an efficient simulation algorithm, *Journal of Optimization Theory and Applications*, 1985, Vol. 45, n°1, p. 41-51.

34. [Chalabi *et al.*, 1984]. CHALABI F. A. and CAMP D. Causes of delays and overruns of construction projects in Developing Countries, CIB Proceedings, W-65, 1984, Vol. 2, p. 723-734.

35. [Chan *et al.*, 1996]. CHAN W. T., CHUA D. K. H., KANNAN G. Construction resource scheduling with genetic algorithm, *Journal of Construction Engineering and Management*, ASCE, 1996, Vol. 112, N° 2, p. 125-132.

36. [Chandra, 1990]. CHANDRA H. Management of construction in Developing Countries: India experience, *Building Econ. Construct. Management.*, 1990, Vol. 5, p. 211-224.

37. [Charrette *et al.*, 1999]. CHARRETTE Robert P., MARSHALL Harold E. *Uniformat II. Elemental Classification for Building Specifications, Cost Estimating, and Cost Analysis*, NIST U.S. Department of Commerce, Technology Administration, National Institute of Standards and Technology, NISTR 6389, 1999, 109 p.

38. [Choon, 1987]. CHOON Hoe T. *A systematic and automated approach to construction conceptual estimating*, Masters thesis in engineering, University of Texas, Austin, 1987.

39. [Chua *et al.*, 1997]. CHUA D. K. H., CHAN W. T., GOVINDAN K. A time-cost trade-off model with resource consideration using Genetic Algorithm, *Civil Engineering Sys*tem, 1997, Vol. 14, p. 291-311.

40. [Cottrell, 1999]. COTTRELL Wayne D. Simplified Program Evaluation and Review Technique (PERT), *Journal of Construction Engineering and Management*, ASCE, 1999, Vol. 125, N° 1, p. 16-22.

41. [Creusot, 2002]. CREUSOT A-C. *Financement de l'habitat social en Mauritanie: l'expérience du programme Twize*, Villes en Développement, Bulletin de la Coopération française pour le développement urbain, l'habitat et l'aménagement spatial, N° 56, juin 2002, p. 4-5.

42. [Dagnelie, 1982] DAGNELIE Pierre. *Théorie et méthodes statistiques*, Vol. 1, Presses agronomiques de Gembloux, 1982, p. 357.

43. [Dallal, 2003]. DALLAL G. E. *Collinearity* [en ligne]. Disponible sur: http://www.tufts.edu/~gdallal/collin.htm

44. [Dantzig, 1949]. DANTZIG G. B. Programming in a linear structure, *Econometrica*, 1949, Vol. 17, N°1.

45. [Dash, 2002]. Dash Associates Ltd. Modeling Languages for Mathematical Programming [en ligne]. Disponible sur: http://www.ici.ro/camo/languages/ml15.htm

46. [Davis, 1973]. DAVIS E.W. *Project scheduling under resource constraints: historical review and categorization of procedures*, AIIE Trans., Vol. 5, N° 4, 1973, p. 297-312.

47. [D-Fr, 2002]. Décret n°2002-120 du 30 janvier 2002 relatif aux caractéristiques du logement décent pris pour l'application de l'article 187 de la loi n°2000-1208 du 13 décembre 2000 relative à la solidarité et au renouvellement urbains. Paris, le 30 janvier 2002. J.O. n°26 du 31 janvier 2002, page 2090, texte n°32 [en ligne]. Disponible sur: http://www.legifrance.gouv.fr/WAsprad/UnTexteDeJorf?numjo=EQUU0200 163D

48. [Delis *et al.*, 1988]. DELIS Philippe, GIRARD Christian, De MAXIMY René *et al. Economie de la construction à Kinshasa,* Paris: L'Harmattan, 1988, 125 p.

49. [DINU1, 1996]. Département de l'Information des Nations Unies. Document d'information 1, DPI/1795/HAB/CON-Février 1996.

50. [DINU3, 1996]. Département de l'Information des Nations Unies. Document d'information 3, DPI/1778/HAB/CON-Février 1996.

51. [DINU6, 2001]. Département de l'Information des Nations Unies. Document d'information 6, DPI/2192/A-Avril 2001-20M.

52. [Dodge *et al.*, 1999]. DODGE Y., ROUSSON V. *Analyse de régression appliquée.* Paris: Dunod, 1999, p. 55-79.

53. [Dresdner *et al.*, 1971]. DRESDNER David M., SPIECH John A., USLAN Gerald M. *A programmed introduction to PERT, La méthode*

PERT, adapté de l'anglais par VORAZ Charles, 7ème édition, Paris: Entreprise Moderne d'édition, 1971.

54. [Easa, 1989]. EASA S. M. Resource levelling in construction by optimization, *Journal of Construction Engineering and Management*, ASCE, 1989, Vol.115, N°2, p. 302-316.

55. [El-Rayes *et al.*, 2001]. EL-RAYES Khaled, and MOSELHI Osama. Impact of rainfall on the productivity of highway construction, *Journal of Construction Engineering and Management*, ASCE, 2001, Vol. 127, N°2, p. 125-131.

56. [Elanga, 2004]. ELANGA ELANGA III Guy Bertrand. *Analyse des surcoûts dans la construction au Cameroun*, Mémoire de fin d'études d'ingénieur de conception de Génie Civil, Ecole Nationale Supérieure Polytechnique de Yaoundé, 2004, 81 p. Dirigé par Paul LOUZOLO-KIMBEMBE.

57. [Elazouni *et al.*, 2004]. ELAZOUNI Ashraf M., and GAB-ALLAH Ahmed A. Finance-Based Scheduling of Construction Projects Using Integer Programming, *Journal of Construction Engineering and Management*, ASCE, 2004, Vol. 130, N°1, p. 15-24.

58. [Est-C.]. *Estimation des coûts* [en ligne]. Disponible sur: http://www.infeig.unige.ch/support/se/lect/prj/gp/node 13.htm.

59. [Farinan *et al.*, 1999]. FARINAN Olusegun O., LOVE Peter E.D., LI Heng. Optimal allocation of construction planning resources, *Journal of Construction Engineering and Management*, ASCE, 1999, Vol. 125, N° 5, p. 311-319.

60. [Faure *et al.*, 1998]. FAURE Robert, LEMAIRE Bernard et PICOULEAU Christophe. *Précis de recherche opérationnelle*, 5e ed. Paris: Dunod, 1998, 520 p.

61. [Feng *et al.*, 1997]. FENG C. W., LIU L., BURNS S. A. Using Genetic Algorithms to solve construction time-cost trade-off problems, *Journal of Construction Engineering and Management*, ASCE, 1997, Vol. 11, N°3, , p. 184-189.

62. [Fenves, 1975]. FENVES Steven J. *Le rôle de l'optimisation dans la construction*, Méthodes d'optimisation dans la construction, Editions Eyrolles, Paris, 1975, p. 1-15.

63. [Ford, 2002]. FORD David N. Achieving Multiple Project Objectives through Contingency Management, *Journal of Construction Engineering and Management*, 2002, Vol. 128, N°1, p. 30-39.

64. [Fotso, 2001]. FOTSO Laure Pauline. *Technique de Recherche Opérationnelle – Programmation linéaire et extensions – Une approche pratique*, Collection Connaissances des ... Connaissances, Presses Universitaires de Yaoundé, 2001, 380 p.

65. [Frimpong *et al.*, 2003-a]. FRIMPONG Y. and OLUWOYE J. Significant factors causing delay and cost overruns in construction of groundwater projects in Ghana, *Journal of Construction Research*, 2003, Vol. 4, n°2,p. 175-187.

66. [Frimpong *et al.*, 2003-b]. FRIMPONG Y., OLUWOYE J., CRAWFORD L. Causes of delay and cost overruns in construction of groundwater projects in a Developing Countries; Ghana as a case study, *International Journal of Project Management*, July 2003, Vol. 21, Issue 5, p. 321-326.

67. [Gautier *et al.*, 2000]. GAUTIER F., GIARD V. *Vers une meilleure maîtrise des coûts engagés sur le cycle de vie, lors de la conception de produits nouveaux*, IAE, Paris [en ligne], 2000, Disponible sur: http:/www.panoramix.univ-paris1.fr/GREGOR/2000-01.pdf.

68. [Genprog, 2005]. Genetic Algorithm software [en ligne].
Disponible   sur:
http://www.Geneticprogramming.com/ga/Gasoftware.html

69. [Glover, 1986]. GLOVER F. Future paths for integer programming and links to artificial intelligence, *Computers and Operations Research*, 1986, Vol. 5, p. 533-549.

70. [Goldberg, 1989]. GOLDBERG D.E. *Genetic algorithms in search, optimization and machine learning*, Addison-Wesley Publishing Co., Reading, Mass, 1989.

71. [Goldfarb *et al.*, 2003]. GOLGFARB B. et PARDOUX C. *Les tests statistiques*, Université Paris IX – Dauphine, Ecole Doctorale de Gestion [en ligne]. Disponible sur:
http://www.ceremade.dauphine.fr/~touati/EDOGEST-seminaires/Test.pdf

72. [Gomar *et al.*, 2002]. GOMAR Jorge E., HAAS Carl T., MORTON David P. Assignment and Allocation Optimization of Partially Multiskilled Workforce, *Journal of Construction Engineering and Management*, March/April 2002, Vol. 122, N° 2, p. 103-109.

73. [Grizard, 1995]. GRIZARD X. *Estimation des coûts d'un projet industriel*, Paris, AFNOR, 1995, 264 p.

74. [Guéret *et al.*, 2003]. GUERET C., PRINS C. et SEVAUX M. *Programmation linéaire, 65 problèmes d'optimisation modélisés et*

417

résolus avec Visual Xpress, 2e tirage, édition Eyrolles, Paris, 2003, 364 p.

75. [Guide SPSS, 1999]. SPSS 10.0, Syntaxe Reference Guide for SPSS Base, SPSS Regression Models, SPSS Advanced Models, SPSS Inc., USA, 1999.

76. [Habitat II, 1996-I]. Deuxième Conférence des Nations Unies sur les établissements humains, Istanbul, 1996, Chap. I, Préambule.

77. [Habitat II, 1996-III]. Deuxième Conférence des Nations Unies sur les Etablissements Humains, Istanbul, 1996, Chap. III, Engagements.

78. [Hansen, 1986]. HANSEN P. *The steepest ascent mildest descent heuristic for combinatorial programming*, Congress on Numerical Methods in Combinatorial Programming, Capri, Italy, 1986.

79. [Harkin *et al.*, 1999]. HARKIN H., GUNNING J.G. Evaluating quality in construction, *Journal of Financial Management of Property and Construction*, November 1999, Vol. 4, N° 3, p. 65-80.

80. [Harris, 1978]. HARRIS R. B. *Precedence and arrow networking techniques for construction*, Wiley, New York, 1978.

81. [Hegazy, 1999]. HEGAZY Tarek. Optimization of resource allocation and levelling using Genetics Algorithms, *Journal of Construction Engineering and Management*, ASCE, 1999, Vol. 125, N° 3, p. 167-175.

82. [Hegazy *et al.*, 2001-a]. HEGAZY Tarek, ERSAHIN Tolga. Simplified spreadsheet solutions I: Subcontractor information system, *Journal of Construction Engineering and Management*, ASCE, 2001, Vol. 127, N° 6, p. 461-468.

83. [Hegazy *et al.*, 2001-b]. HEGAZY Tarek, ERSAHIN Tolga. Simplified spreadsheet solutions II: Overall schedule optimization, *Journal of Construction Engineering and Management*, ASCE, 2001, Vol. 127, N° 6, p. 469-475..

84. [Hegazy *et al.*, 2001-c]. HEGAZY Tarek, WASSEF Nagib. Cost optimization in projects with repetitive nonserial activities, *Journal of Construction Engineering and Management*, ASCE, 2001, Vol.127, N° 3, p.183-191.

85. [Hegazy *et al.*, 2003]. HEGAZY Tarek, and PETZOLD Kevin. Genetic Optimization for Dynamic Project Control, *Journal of Construction Engineering and Management*, ASCE, 2003, Vol. 129, N° 4, p. 396-404.

86. [Hendrickson *et al.*, 1989]. HENDRICKSON C., AU T. *Project management for construction*, Prentice-Hall, Englewood Cliffs, NJ, 1989.

87. [Hillier *et al.*, 1984]. HILLIER Frederick S., LIEBERMAN Gerald J. *Introduction to Operations Research*, 3rd ed., Holden-Day, Inc., Oakland, California, 1984, p. 233-265.

88. [Holland, 1975]. HOLLAND John H. *Adaptation in natural and artificial systems*, The MIT Press, 1975.

89. [Huang, 1999]. HUANG Yao-Chin. *The alternatives of estimating PERT activity; times and standard deviations* [en ligne]. Disponible sur:

http://www.scis.nova.edu/~yaochin/621-p.htm

90. [Hundsalz, 1996]. HUNDSALZ M. *Un logement pour tous: objectif de développement réaliste?*, Les Débats d'Habitat, CNUEH, Vol. 1, n° 4, mars 1996.

91. [Hutcheson, 1990]. HUTCHESON J . M . Developing Countries – A challenge to managers, *Project Management Journal.*, 1990, Vol. 15, No 1, p. 77-85.

92. [Hwang *et al.*, 1981]. HWANG C. L., YOON K. S. *Multiple attribute making decision methods and applications: A state-of-the-art survey*, Springer, Berlin, 1981.

93. [IntConst]. *Introduction to Construction Project Management and Controls* [en ligne]. Disponible sur: http://class.et.byu.edu/cm415/Lesson1.htm.

94. [Jacquemot *et al.*, 1993]. JACQUEMOT P. et RAFFIN M. *La nouvelle politique économique en Afrique*, Edicef/Aupelf, Universités francophones, 1993, p. 105-119.

95. [Jalbert, 2001]. JALBERT R. *Méthode d'Estimation Uniformat II* [en ligne]. Disponible sur: http:/www3.sympatico.ca/richmann/estim-fr.htm

96. [Joly *et al.*, 1995]. JOLY M., Le BISSONAIS J., MULLER J.-L. G. *Maîtriser le coût de vos projets, Manuel de coûtenance*, 2ème tirage, 1995, AFNOR.

97. [Kamgang *et al.*, 1999]. KAMGANG HAPPI C., BIDIME NOUGA R. Etude comparative des coûts de construction en matériaux locaux et matériaux conventionnels, *African Journal of Building Materials*, 1999, Vol. 3, n° 3, p. 12-24.

420

98. [Karmarkar, 1984]. KARMARKAR N. *A* New Polynomial Time Algorithm for Linear Programming, *Combinatorica*, 4, 1984, p. 373-395.

99. [Karshanas *et al.*, 1990]. KARSHANAS S., HABER D. Economic optimization of construction project scheduling, *Journal of Construction Management and Economics*, London, 1990, Vol. 8, N° 2, p. 135-146.

100. [Kaufmann *et al.*, 1974]. KAUFMANN Arnold, DESBAZEILLE Gérard. *La méthode du chemin critique: application aux programmes de production et études de la méthode PERT et de ses variantes*, Paris: Dunod, $2^{\text{ème}}$ édition, 1974, 181 p.

101. [Kelly, 1961]. KELLY J.E. Critical path planning and scheduling: Mathematical basis, *Operations Research*, 1961, Vol. 9, N° 3, p. 167-179.

102. [Kim, 1995]. KIM J. J. A study on the integration of design/cost/schedule information (I), *Journal Arch. Inst. of Korea*, 1995, Vol. 11, N°2, p. 163-171.

103. [Kim *et al.*, 2003]. KIM Kyunghwan, De la GARZA Jesus M. Phantom float, *Journal of Construction Engineering and Management*, ASCE, 2003, Vol.129, N°5, p.507-517.

104. [Kirkpatrick *et al.*, 1983]. KIRKPATRICK S., GELATT C. D., VECCHI M. P. Optimization by simulated annealing, *Science*, 1983,Vol. 220, n° 4598, , p. 671-680.

105. [Klarsfeld *et al.*, 2001]. KLARSFELD A., PRIM I. et DARPY D. *Tutorial SPSS par méthodes d'analyse de données* [en ligne]. Disponible sur:

http://perso.wanadoo.fr/denis.darpy/Methodo/IndexTutorial.htm

106. [Klee *et al.*, 1972]. KLEE V., MINTY G. J. *How good is the Simplex Algorithm*, in Inequations III (O. Shish ed.), New York: Academic Press, 1972, p. 159-175.

107. [Koumousis *et al.*, 1994]. KOUMOUSIS V., GEORGIOU P. Genetic algorithm in discret optimization of steel truss roofs, *Journal of Computer in Civil Engineering*, ASCE, 1994, Vol. 8, N°3, p. 309-325.

108. [Kuhn *et al.*, 1951]. KUHN H. W., TUCKER A. W. Non linear programming, *Econometrica*, 1951, Vol. 19, p. 50-51.

109. [Lachambre, 2002]. LACHAMBRE M. *Plaidoyer pour un NEPAD «Logement» en Afrique*, Villes en Développement, Bulletin de la Coopération française pour le développement urbain, l'habitat et l'aménagement spatial, N° 56, juin 2002, p. 6-7.

110. [Lau *et al.*, 1996]. LAU A. H. L. , LAU H. S. and ZHANG Y. A simple and logical alternative for making PERT times estimations, *IIE Transactions,* 1996, Vol. 28, n° 3, p. 183-192.

111. [Lau *et al.*, 1998]. LAU A. H. L. and LAU H. S. An improved PERT type formula for standard deviation, *IIE Transactions*, 1998, Vol. 30, p. 273-275.

112. [Lebart *et al.*, 1971]. LEBART L., FENELON J.-P. *Statistique et Informatique appliquées*. Paris: Dunod, 1971, p. 75-189.

113. [Lebart *et al.*, 1995]. LEBART L., MORINEAU A., PIRON M. *Statistiques exploratoires multidimensionnelles*. Paris: Dunod, 1995, 439 p.

114. [Lecomte, 1998]. LECOMTE A. *La connaissance des coûts complets des activités et autres outils de management*, Division ST – Groupe Management et Coordination (ST/DI), CERN, Genève, Suisse [en ligne]. Disponible sur:
http://st-div.web.cern.ch/st-div/st98ws/management/Alecomte.pdf

115. [Lee *et al.*, 1999]. LEE Hyun-Soo, YI Kyoo Jin. Application of mathematical matrix to integrate project schedule and cost, *Journal of Construction Engineering and Management*, 1999,Vol. 125, N°5, p. 339-346.

116. [Legay, 1997]. LEGAY J.-M. *L'expérience et le modèle, un discours sur la méthode*, INRA-Editions, Paris, 1997.

117. [Lelièvre, 1995]. LELIEVRE M. *Méthode générale d'estimation d'un projet de construction*, Répertoire des normes et procédures, Ministère de la Santé et des Services sociaux, Direction de l'expertise technique, Corporation d'hébergement du Quebec, 1996, 7 p.

118. [Leu *et al.*, 1999]. LEU Sou-Sen, YANG Chung-Huei. GA-based multicriteria optimal model for construction scheduling, *Journal of Construction Engineering and Management*, ASCE, 1999, Vol.125, N° 6, p. 420-427.

119. [Levin *et al.*, 1994]. LEVIN Richard I., RUBIN David S. *Statistics for Management*. New Jersey: Prentice-Hall, 1994, p. 646-707.

120. [Li, 1996]. LI Shirong. New approach for optimization of overall construction schedule, *Journal of Construction Engineering and Management*, ASCE, 1996, Vol. 122, N° 1, p. 7-13.

121. [Li *et al.*, 1997]. LI H., LOVE P. Using improved genetic algorithms to facilitate time-cost optimization, *Journal of Construction*

Engineering and Management, ASCE, 1997, Vol. 123, N° 3, p. 233-237.

122. [Li *et al.*, 2000]. LI H., LOVE P. E. D and DREW D. S. Effects of overtime work and additional resources on project cost and quality, *Eng., Construc. Architect. Management*, 2000, Vol. 7, No. 3, p. 211-220,.

123. [LINDO Sys., 2003]. Application Survey Paper. *Project planning with PERT/CPM* [en ligne], © LINDO Systems 2003. Disponible sur: http://www.lindo.com/pertcpm4.pdf

124. [Louzolo, 2003]. LOUZOLO-KIMBEMBE Paul. *Optimisation du management d'un projet de construction dans le secteur informel dans les Pays en Développement: l'approche séquentielle*, Actes du Séminaire International sur le Management de la Construction, Yaoundé (Cameroun), 15-17 juillet 2003.

125. [Louzolo *et al.*, 2003]. LOUZOLO-KIMBEMBE Paul et PETTANG Chrispin. Contribution to the amelioration of the estimation method of construction costs' mastering in Developing Countries, *International Journal on Architectural Science*, (à paraîttre).

126. [Louzolo *et al.*, 2004]. LOUZOLO-KIMBEMBE Paul et PETTANG Chrispin. A New Approach for Construction Planning in the Developing Countries: the Sub-Structure Chaining Diagram (SSCD), *Journal of Construction Research*, (à paraître).

127. [Love, 2002]. LOVE Peter E.D. Influence of project type and procurement method on rework costs in building construction projects, *Journal of Construction Engineering and Management*, January/February 2002, Vol. 128, Issue 1, p. 18-29.

128. [Lu *et al.*, 2000]. LU Ming, ABOURIZK S.M. Simplified CPM / PERT simulation model, *Journal of Construction Engineering and Management*, ASCE, 2000, Vol. 126, N° 3, p. 219-226.

129. [Lu *et al.*, 2003]. LU Ming, LI Heng. Resource-activity Critical-Path Method for construction planning, *Journal of Construction Engineering and Management*, ASCE, 2003, Vol.129, N° 4, p.412-420.

130. [Magnin *et al.*, 1998]. MAGNIN Vincent, CAYREFOURCQ Ian, BELLINI Bob. *Conception et optimisation de dispositifs micro-technologiques à l'aide d'un Algorithme Génétique*, 5ème Journée Nationale du Réseau doctoral en Micro-technologies, Toulouse, mars 1998.

131. [Magnin, 2002]. MAGNIN Vincent. *Optimisation et Algorithmes Génétiques* [en ligne]. Disponible sur:
http://www.eudil.fr/~vmagnin/coursag/optimisation.htm

132. [Mait-Pr., 2003]. *La Maîtrise de Projet* [en ligne].
Disponible   sur:
http://www.ieqt.org/fr/htm/Fiches%20techniques/p505.htm

133. [Makany, 2000]. MAKANY R. A. *263 relations pour comprendre la régression linéaire multiple*. Brazzaville: Presses de l'A.S.G.A.E., 2000, 51 p.

134. [Mansfield *et al.*, 1994]. MANSFIELD N. R. , UGWU O. O. and DORAN T. Causes of delay and cost overruns in Nigeria construction projects, *International Journal of Project Management.*, 1994, Vol. 12, No 1, p. 254-260.

135. [Matlab, 2005]. Introduction au logiciel Matlab [en ligne]. Disponible sur: http://www.ann.jussieu.fr/~postel/matlab/node7.html

136. [Mayer *et al.*, 1965]. MAYER W.L., SHAFFER L.R. Extending CPM for multiform project time-cost curves, *Journal of Construction Div.*, ASCE, 1965, Vol. 91, N°1, p. 45-67.

137. [Mboulana, 2004]. MBOULANA BASSEGA François. *Etude comparative des principales méthodes d'estimation des coûts de la construction*, Mémoire de fin d'études d'ingénieur de conception de Génie Civil, Ecole Nationale Supérieure Polytechnique de Yaoundé, 2004, 101 p. Dirigé par Paul LOUZOLO-KIMBEMBE.

138. [MCD, 2000]. Maîtrise des coûts et des délais [en ligne]. Disponible sur: http://qualite.in2p3.fr/telechargement/telechargement/pdf

139. [Meth-Est]. Méthode d'estimation [en ligne].
Disponible sur http://www.iae.univ-lille1.fr/project/mdp/method/M18.htm

140. [Meth-Est-C.]. *Méthode d'estimation des coûts* [en ligne].
Disponible sur: http://www.octiple.com/mdp/methodes/m-13.htm.

141. [Michaud *et al.*, 1999]. MICHAUD Pascale, ROCHET Claude. *Maîtrise d'ouvrage stratégique de projet. Concepts de base*, Dossier SECOR, 1999.

142. [Midler, 1993]. MIDLER C. *L'acteur-projet: situations, missions, moyens*, ECOSIP (Giard V. & Midler C. éditeurs), Pilotages de Projet et Entreprises – diversités et convergences, Economica, Paris, 1993.

143. [Miller, 2001]. MILLER Roger. *Risques et Stratégies dans les grands projets*, Conférence, Direction Générale de l'Armement, Ecole Polytechnique de Montréal, octobre 2001, 23 p.

426

144. [Minoux, 1983]. MINOUX M. *Programmation mathématique: théorie et algorithmes*, Paris: Bordas et C.N.E.T.-E.N.S.T., 1983, tome 1, p. 1-65.

145. [Mitchell, 1998]. MITCHELL M. *An introduction to genetic algorithms*, Cambridge, Mass, MIT Press, 1998.

146. [Mod-Est.]. *Modèle d'estimation des coûts* [en ligne]. Disponible sur: http://www.infeig.unige.ch/support/se/lect/prj/gp/node15.htm.

147. [Mogue, 1993]. MOGUE. *Coût de production et mode de production de l'habitat urbain. Cas de Yaoundé*, mémoire de fin d'études d'ingénieur de conception en Génie Civil, ENSP, Yaoundé (1993).

148. [Morse *et al.*, 1988]. MORSE L, WHITEHOUSE G. A study of combining heuristics for scheduling projects with limited multiple resources, *Comp. and Industrial Engineering.*, 1988,Vol. 15, N° 4, p. 153-167.

149. [Moselhi *et al.*, 1997]. MOSELHI Osama, GONG Daji, and EL-RAYES Khaled. Estimating weather impact on the duration of construction activities, *Canadian Journal of Civil Engineering*, 1997, Vol. 24, p. 359-366.

150. [Muller I., 1972]. MULLER Ives. *Applications pratiques des graphes: A la recherche d'un optimum*, Paris: Editions Eyrolles, 1972, 87 p.

151. [Muller, 1975]. MULLER I. *Aspects pratiques de l'optimisation dans la construction*, Méthodes d'optimisation dans la construction, Editions Eyrolles, Paris, 1975, p. 221-245.

152. [Muller A., 1994]. MULLER André. *Le chef de projet: "un manager d'aléas"*, Actes de la 10ème convention nationale du management des projets AFITEP, Paris: Edition AFITEP, 1994.

153. [Nagendra *et al.*, 1996]. NAGENDRA S., JESTIN D., HAFTKA R.T. et al. Improved Genetic Algorithm for design of stiffened composite panels, *Comp. and Struct.*, 1996, Vol. 58, N° 3, p. 543-555.

154. [Odusami, 2003]. ODUSAMI K.T. Criteria for measuring project performance by construction professionals in Nigeria construction industry, *Journal of Financial Management of Property and Construction*, 2003, Vol. 8, N°1, p. 39-48.

155. [Ogunlana *et al.*, 1996]. OGUNLANA S. O., PROMKUNTONG K. and VITHOOL J. Construction delays in a fast-growing economy: Comparing Thailand with other economies, *International Journal of Project Management.*, 1996, Vol. 14, N°1, p. 37-45.

156. [Panagiotakopoulos, 1977]. PANAGIOTAKOPOULOS D. Cost-time model for large CPM project networks, *Journal of Construction Engineering and Management*, ASCE, 1977, Vol.103, N°2, p. 201-211.

157. [Pettang *et al.*, 1994]. PETTANG C., TAMO T., MBUMBIA L. Impact de la dévaluation sur l'habitat, *Les Cahiers de l'Ocisca*, 1994, N°7, 37 p.

158. [Pettang *et al.*, 1995-a]. PETTANG C., VERMANDE P. et ZIMMERMANN M. L'impact du secteur informel dans la production de l'habitat au Cameroun, *Les Cahiers des Sciences Humaines*, 1995, Vol. 31, N°4, p. 883-903.

159. [Pettang *et al.*, 1995-b]. PETTANG Chrispin, TAMO TATIETSE Thomas, MBUMBIA Laurent. Des indices du coût de construction pour

une politique d'habitat social, *Les Cahiers d'Ocisca*, 1995, N° 28, Yaoundé, Cameroun.

160. [Pettang *et al.*, 1997]. PETTANG Chrispin, MBUMBIA Laurent, FOUDJET Amos. Estimating building materials cost in urban housing construction projects, based on matrix calculation: the case of Cameroon, *Construction and Building Materials*, 1997, Vol. 11, N°1, Elsevier Science Ltd.

161. [Pettang, 1999]. PETTANG C. *Eléments d'optimisation de la production d'un habitat urbain au Cameroun*, Presses Universitaires de Yaoundé, 1999, 183 p.

162. [Pettang, 2001]. PETTANG Chrispin. *Habitat et Stratégie de développement urbain au Cameroun: une approche de recherche-action basée sur l'élaboration d'outils d'aide à la décision*, Mémoire d'Habilitation à Diriger les Recherches, Lyon, 2001.

163. [Poggioli, 1970]. POGGIOLI Pierre. *Pratique de la méthode PERT*, Paris: Les éditions d'organisation, 1970, 100 p.

164. [Popper, 1994]. POPPER K. *Toute vie est résolution de problèmes*, Actes Sud, 1994.

165. [Queu, 2002]. QUEU Bryan Christopher. Incorporating practicability into Genetic Algorithm-based Time-Cost optimization, *Journal of Construction Engineering and Management*, ASCE, 2002, Vol.128, N° 2, p.139-143.

166. [Raffestin, 1991]. RAFFESTIN Yves. *Le déroulement d'une opération de construction*, INSA, Génie Civil et Urbanisme, 1991, p. 147-210.

167. [Renders *et al.*, 1996]. RENDERS J. M., FLASSE S. P. Hybrid methods using genetic algorithms for global optimization, *IEEE Trans. on Systems, Man, and Cybernetics - Part B: Cybernetics*, [en ligne]. 1996, Vol. 26, n° 2.

Disponible sur: http://www.eark.polytechnique.fr/EC/Welcome.html

168. [Rennard, 2001]. RENNARD Jean-Philippe. Genetic Algoritm Viewer: Démonstration d'un algorithme génétique [en ligne].

Disponible sur: http://www.rennard.org/alife/french/gav.pdf

169. [Rothfeld, 1973]. ROTHFELD Stuart M. *PERT Cost: A programmed Instruction Manual*, adapté de l'anglais par VORAZ Charles, 3ème édition, Paris: Entreprise Moderne d'édition, 1973.

170. [Satyanarayana *et al.*, 1993]. SATYANARAYANA K., RAJEEV S. KALIDINDI S. et al. *Optimum resource allocation in construction projects using Genetic Algorithm*, Proc., 3rd Int. Conf. On the Application of AI to Civil and Structural Engineering, Edinburgh, U.K., 17-19.

171. [Seeley, 1984]. SEELEY Ivor H. *Building Economics: appraisal and control of building design cost and efficiency*, Third Edition, Macmillan, 1984, p. 100-119.

172. [Sommel *et al.*, 1993]. SOMMEL Y., HOLTZMANN S. Estimation des coûts et des durées basées sur les diagrammes d'influence, *Revue des Systèmes de décisions*, 1993, 2(1), p. 61-77.

173. [Son *et al.*, 1999]. SON Jaeho, SKIBNIEWSKI Miroslaw J. Multiheuristic approach for resource levelling problem in construction engineering: Hybrid approach, *Journal of Construction Engineering and Management*, ASCE, 1999, Vol. 125 , N° 1, p. 23-31.

174. [Stewart *et al.*, 1995]. STEWART R. D. , WYSKIDA R. M. and JOHANNES J. D. *Cost estimator's reference manual*, 2nd edition, Johan Wiley & sons, inc, New York, 1995.

175. [Steyn, 2003]. STEYN H. Comparisons between and combinations of different approaches to accelerate engineering projects, *South African Journal of Industrial Engineering*, 2003, Vol. 14, N°2, p. 63-74.

176. [Talbot, 1982]. TALBOT F.B. Resource-constrained project scheduling with time-resource tradeoff: The nonpreemptive case, *Management Science*, 1982, Vol. 28, p. 1197-1210.

177. [Tech-Ing.]. *Techniques de l'ingénieur*, in Estimation du coût de la construction.

178. [Teicholz, 1987]. TEICHOLZ P.M. *Current needs for cost control systems*, Project controls: Needs and solutions, C. W. Ibbs and D.B. Ashley, eds., ASCE, New York, 1987, p. 47-57.

179. [Thomas *et al.*, 1997]. THOMAS H. R. and RAYNARD K. A. Scheduled overtime and labor productivity: Quantitative analysis, *ASCE, Journal of Construction Engineering and Management,* 1997, Vol. 123, p. 181-188.

180. [Thomas *et* al., 1999]. THOMAS H.R., ZAVŘSKI L. *Theoretical model doe international benchmarking of labor productivity*, Report to J. William Fulbright Foreign Scholarship Board, Washington, D.C, 1999.

181. [Thomas, 2002]. THOMAS H.R. Construction practices in Developing Countries, *Journal of Construction Engineering and Management*, 2002, Vol. 128, N°1, p. 1-7.

182. [Tomassone *et al.*, 1992]. TOMASSONE R., AUDRIN S., LESQUOY-DE TURKHEIM E. *et al. La régression – Nouveaux regards sur une ancienne méthode statistique*, 2e édition, Masson, Paris, p. 55-63, 1992.

183. [Tsai *et al.*, 1996]. TSAI D. M., CHIU H.N. Two heuristics for scheduling multiple projects with resource constraints, *Construction Management And Economics*, 1996, Vol. 14, p. 325-340.

184. [Tse *et al.*, 2003]. TSE R. Y. and LOVE P. E. D. An economic analysis of the effect of delays on project costs, *Journal of Construction Research.*, 2003,Vol. 4, No. 2, p. 155-160.

185. [U.N.T.E.C., 1976]. *La Maîtrise des coûts d'objectifs dans le bâtiment: Méthode d'estimation et de contrôle permanent du coût des constructions*, Union Nationale des Techniciens de l'Economie de la Construction (U.N.T.E.C.), Editions Eyrolles, Paris 5e, 1976, 2e édition.

186. [Westney, 1991]. WESTNEY Richard E. "Gestion de petits projets: Techniques de planification, d'estimation et de contrôle", 1991, AFNOR, 304 p.

187. [Wierda, 1990]. WIERDA L. S. *Cost information tools for designers, a survey of problems and possibilities with an emphasis on mass produced sheet metal parts*, Ph.D. thesis, University of Delft, Delf, The Netherlands, 1990.

188. [Zheng *et al.*, 2004]. ZHENG Daisy X. M., NG S. Thomas, and KUMARASWAMY Mohan M. Applying a Genetic Algorithm-Based Multiobjective Approach for Time-Cost Optimization, *Journal of Construction Engineering and Management*, ASCE, 2004, Vol. 130, N°2, p. 168-176.

189. [Zhong *et al.*, 2003]. ZHONG Deng Hua, ZHANG Jian She. New method for calculating path float in Program Evaluation and Review Technique (PERT), *Journal of Construction Engineering and Management*, ASCE, 2003, Vol.129, N° 5, p.501-506.

Publications de l'auteur

A. Publications parues

1. " *Etude par microscopie électronique d'un alliage aluminium-cuivre à 1.3% atomique obtenu par implantation* ", Journal of Nuclear Materials 127 (101-108), 1985.

2. "*Réalisation d'un matériel didactique en Physique*", Actes du Colloque international de Brazzaville sur la Situation de la Recherche en Education en Afrique Centrale, 5-6 mai 1997. Les Cahiers de la Chaire Unesco, Brazzaville, N°1, 1998.

3. "*Influence de la teneur en eau sur les forces d'accélération et les contraintes internes dans la brique de terre stabilisée lors d'un choc*", Les Annales de l'Université Marien Ngouabi, Vol. 4, N°1, 2003.

4. "*Caractérisation et Modélisation du réseau viaire d'une ville de Pays en Développement dans une perspective d'aide à la décision: Application à la ville de Yaoundé*", Journal of Decision Systems, Vol. 13, N°3, 2004.

B. Publications à paraître

1. "*Optimisation du management d'un projet de construction dans le secteur informel dans les Pays en Développement: l'approche séquentielle*", Actes du Séminaire International sur le Management de la Construction, Yaoundé, 15-17 juillet 2003.

2. *"Cartography of the segregation as a tool of decision-making aid for the fight against poverty: case of town of Yaounde (Cameroon)"*, Building and Environment, Elsevier Science (2005).

3. *"A New Approach for Construction Planning in the Developing Countries: the Sub-Structure Chaining Diagram (SSCD)"*, Journal of Construction Research.

4. *"Contribution to the amelioration of the estimation method of construction costs' mastering in Developing Countries"*, International Journal on Architectural Science.

C. Publications soumises

1. *"Minimisation des surcoûts dans un contexte hors délai généralisé: cas des projets de construction dans les Pays en Développement"*, Canadian Journal of Civil Engineering, (2004).

2. *"Pour un système interactif d'aide à la gestion du permis de construire dans les quartiers à habitat spontané de la ville de Yaoundé: SIAGEPCOVY"*, Journal of Decision Systems, (2004).

Texte (4ème de couverture)

Dans les Pays en Développement (P.E.D.), les projets de construction connaissent souvent des dysfonctionnements qui se traduisent par des dépassements de coûts et de durée très importants. L'objectif visé dans cet ouvrage est double: (1) élaborer une méthode d'estimation du coût de la construction suffisamment fiable et facile à utiliser; (2) formuler une approche d'optimisation du coût de la construction dans un contexte hors délai.

L'unification de la méthode matricielle et de la méthode statistique a conduit l'auteur à proposer le *Modèle Statistico-Matriciel d'Estimation du Coût de Construction*. Un modèle mathématique permettant de minimiser le coût total de la construction dans un contexte hors délai a été établi. Il est baptisé *Modèle d'Optimisation du Coût de Construction dans un Contexte Hors Délai*. Compte tenu de la rareté des ressources financières pour la plupart des auto-producteurs dans les P.E.D., l'auteur propose une nouvelle approche de planification appelée *Diagramme d'Enchaînement des Sous-Ouvrages*.

Ce livre s'adresse particulièrement aux managers des projets de construction et aux chercheurs dans le domaine du génie civil et de l'économie de la construction.

Mots clés: projet de construction, sous-ouvrage, dépassement de coût, contexte hors délai, estimation, optimisation, Pays en développement.

436

Biographie

Paul Louzolo-Kimbembé, docteur en sciences des matériaux, études d'alliage structural à l'Université de Poitiers (France); Ph. D. en génie civil et sciences de l'habitat, études de management des projets de construction à l'Ecole Polytechnique de Yaoundé (Cameroun); actuellement Vice-recteur de l'Université Marien Ngouabi de Brazzaville (Congo).

www.ingramcontent.com/pod-product-compliance
Lightning Source LLC
Chambersburg PA
CBHW021025210326
41598CB00016B/908